초등학생이 좋아하는

동화책
200

선생님이 먼저 읽고 자신 있게 추천하는 동화

초등학생이 좋아하는

동화책 200

이시내 지음

북하우스

이 책은 어린이가 읽는 책은 아니지만 어린이를 위한 책이다. 정확하게는, 아이 곁에 책을 친구로 두고 싶은 어른을 위한 책이다.

20년 가까이 교실에서 아이들과 같이 동화와 그림책을 읽는 교사로, 그림책 잡지를 만들며 작가 만남과 강의를 진행하는 전문가로, 책을 좋아하는 초등학생 형제의 양육자로 살다 보니, 여러 곳에서 다양한 질문을 받는다. "어떻게 해야 아이가 책을 좋아하나요?" "어떤 책을 읽으면 좋을까요?" "선생님 반 아이들이 좋다는 책을 우리 반 아이들은 안 좋아해요, 다른 책 추천해주세요."

"책을 읽어야 한다, 좋아하면 좋겠다"라는 말에는 각자의 바람이 숨어 있다. 높은 문해력, 풍성한 배경지식, 성취도 높은 성적, 내적으로 풍요로운 삶 등 저마다 바라는 것들이 다르다. 섣부르게 여기서

"
그렇게 책을 읽은 시간은 나쁜 아니라
훗날 아이가 길을 잃었을 때 덜 헤매는
반딧불 같은 빛이 되리라 믿는다.
"

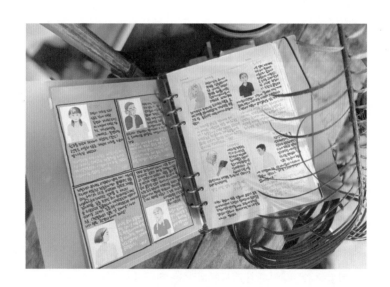

누구의 욕망이 더 가치 있고, 더 의미 있다고 단언할 순 없다. 솔직히 무엇이든 좋다. 아이에게 책을 골라주기 위해 어른이 책을 읽는다면, 그렇게 해서 아이가 끝까지 읽는 한 권의 책이 생긴다면 나는 무엇이든 좋다.

내가 이렇게 책을 건네고, 어른들이 책을 같이 읽길 바라게 된 것은 순전히 개인적인 경험 때문이다. 아이가 자라면서 대화거리가 사라졌을 때, 난생처음 만나는 아이들의 마음을 두드려야 할 때, 함께 깊은 이야기를 나누고 싶을 때, 아이의 숨겨둔 불안이 궁금할 때, 내가 아는 한 함께 읽은 책보다 더 긴밀하고 훌륭한 연결고리는 없었다. 이 책은 그렇게 건네고 함께 읽었던 것들에 대한 기록이다.

돌이켜보니, 내 마음을 기쁘게 한 순간들은 꽤 많다. 4학년이 될 때까지 동화책 한 권을 끝까지 읽은 적 없던 친구가 학기 말에 사진을 보여주며 "엄마가 크리스마스 선물로 동화책 20권을 사줬어요"라고 자랑할 때, 스승의 날에 학생들이 찾아와 그때 읽은 책을 여전히 좋아한다고 말할 때, 작가님에게 받은 답장을 20대가 될 때까지 갖고 있다며 옛 제자가 연락을 해왔을 때, 흔들려도 천천히, 꾸준히 걸어온 시간들이 작게나마 빛났다.

자료를 정리하다 2008년에 만든 '책 읽어주는 선생님 신문'을 발견했다. 어떻게 해야 도서관에 오는 아이들의 발걸음을 늘릴까, 여기에 이렇게 재미난 책이 있다는 걸 알리기 위해 나는 무엇을 할 수 있을까, 생각하다 만든 신문이었다. 선생님이 스쳐 지나가듯 던진 말 한마디를 기억한 몇몇 학생이 책을 읽는다면, 또는 선생님이 그 신문에 소개된 책을 읽고 반 아이들에게 읽어보라고 말한다면, 선생님이 수업 시간에 그 책을 직접 읽어준다면, 그렇게 아이들이 책 읽는 어른 곁에서 자라 책 읽는 일이 자연스럽다면, 그 얼마나 기쁜 일일까. 단꿈에 젖어 A4 앞뒤를 꽉꽉 채워 만든 신문을 보니 감회가 새로웠다. 그때 나는 달마다 어울리는 어린이 책, 좋아하는 작가, 교육학 책의 유용한 글귀를 소개하는 신문을 혼자 만들며, 이 책 가운데 한 권이라도 누군가의 손에 전달되기를 간절히 바랐다. 그 신문은 마치 '과거의 나'가 '오늘의 나'에게 보내는 응원의 소리처럼 다가왔다. 수많은 사람들에게 그때의 간절함을 전달할 수 있는 행운의 기회를 날려버리지 말라고, 너의 진심이 닿아 책 한 권이 누군가의 곁에 남을 수 있으니 끈질기게 앉아서 마저 쓰라고. 그래서 이 책은 좋은 어른이 되고픈 이들을 위한 '책 읽어주는 선생님 신문'의 확장판이자, 반 아이들에게 책을 소개하기 위해 기록한 동화책 다이어리(책일기장)의 일부이기도 하다.

독서 방법, 독후 기록, 독서의 중요성을 말하는 책들은 많다. 하지만 그런 독서를 하기 위해서는 일단 책이 '재밌어야 한다.' 이 책에서 고른 책들은 아이들에게 '즐거운 독서의 세계로 들어오라, 제발 한 권만 읽어보자' 하며 최선을 다해 소개한 책들이다. 30명이 넘는 반 아이들이 모두 좋아하는 한 권의 책을 찾기란 힘들다. 하지만 아이들은 전혀 관심 없는 장르여도 같이 읽으며 환호하는 친구들의 반응을 접하면 엉겁결에 호감을 느낀다. 혼자 읽을 땐 눈물 한 방울 나지 않던 책이 짝꿍이 울음을 터뜨리면 덩달아 마음에 깊은 흔적을 남길 때도 있다. 그래서 교실에서 아이를 만나는 어른이라면 누구보다도 많은 동화를 읽어야 한다. 그 가운데에서 우리 반 아이들이 좋아할 만한 책, 좋아하지 않더라도 나눌 의미가 있는 책을 찾아야 한다. 너무 많은 책 앞에서 막막할 때 이 책이 작은 이정표가 되었으면 좋겠다. 교실이 아닌 가정에서 아이에게 좋은 책을 건네고 싶은데 어떻게 해야 할지 몰라 헤매는 이들에게도 이 책이 도움이 되기를 바란다.

이 책은 '어른'을 위한 책이다. 내가 동화를 읽고 기록을 남기며 어른들에게 같이 동화를 읽자고 제안하는 건 서로 대화하고 공감하는 시간을 늘렸으면 하는 바람 때문이다. 그리고 잊고 지낸 아이의 시선을 떠올려 다시 아이를 이해하고자 하는 노력이기도 하다.

동화는 아이에게 상처를 줄까 봐, 아이에게 상처를 받을까 봐, 끝없이 두렵고 불안해지는 마음도 차분히 달래준다. 동화 속 인물의 목소리를 들으며 배우고 공감하며 더 나은 삶을 꿈꾼다. 그렇게 책을 읽은 시간은 나뿐 아니라 훗날 아이가 길을 잃었을 때 덜 헤매는 반딧불 같은 빛이 되리라 믿는다. 이 책이 더 쉽게 그 길을 찾게 해주길 바란다.

차례

1부

가족의 울타리

1장

처음 만나는 세상,
부모

평소와 같은 밤이었다. 자야 하는데 어두컴컴한 방에서 핸드폰을 보느라 눈이 뻘게진 그런 날 말이다. SNS에 뜬 게시글을 하나 읽었다. 정확한 내용은 기억나지 않지만 "부모가 잘못했을 때 부모 역할이 처음이라고 말하지 마라. 아이는 모든 게 처음인 사람이다. 부모가 처음이라고 아이한테 한 잘못을 정당화하지 마라"라는 내용이었다. 맞는 말이다 싶지만 숨이 막혔다. '부모이자 교사인 나는 어떻게 해야 하지?' 두려움이 앞섰다. 세상에 완벽한 어른이 있을까.

아이가 자라면서 미처 몰랐던 내 안의 낯선 자아를 만났다. '다들 잘하던데 나만 이러는 걸까.' '말이 통하면 이 서툰 관계가 나아질까.' 끊임없이 의문을 품고 조언을 구해보지만 대부분 갈등은 시간이 흐를수록 깊어졌다. 물론 성숙한 부모들은 고슴도치처럼 뻗치는 아이의 언행도 다독이지만, 대다수의 부모들은 뜨겁게 들끓는 새로운 자아를 만난다.

계절을 지날 때마다 서로가 낯설어지는 사이, 바로 부모와 자녀 사이이다. 그래서일까. 세상에 나서기 전 가장 안전한 울타리가 돼야 하는 부모가 아이에게 남보다 더 큰 상처를 줄 때가 있다. 절망적이지만 어린이들은 부모가 저지른 실수들을 기억한다. "아이들은 모든 걸 용서할 수 있지만, 절대 잊지는 않는답니다." 『내 꿈은 슈퍼마켓 주인!』(쉐르민 야샤르 글, 메르트 투겐 그림, 오은경 옮김, 위즈덤하우스) 속 문장은 읽을 때마다 얼굴이 화끈거리고 가슴이 두근거린다. 아마도 그 밤에 본 글 역시 내가 저지른 실수를 건드리는 이야기였겠지. 그나마 나를 위로하는 건 아이에게 잘못했다고 말하고 용서를 구할 줄은 안다는 것이다. "엄마가 그럴 수도 있지. 네가 이해해야 해"라며 내 잘못을 당연시하지 않는다. 그게 얼마나 마음 아픈 일인지, 아이의 감정에 무뎌지지 않기 위해 동화를 읽는다.

사방으로 튀어 오르는 아이에 눈앞이 막막할 때

『나, 이사 갈 거야』
아스트리드 린드그렌 글, 일론 비클란드 그림,
햇살과나무꾼 옮김, 논장

에너지 넘치는 아이의 마음이 알고 싶은,

힘에 부치고 막막한 날에 읽는 책

『나, 이사 갈 거야』는 우리 집 형제가 여섯 살, 열 살일 때 잠자리 책으로 읽어준 동화다. 여섯 살이야 당연히 좋아할 거라 예상했지만 열 살 반응이 미지수라, 아이가 책 속 주인공과 가장 가까운 감정일 때를 기다렸다. 며칠 유심히 지켜보다 아이가 잔뜩 골을 내며 이불 속에 들어간 밤, 무심하지만 여유 있게 머리맡에서 소리 내 책을 읽었다. 할머니가 떠준 스웨터가 콕콕 쑤신다며 가위로 옷을 잘라 버리는 아이가 등장하는 책을 말이다. "쌤통이다, 그렇지? 모두들 자꾸

　　　사방으로 튀어 오르는
　　　아이들의 에너지에 막막할 때,
　　　도저히 보이지 않는 아이의 마음이
　　　알고 싶은 답답한 날이 있다.
　　　이런 날엔 린드그렌의 동화를 읽는다.

만 나를 못살게 구는걸." "맞아, 모두들 나를 괴롭혀. 그러니까 마구 잘라 버린 거라고." 너덜거리는 스웨터를 쓰레기통에 버리는 이야기에 슬그머니 일어나는 열 살을 보니 '성공이다!' 싶었다. 아침도 안 먹겠다(나는 잔소리와 함께 먹여줬겠지), 옷도 안 입는다(소리를 지르며 입혀줬겠지), 내키는 대로 감정을 터뜨리는 아이 로타는 또 뭐가 맘에 안 드는지 이런 집에서는 못 살겠다며 이사를 떠난다. 1초가 1분같이 소중한 아침 준비 중에 옷도 맘에 안 들고 좋아하는 반찬도 없다며 떼를 쓰고, 거기에 친정 엄마가 떠준 스웨터를 잘라 쓰레기통에 버리다니! 이 와중에 웃으면서 "우리 로타가 많이 속상했구나" 하고 로타를 이해해주는 분이라면 굳이 이 책을 읽을 필요가 없다.

책을 읽어주는 어른의 흔들리는 눈동자와 달리 아이들은 로타의 행동에 억압된 감정을 쏟아낸다. "저래도 되는 거야?" 아이들은 슬그머니 책을 읽는 엄마의 눈치를 본다. 집이 마음에 안 든다며 이사를 가는 다섯 살 로타는 모험을 갈망하는 아이들에겐 영웅이다. 가끔 로타를 소개할 때 책을 읽은 아이가 그대로 따라 하면 어쩌지 걱정하는 이들도 만난다. 아이들은 해도 되는 일과 하면 안 되는 일의 경계를 본능으로 안다. 누울 자리를 보고 다리를 뻗는다고 하지 않는가. 책을 끝까지 읽어준다면 그런 걱정은 넣어둬도 괜찮다. 어른의 염려와 달리 아이들은 '로타는 엄마랑 화해할 수 있을까? 혼날까?' 하며 자신의 일처럼 책 속에 빨려든다.

이사 간다더니 옆집 베리 아줌마네서 온종일 놀다 온 로타에게 엄마가 말한다. "가엾은 로타, 엄마가 나빴어."

'먼저 인정하라고? 나는 그렇게 못하겠네!' 마음속으로 외치다 문득 로타 엄마의 처지를 짐작해보았다. '로타 엄마는 쓰레기통에서 스웨터를 발견하고 화가 엄청 났을 텐데. 막상 화를 내려니 아이는 없고, 혼자 생각을 곱씹을 여유가 생겼겠지.' 로타 엄마는 다섯 살도 분노와 욕망이 있다는 걸 인정한다. 아이의 감정을 비난하지 않고 기다리며 들어준다. 아마 나였다면 옆집 다락방에서 가구 정리를 하는 아이 팔을 잡고 "아유, 아주머니 죄송해요. 애가 유난이네요" 하며 겸연쩍게 인사를 하고 집으로 돌아와서는 전쟁을 시작했을 게 뻔하다. 린드그렌 작가 동화 속 아이들은 로타처럼 몸과 마음의 움직임이 뚜렷하다. 누군가의 기대와 관념에 얽매이지 않고 직접 부딪히며 자신의 목소리를 내지르면서 성장한다. 사방으로 튀어 오르는 아이들의 에너지에 눈앞이 막막할 때, 도저히 보이지 않는 아이의 마음이 알고 싶은 날이 있다. 이런 답답한 날엔 린드그렌의 동화를 꺼내 읽는다. 정답은 아니더라도 날것 그대로의 생명력 앞에서 내가 하지 말아야 할 것은 구분할 수 있다. 하지만 왜 동화 속 악역을 맡은 부모들은 하나같이 나와 닮아 있을까. 다음에는 소리 지르기 전에 꼭 로타를 떠올려보자고 다짐해본다.

아이도 자존심이 있다

『화해하기 보고서』
심윤경 글, 윤정주 그림, 사계절

자기 이야기를 목청껏 외치는 아이가 건강한 아이

스웨덴에 로타가 있다면 한국에는 『화해하기 보고서』의 여덟 살 은지가 있다. 은지 엄마는 바닥에 굴러다니는 아이를 내복만 입혀 "너처럼 말 안 듣는 아이는 처음 봤다. 더 이상 키울 수가 없으니 나가서 혼자 살아라"(26쪽)라며 집 밖에 내보낸다. 익숙한 대사에 마음이 조금은 편안해진다. 하지만 여기에도 "엄마가 나를 낳았으니까 아무리 말을 안 들어도 엄마가 키워야지, 누가 나를 키우란 말이야?"(26쪽)라며 기죽지 않고 맞서는 아이가 있다. 팽팽한 다툼은 은지가 반에서 가장 멋진 남자아이 민우에게 내복 차림을 들키면서 끝난다. 속상하고 부끄러운 마음에 폭발하는 은지를 보며 심했다 싶은 엄마는 화해하기 보고서를 제안한다. 서로 잘못한 걸 하나씩 적으며 화해하자는 말에 은지의 속마음은 이렇다. "왜 어른들은 늘 야단을 치고 아이들은 언제나 잘못했다고 빌어야 하는 건지 모르겠다. 우리도 자존심이 있는데, 어른들은 언제나 우리한테 잘못했다고 말하라고 윽박지른다. 잘못했다는 말은 정말로 하기 싫은데 말이다."(67~68쪽) 이 부분을 읽어줄 때마다 아이들은 박수를 치거나 책상을 두드린다. 솔직히 담임은 워킹맘 엄마에게 감정이입을 하며 꼬박꼬박 어깃장을 놓는 은지가 어쩜 그렇게 얄미운지 모른다. 하루 종일 백화점 구두 매장에서 서서 일한 엄마에게 전날 저녁에야 내일 준비물을 말하는 딸, 저녁도 굶고 뛰어가 토마토 모종을 사왔더니 고추 모종이 아니라며 바닥을 데굴데굴 구르는 딸이라니. 하지만 이 책을 읽어줄 때마다 "내 맘이랑 똑같아!" "나도 엄마랑 화해하기 보고서 써야지!" 하고 외치는 아이들을 보며 '어느 집이든 싸우고 있구나, 나만 그런 게 아니었어' 하며 은근슬쩍 안도의 한숨을 내쉰다. 책을 읽어주는 담임 목소리보다 더 큰 소리로 떠드는 아이들을 물끄러미 바라본다. 잔뜩 신이 나 자기 집 이야기를 하며 "내 목소리는 여기에 있어. 들어줘!" 하고 소리칠 줄 아는 아이들이 건강한 존재라는 걸 되새긴다.

어른들이 알려준 길이 아닌 내 감정을 외치며 팔딱거리는 아이들이 불편하다면, 그건 정답을 강요하고 기대하는 어른이기 때문 아

닐까. 『나, 이사 갈 거야』, 『화해하기 보고서』 속 어린이들은 내 마음
의 주인은 나라고, 나를 인정해달라고 외친다. 아이를 가르치지 않는
동화는 어른을 가르친다. 로타와 은지의 입을 빌려 내 마음속 '착한
아이'라는 단단한 벽을 깨부순다.

66 내 마음의 주인은 나라고,
　　나를 인정해달라고 외친다.
　　아이를 가르치지 않는 동화는
　　어른을 가르친다. 99

어떻게 해야 내 맘을 알아줄 거야?

『바꿔!』
박상기 글, 오영은 그림, 비룡소

내 속을 뒤집어서라도 다 보여주고 싶은 날

『바꿔!』는 중학년 이상 아이들에게 추천하는 책이다. 이 책은 비룡소 황금도깨비상의 2018년 수상작이기도 하다. (황금도깨비상은 비룡소가 만든 어린이 도서 문학상으로, 1992년부터 그림책과 동화를 대상으로 수상작이 선정된다.)

친구들에게 따돌림 당하고 가족들은 자신에게 관심도 없고, 엉망인 하루를 보낸 마리는 아파트 놀이터에 앉아 비밀 일기를 쓰며 울고 있었다. 설움이 복받쳐 흘린 눈물이 휴대폰 음성 구멍에 들어가더니 이상한 광고가 뜬다. "입장 바꿔 복수하세요! 통째로 다 바꿔주는 '바꿔!' 앱 출시."(26쪽) 주변의 가까운 사람과 일정 시간 몸을 바꿔주는 신기한 앱이라니. 나를 괴롭히는 아이들과 몸을 바꾼다면 어떨까? 두렵지만 몸을 바꾸기로 결심한 마리는 혹시나 하는 마음에 먼저 엄마로 실험을 해본다. 반신반의하며 앱을 실행한 다음날, 설마가 진짜가 되었다. 엄마와 몸이 바뀌었다! 이제 친구들과 몸을 바꾸려고 되돌려보려 하지만 실패한다. 보험사 약관처럼 작게 적힌 "테스트 버전 1회만 사용 가능하며, 되돌리기까지는 최소 7일이 소요되니 유의해서 사용하시기 바랍니다"(40쪽)라는 글귀를 뒤늦게 발견한 마리. 결국 마리는 엄마 직장인 빵집으로 출근하고, 엄마는 딸 대신 등교를 한다. 어른이 된 마리는 그동안 자신을 괴롭혔던 오빠와 답답한 아빠에게 큰소리도 치고 다 좋은 줄만 알았다. 하지만 다정한 할머니가 시어머니가 되자 상황은 달라지고, 아프면 우는 게 아니라 어른의 명예를 지키기 위해 고통도 견뎌야 했다. 엄마 역시 몰랐던 딸의 일상을 겪는다.

따돌림 당하는 아이의 설움과 기혼 여성의 고단함이 잘 드러나서였을까. 고학년 아이들의 지지 역시 컸다. '섬세하고 강단 있게 여자 마음을 잘 드러낸 작가는 분명 여자겠지?' 생각하며 읽었는데, 작가의 말에서 멈칫했다. 가족 가운데 자신이 가장 힘들다고 생각했는데 어린이와 여성의 현실을 깨닫고 동화를 쓴 남자 작가란다! 아이들에게 편견을 갖지 말라고 가르쳐왔는데. 정작 문제는 내게 있었다. "문제는 늘 나야"라고 혼잣말하며 고개를 절레절레 흔든다.

대화가 필요해

『내 마음 배송 완료』
송방순 글, 김진화 그림, 논장

완벽하지 않은 어른들도 있다

『바꿔!』와 더불어 『내 마음 배송 완료』도 아이들에게 많은 사랑을 받는 책이다. 책일기장에 이렇게 써 놓았다. "아이들이 자주 빌리길래 호기심에 읽은 책. 표지의 기발함이 아이들의 시선을 끄는 걸까, 아니면 제목에 이끌리는 걸까. 아이들이(4학년 이상) 부모에게 화가 났다면 추천하고 싶다. 홈쇼핑을 매개로 부모를 바꾸는 이야기는 소비로 무엇이든 채울 수 있다는 현대 사회를 비판하기도 한다. 온책 읽기 하기에도 좋겠다. 역시 논장! 2018년도 작품이다."

보험회사 상담원인 엄마는 홈쇼핑으로 스트레스를 해소한다. 쌓이는 택배 상자에 너무하다 싶은 딸 송이는 엄마를 말리지만 "쇼핑을 하다 보면 가끔 마법 같은 일이 생기기도 해"라며 엄마는 엉뚱한 대답만 한다. 송이는 이혼 뒤 예전 같지 않은 엄마에게 서운함을 느낀다. 오늘도 홀로 라면을 먹으며 저녁을 때우던 날, TV에서 푸른색 레이저와 함께 홈쇼핑 채널이 나오고 낯선 7D 안경이 나타난다. 엉겁결에 7D 안경을 쓰고 신기한 쇼핑 천국에 빠져 있는데 회원가입 권유가 들려온다. 엄마를 파는 어린이에게만 쇼핑 천국 평생 회원권을 준단다. 심지어 주문 폭주로 300명밖에 가입을 못한단다.(뭐라고!1) 엄마를 팔면 내가 원하는 엄마를 빌려준다는 말에 엄마를 팔아버린 송이.(뭐라고!2) 엄마의 원망이 걱정되지만 '엄마는 그동안 엄마하고 싶은 대로 다 했는데, 뭐. 엄마 아빠도 내 허락 없이 이혼했잖아.' 핑계를 준비해둔다. 계약서를 쓴 뒤 예쁘게 꾸며져 다른 집으로 팔려간 엄마는 하루 만에 반품되어 집으로 돌아온다.(뭐라고!3) 엄마가 반품되자 계약자인 송이가 대신 팔려간다.(뭐라고!4) 심지어 엄마는 부모 사이가 좋은 집으로 송이를 팔아달라는 부탁까지 한다. 도대체 엄마의 속마음은 뭘까?

아이들은 곧잘 오해한다. '어른이니까 어린이인 내 마음도 당연히 알겠지. 어른이 뭐가 힘들겠어. 어른은 못하는 게 없지.' 오해로 소통이 끊긴 가족은 멀어질 수밖에 없다. 끊어진 가족 안에서 아이는 스스로의 힘으로 풀지 못한 문제를 자기 탓으로 돌린다. 문제의 원인을 모른 채 자기를 탓하느라 자존감이 바닥으로 떨어지거나, 혼란스러운 분노에 당황하며 상처받는 아이들이 얼마나 많은가. 상처받은 아이가 거리낌 없이 부모를 홈쇼핑에 팔아버리기 전 '대화가 필요해' 숙제를 끝마쳐야 한다. 소통의 부재가 낳은 오해는 결국 남보다 못한 사이를 만든다. 뒤늦게 후회하고 기다려도 아이는 부모를 그리워하지 않는다. 망설임 없이 존재를 지우고 기억을 팔아버린다. 이 동화를 읽는다면 최소한 소통의 부재가 낳는 두려움을 경계할 수 있지 않을까.

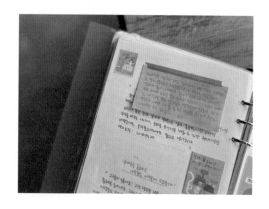

진짜 내가 원하는 건

『리얼 마래』
황지영 글, 안경미 그림, 문학과지성사

행운이 들어오는 건 완벽한 계획 사이의 작은 틈

『리얼 마래』에서는 인기 에세이 작가 엄마, 유명 블로거 아빠, 외동딸 마래가 구성원인 가족이 등장한다. 소통의 부재와는 거리가 먼 것 같은 이 가족에겐 어떤 일이 생길까. 아빠가 운영하는 '마래의 오늘' 블로그에는 태어난 날부터 5학년 때까지 하루도 빠짐없이 마래의 육아일기가 올라온다. 엄마가 쓰는 에세이 역시 마래의 일상이 소재다. 어딜 가든 주목받는 주인공의 삶을 사는 마래. 하지만 마래의 속마음은 친구들의 예상과는 다르다. 세 번째 전학 끝에 '평생 친

구'를 만나 여기서 졸업을 하고 싶은 마래에게 부모는 홈스쿨링을 하면서 캠핑카 여행을 떠나자고 제안한다. 맘에 드는 친구들과 헤어지지만 자유롭게 살 수 있는 삶. 무엇이든 할 수 있지만 아빠의 블로그와 엄마의 에세이에 기록될 시간. 무엇이 더 나은 선택이라고 자신 있게 말할 수 있을까. 이 선택의 주도권은 마래의 부모일까, 마래일까.

　한 사람의 일생을 기록으로 남겨 사람들에게 공감과 위로를 주겠다는 아빠. 아빠는 비공개 게시판으로 마래의 백 살까지 폴더를 만들어놓고, 아이가 뜻을 이어 블로그를 운영하길 바란다. 엄마는 칼럼 소재로 마래가 친구와 나눈 비밀 이야기를 사용해 겨우 만든 우정을 깨뜨린다. 아빠의 블로그와 엄마의 책에 쓰인 '나'가 진짜 마래일까. 부모의 기록과 달리 하루에도 수십 번 달라지는 '나'는 진짜가 아닐까. 마래는 스스로 원하는 걸 고민하고 부딪혀가며 부모가 세운 계획에서 뛰쳐나온다. 그 곁엔 마래가 말하는 진짜 '나'를 제대로 바라보는 친구들이 있다. 가끔은 제3자이기에 알 수 있는 사실이 있다. 감춘다고 가려둔 티끌들이 친구의 시선을 통해 선명하게 드러날 때가 있다. 날마다 싸우는 부모, 멍이 들 때까지 매를 드는 부모 등 각자의 고민을 가진 아이들은 서로에게 어깨를 빌려주며 위로한다. 자신의 의지를 선언하고 뛰쳐나간 마래를 받아들인 부모는 "중년 부부의 새로운 시작"이란 프로젝트를 세운다. "왜 나는 내가 성장하고 자랄 수 있다는 생각은 안 했는지 모르겠어." 그렇게 아이가 아닌 '나'의 삶을 찾아낸다.

하루에도 글이 수억 개씩 쏟아지는 SNS 속에서 흔들리지 않을 부모는 얼마나 될까. 옆집 엄마가 다녀온 여행, 친구 아이가 받았다는 상장, 창의력 넘치는 놀이, 깨끗하고 멋진 집 등을 부러워하며 우리는 다른 이의 꿈을 따라가는 건 아닐까. 내가 세운 멋진 계획이 아이에겐 무거운 짐이 될 수 있다. 준비가 완벽해도 행운의 기회가 들어오는 곳은 열어둔 문틈 사이이다. 그 계획 사이에 틈을 벌리는 건 부모의 준비가 아닌 계획을 벗어나려는 아이의 몸부림이다. 아이의 진심을 못 듣고, 다른 이의 목소리에 귀를 기울일수록 갈등은 더 깊어진다. 사춘기에 아이가 쏟아내는 부정적인 반응은 부모가 이제껏 아이를 억누른 크기와 같다고 하지 않는가.

이 책은 부모가 바라는 게 진짜 아이를 위한 일인지, 아이를 있는 모습 그대로 보고 있는지 재차 물어본다. 잊어버릴 때마다 동화에 등장하는 어린이의 목소리가 어떻게 흘러가는지 따라가 본다. 싸우면서 자란다는 옛말은 맞나 보다. 직접 부딪치며 관계를 배운 아이들은 어디서든 자신을 지킬 수 있다. 가족의 울타리 안에서 목소리를 꺼내는 시기에 듣지도 않고 억누르지 않기를, 아이가 가족을 벗어나 세상을 마주할 때 두려움이 아닌 용기의 싹을 틔울 수 있기를 소망해본다.

어째서 가족 주제 동화가 하나같이 다투고, 집을 나가며, 끝을 보는 이야기냐고 물을 수 있다. 텔레비전에 나오는 행복한 육아와 아름다운 가족의 모습을 아이들이 읽어야 하는 게 아니냐고 말이다. 하지만 어린이들은 가슴 깊숙하게 숨겨둔 두려움을 내색하지 못하다 누군가의 이야기를 들으며 '우리 집만 그런 게 아니구나' '내 잘못이 아니야?' 하고 안도감을 느낀다. 나만 혼나는 게 아니고, 우리 집만 싸우는 게 아니며, 이런 생각이 나쁜 게 아닌 성장의 과정임을 배운다. 그러기에 동화는 차마 우리가 그대로 드러내지 못한 날것 그대로의 다툼과 투쟁, 그 모든 과정을 통해 성장하는 어린이의 날갯짓을 보여준다.

『천사를 미워해도 되나요?』
최나미 글, 홍정선 그림, 한겨레아이들

착하기만 한 줄 알았던 아이의 속마음

최나미 작가의 단편집으로 다섯 개의 이야기가 들어 있다. 당연히 모든 걸 안다고 생각했던 가족과 친구들의 속마음을 주변인의 시선으로 담아놓았다. 「X-파일」에서는 아빠와 부딪히는 아들 재완의 목소리가 동생의 시선으로, 「리모컨」에서는 선화와 슬기의 성장 과정이, 표제작인 「천사를 미워해도 되나요?」에서는 감추려던 감정들이 선명하게 드러난다. 어린이는 착해야만 한다는 관념에서 벗어난 아이들의 상처에 시선이 머문다. 「양팔 저울」은 학교 현장에서 고민하는 지점인 사회 환경을 다룬다. 사는 곳에 따라 사람의 가치가 결정되는 것일까. 출발선이 다르다는 아이들의 목소리가 적나라하게 쏟아진다. 「장대비」에서는 부모의 기대에 맞춰 양보만 하던 두규가 자신의 알을 깨며 빗속을 달리는 모습이 거센 빗줄기처럼 마음을 때린다. "진짜 원하는 게 생겼어요. 그런데 부모님이 받아들일 수 없더라도 존중해줄 거죠?" 언젠가 아이가 질문을 던질 때 동화 덕분에 부모가 절대 하지 말아야 하는 게 무엇인지 자연스럽게 알게 된다.

> **❝** 진짜 원하는 게 생겼어요.
> 그런데 부모님이 받아들일 수 없더라도
> 존중해줄 거죠? **❞**

『치외법권 위니 공화국 회고록』
리사 그래프 지음, 강나은 옮김, 씨드북

어린이라고 모든 걸 부모 맘대로 할 순 없다
독립국을 만든 아이들

늘 싸우던 부모가 이혼한다며 딸 위니를 불러놓고 하는 말이 일, 화, 금요일은 엄마와, 월, 목, 토요일은 아빠와 지내자고 한다. 남은 수요일은? 수요일은 삼촌이 설계한 나무 위 집에서 위니 혼자 살아야 한다. 동그란 길을 따라 부모의 집은 남과 북에 있고, 동그라미 한가운데 있는 나무 위 집에 살게 된 위니는 극성맞은 부모와 떨어지게 되어 오히려 기쁘다. 이혼 뒤 부모는 누가 딸에게 더 멋진 부모인지 증명하려고 온갖 날들을 만들어 위니만을 위한 행사를 벌인다. 문제는 이 모든 게 위니의 의사와는 전혀 상관없다는 것이다. 도저히 견딜 수 없는 위니는 나무 위 집에서 나오지 않기로 한다. 집에서 안 나온다면 올라가서 데려오면 되지 않나 싶지만, 문제가 복잡하다. 하필 나무가 있는 자리는 지금은 사라진 피티지오 공화국의 영사관 터로, 엄밀히 말하면 미국 영토가 아닌 피티지오 공화국의 영토다. 위니는 엄연한 독립 국가에 살고 있어 어떤 미국인이 와도 자신의 허락 없이는 나무 위 집에 올라올 수가 없다. 위니는 나무 위 집에서 자신의 요구사항을 들어달라고 외친다. 이 모습을 본 같은 반 친구 아홉 명도 덩달아 위니 공화국(나무 위 집)으로 들어간다. 모든 상황은 TV 뉴스로 생중계되며 전 세계 사람들의 관심을 끈다. 이혼한 부모의 줄다리기 사이에서 자신의 목소리를 내기 위해 열두 살 아이가 택한 기발한 방법과 예술가의 눈으로 들여다본 아홉 명 친구들의 진짜 속마음을 흥미로운 방식으로 전달한다. 책은 위니가 사건이 끝난 뒤 숙제로 제출한 회고록 형식이며, 보너스처럼 회고록을 읽는 아홉 명 아이들의 댓글이 메모지로 등장한다. 작가의 기발함에 절로 박수가 나온다.

2장

치고받고 싸울지라도,
형제자매

나는 사이좋게 지낸 날보다 싸운 날이 더 많은 연년생 남매로 자랐다. 동생이 "야!"가 아닌 "누나" 하고 부르면 그건 용돈이 필요하다는 뜻이었다. 우애 좋은 형제자매라니. 그건 유니콘처럼 만날 수 없는 판타지였다. 덕분에 형제자매에게 억울하거나 화난 상황을 설명할 땐 열정 넘치는 예시로 아이들 맘을 휘어잡았다. 고개를 위아래로 흔들며 눈을 반짝이는 아이들을 보면 '그래, 이런 건 세대 차가 없지' 서로 공감하며 희열을 느꼈다.

1학년 아이들을 가르칠 때 동생 때문에 힘들고 짜증난다는 일기가 유난히 많던 달이 있었다. '여덟 살의 동생이라면 한참 어릴 텐데 1학년도 아직 어리니까 서로 힘들겠구나' 댓글을 달다 문득 다음 날부터 읽어준 동화가 있다.

❝ 책장을 덮고도 아이들의
　재잘거리는 소리가 넘치는 동화.
　이야기의 힘에 새삼 감탄한다. **❞**

언니만 힘든 줄 알아?

『레기, 내 동생』
최도영 글, 이은지 그림, 비룡소

동생 때문에 힘든 첫째, 첫째 때문에 힘든 동생들에게

1학년 2학기였다. "내일부터 동화를 읽어줄 거야." 이렇게 시작한 시간은 생각도 못한 결과를 불러왔다. "쉬는 시간도 필요 없어요!" "그냥 쭉 읽어주세요." "어디 가면 살 수 있어요?"부터 시작해 며칠 뒤 책을 사서 들고 온 아이들이 등장해 제발 결말만은 말하지 말라고 부탁하게 만든 책, 바로 『레기, 내 동생』이다.

리지는 사고를 쳐도 언니 핑계를 대며 요리조리 빠져나가는 동생 레미가 너무 얄밉다. 레미 때문에 혼나거나 분한 일이 쌓이면 수첩에 레미를 쓰고 '미'를 '기'로 고친 다음, 한 글자를 더해 '쓰레기'를 완성한다. 기분이 풀릴 때까지 그렇게 '내 동생 쓰레기'를 적는 게 리지만의 스트레스 해소법이다. 그날 역시 레미 때문에 화가 난 리지는 '내 동생 쓰레기'를 수첩 가득 쓰고 잠이 들었다. 다음 날 아침 몸이 안 움직인다는 동생 목소리에 짜증을 내며 일어나 보니, 동생이 쓰레기봉투가 되었다? 비상 상황을 도와줄 엄마, 아빠마저 아침 일찍 집을 나가서 아무도 없다. 혹시 수첩에 적은 글 때문일까? 양심에 찔린 리지는 쓰레기봉투가 된 동생을 가방에 넣어 등에 업고 다니며 사방팔방으로 방법을 찾는다. 어쩌다 이런 일이 생겼는지 동생과 얘기를 곱씹다 밝혀지는 수첩의 정체! 사실을 알았으니 동생은 사람으로 돌아올까? 아무렴 돌아오기만 했을까. 돌아오자마자 시작하는 동생의 반격에 이대로 이야기가 끝나는 게 속상할 정도다. 아이들 역시 "다음 책이요! 2권 읽어주세요!" 하고 없는 책을 달라 아우성친다. 재미뿐만 아니라 동생만 사랑받는 것 같아 속상하다는 언니와 끊임없는 언니와의 비교로 힘들다는 동생의 감춰둔 속마음까지 나눠본다. 많은 시간을 보낸다고 생각하지만 정작 남보다 모르는 게 가족의 속마음 아닌가. 나만 억울하고 속상하다며 토라진 아이 곁에 슬그머니 앉아서 읽어주고 싶은 책이다. 책장을 덮고도 아이들의 재잘거리는 소리가 넘치는 동화. 이야기의 힘에 새삼 감탄한다.

영화의 원작이 동화였다

『로테와 루이제』
에리히 캐스트너 글, 발터 트리어 그림,
김서정 옮김, 시공주니어

책도 읽고 영화도 보고 가족의 웃음도 찾고

옥신각신하는 아이들 마음을 사로잡으면서도 힘을 합치거나 서로에게 위안을 얻는 이야기가 필요할 때가 있다. 그런 순간엔 『로테와 루이제』를 꺼낸다. 『에밀과 탐정들』, 『하늘을 나는 교실』 등 한스 크리스티안 안데르센 상을 받은 작가 에리히 캐스트너의 작품이다. 린제이 로한의 깜찍한 쌍둥이 연기로 유명한 영화 〈페어런트 트랩(The Parent Trap)〉의 원작이다. (동서문화사의 에이브 전집으로는 『헤어졌을 때 만날 때』라는 제목으로 나왔다.) 우연히 여름 방학 캠프에서 자신과

"
작가는 이 책을 통해
과감하게 어린이의 불안과 어른들의 잘못을
수면 위로 끄집어내 문제를 제기했다.
"

똑같이 생긴 아이를 만났는데 성격은 극과 극이다. 하지만 또 양극은 통한다지 않는가. 만나기만 하면 으르렁대다 미운 정이 가장 무섭다고 어느새 절친이 된 로테와 루이제. 얘기를 나눠보니 통하는 것도 많고 한부모 가정이라는 것도 같다. 심지어 생일도 똑같다. 그런데 한 명은 엄마가 없고, 다른 한 명은 아빠가 없다. 아이들은 소중히 간직해온 부모의 사진을 비교하며 자신들은 쌍둥이고 부모가 이혼하면서 루이제는 아빠와 빈에서, 로테는 엄마와 뮌헨에서 살게 됐다는 사실을 알게 된다. 두 아이는 궁금했던 엄마, 아빠를 만나기 위해 서로 집을 바꿔 돌아가기로 한다. 캠프가 끝날 때까지 서로의 일상을 외우며 연습한 아이들은 한 번도 만나지 못한 아빠, 엄마를 만나 행복해하지만 결국 들통이 나고 만다.

책이 나온 1949년의 독일은 전쟁이 끝난 뒤 여러 상황으로 이혼이 증가한 사회였다. 혼란스러운 분위기 속에서 어린이가 겪는 문제는 주목받지 못했다. 하지만 작가는 이 책을 통해 과감하게 어린이의 불안과 어른들의 잘못을 수면 위로 끄집어내 문제를 제기했다. 70년이 지난 지금도 어른의 사정으로 상처받는 어린이들의 마음은 여전히 우리가 고민해야 할 문제다. 이미 영화를 본 어른이라면 영화와 비교하거나 책에서 깊게 다루는 부분을 찾는 것도 또 다른 재미를 줄 것이다. 두께에 지레 겁먹는 아이들에겐 살짝 영화의 한 부분을 보여준 뒤 책을 건네는 것도 좋다. (앞부분 캠프에서 싸우는 부분을 보여주고 "사실 얘네 말이야. 진짜 쌍둥이래" 하고 흘려줬더니 서로 책을 빌려갔다.) 영화는 원작 책과 달리 시대 배경은 촬영 당시 시대로, 장소는 빈과 뮌헨에서 미국과 영국으로, 지휘자인 아빠가 농장주로, 출판사 편집자인 엄마가 웨딩드레스 디자이너로 바뀌었다. 주인공을 돕는 여러 보조 인물이 추가되고 린제이 로한의 활기찬 연기와 더불어 기발한 소동이 더해져 생생한 재미가 넘친다. 이 책과 더불어 영화를 보여줄 계획을 세운다면 책을 소개하려고 영화를 보여준 건지, 가족과 즐거운 시간을 보내려고 영화를 보여준 건지, 도중에 목적을 잃어선 안 된다. 가끔 영상을 먼저 보고 난 뒤 책은 안 읽는다는 아이들도 많기에 최대한 짧게, 책을 다 읽은 뒤 영상을 마저 보며 이야기 나누기를 추천한다.

여타의 동기유발 없이도 혼자 알아서 책을 찾아 읽는 아이들이 많다면 얼마나 좋을까. 하지만 책보다 재미난 게 넘치는 세상에서 얇은 책장 한 장 넘기기가 무거운 돌덩이를 굴리는 것보다 힘들 때가 많다. 책장을 넘기는 힘을 조금이라도 보탤 수 있다면 영화든, 게임이든 그게 무엇이든 엮어 책을 읽는 세상으로 초대하고 싶다. 무엇을 해도 아이가 책을 혼자 읽기 힘들어하면 읽어주자. 아이가 1학년이든, 6학년이든 읽기를 바란다면 같이 읽자. 그렇게 쌓아온 시간은 반드시 어떤 형태로든 돌아온다. 그게 독해력이든, 성적이든, 아이와 끈을 놓지 않게 해주는 애착이든, 함께 책을 읽은 시간은 뭉근하게 달여져 가슴 밑바닥에 진하게 흔적을 남긴다.

함께 있기에
어떤 두려움도 마주할 수 있다

『사자왕 형제의 모험』
아스트리드 린드그렌 글, 일론 비클란드 그림,
김경희 옮김, 창비

시간이 지나도 퇴색하지 않고 오히려 더 빛나는 고전

3학년 담임 시절, 그림책에서 동화로 건너오지 못한 아이와 함께 읽을 책을 추천해달라는 학부모 요청에 건넨 책이 있다. 몇 주 뒤 아이가 밤마다 엄마가 읽어주는 책이 있다며 자랑스레 들고 온 책이 바로 『사자왕 형제의 모험』이다. 영화로 만들어진 『나니아 나라 이야기』 시리즈나 『해리 포터』 시리즈도 있지만 내게 이 책은 해마다 빠뜨리지 않고 아이와 학부모에게 추천하는 동화다. 20대에 이 책을 읽었을 때의 경악과 충격은 여진히 선명하다. 제목 그대로 형제의 모험 이야기로, 몇 십 년이 흘러도 여전히 사람들에게 읽히는 책이다. 고전의 매력은 강력하다. 시간이 흘러도 퇴색하지 않고 오히려 감탄이 더해지며, 숙성된 와인처럼 다시 읽을 때마다 새로운 맛을 발견하게 만든다. 압도적으로 강렬하고 아름다운 이 책을 이렇게 간단하게 소개할 수밖에 없는 것이 아쉽다. 그저 꼭 읽어보시라고 추천한다.

여기 형제가 있다. 못생기고 겁쟁이인 데다 다리도 절룩거리는 동생 칼과 황금빛으로 빛나는 머리칼에 아름다운 외모, 친절하고 힘도 센 멋진 형 요나탄이 있다. 몸이 약해 곧 죽을 거라는 동생 칼에게 형은 죽은 사람만 갈 수 있는 신기한 세계 낭기열라 이야기를 하며 두려움을 달래준다. 밤마다 낭기열라 이야기를 나누며 불안을 달래던 형제는 갑작스러운 화재 사건으로 운명이 갈라진다. 불길에 휩싸인 집에서 도망치지 못한 동생을 업은 채 2층 창문에서 뛰어내린 형 덕분에 칼은 살아남지만, 요나탄은 죽고 만다. 땅에 누워 간신히 말을 꺼내는 요나탄은 "울지 마, 스코르판. 우린 낭기열라에서 다시 만날 거야"(29쪽)라는 유언을 남기며 끝까지 동생을 걱정한다. (스코르판은 형이 동생을 부르는 애칭이다.) 누구나 사랑했던 요나탄은 죽음의 세계에서조차 의로운 사람이 되어 '사자왕'이란 이름을 얻는다. 절망에 빠진 동생의 방 창문에 날아온 비둘기는 형이 두 달 동안 낭기열라에서 지내고 있다는 이야기를 전한다. 칼은 어쩐지 오늘 밤 자기도 낭기열라로 떠날 거 같아 엄마에게 쪽지를 써놓고 잠든다. 그리고 다음 장에서 칼은 낭기열라에서 눈을 뜬다.

무려 327쪽이나 되는 이야기이지만, 한 번 잡으면 정신없이 빠져들 수밖에 없다. 잠자리 책으로 시작했다 목이 쉴 때까지 읽어주셨다는 학부모님들의 후기를 들으면 행복해진다. 간혹 "사후 세계도 놀라운데 한 번 더 죽는다니? 죽음을 미화하는 거 아니에요?" 하고 묻는, 출간 당시의 우려가 행여 지금도 나올까 걱정될 때가 있다. 아이들은 낭기열라의 자유를 위해 텡일과 겨루며 오르바르를 구하는 모험에 몰입해 사후 세계라는 것도 잊고 책에 빠진다.

아이들은 어른들의 염려보다 훨씬 더 자연스레 죽음을 받아들인다. 낭기열라는 우리가 사후 세계라고 하면 떠올리는 완벽한 천국이 아닌, 두려움과 모험이 존재하는 곳이다. 목숨 걸고 싸워야만 하는 악당도 있다. 게다가 낭기열라에서 형 요나탄은 또다시 죽음을 앞둔다. 이제 겁쟁이 칼이 아닌, 사자왕 형제라 불리는 동생 칼은 처음 불길에서 동생을 업고 뛰어내렸던 형처럼 형을 업고 낭떠러지에서 뛰어내린다. 형제는 낭길리마에 이르며 끝이 난다. 영화 인셉션도 아니고 죽음 뒤 진입한 세계에서 또 다른 층위의 세계로 들어가는 이야기라니! 이런 독특한 구조가 1983년에 나온 책이라니! 처음 읽을 땐 잘생긴 얼굴과 카리스마, 넘치는 정의감에 빛나는 요나탄에 빠지다가 다시 읽을 땐 겁 많고 소심한 칼의 성장에 마음을 빼앗기게 된다. 또 다시 읽었을 때는 형제가 아닌, 각자의 가치판단으로 형제를 대하는 어른들에게 눈길이 간다. 읽을 때마다 발견하는 매력에 자꾸 손이 가는 책이다.

완벽할 거라 생각한 죽음 뒤 세상은 여전히 현실처럼 불완전하

작가가 표현한 섬세하고 반짝이는 자연은
책을 읽는 내내 잠들어 있는 감각을 일깨운다.
소리 내 문장을 읽으면 눈앞에서 반짝이는 풍경을
마주하는 기분이 든다.

다. 불완전한 낭기열라와 완전한 낭길리마, 칼과 요나탄, 어쩌면 모두 한 사람 안에 공존하는 모습이 아닐까. 차원이 바뀔 때마다 죽음을 겪는 형제는 내 안에서 죽음과 탄생을 반복하는 자아의 모습과 닮았다. 심지어 형제는 어린이의 힘으로 어찌할 수 없는 거대한 악당과 괴물 앞에서도 도망치지 않고 대면한다. 그냥 벽난로 앞에서 편하게 살면 되지 왜 굳이 위험을 선택하냐며 형을 만류하는 동생에게 요나탄은 이렇게 답한다. "사람답게 살고 싶어서지. 그렇지 않으면 쓰레기와 다를 게 없으니까."(86쪽) 갖은 핑계로 조금은 옳지 않더라도 편한 방법을 선택했던 못난 어른은 책을 읽다 눈을 질끈 감는다. 다가오는 죽음과 죽을 만큼 무서운 독재자 앞에서도 어린 칼은 형과 함께 용기를 내며 성장한다.

작가가 표현한 섬세하고 반짝이는 자연은 책을 읽는 내내 잠들어 있는 감각을 일깨운다. 소리 내 문장을 읽으면 눈앞에서 반짝이는 풍경을 마주하는 기분이 든다. 읽는 자의 감각을 일깨우고 듣는 자의 오감을 흔드는 문장이라니. 형제의 모험은 막연히 죽음을 무서워하는 아이들의 마음에 한 줄기 빛을 선사한다. 사자왕 형제의 모험은 함께이기에 가능한 일이었다. 잊고 지낸 아름다움과 당연히 소중히 여겨야 할 보편적인 가치를 전해주고 싶을 땐 이 책을 읽어주자.

함께이기에 무엇이든 할 수 있는, 싸우고 다투고 의지할 수 있는 관계를 가지고 있다는 사실은 외동인 아이들에게 부러움의 대상이기도 하다. "좋겠다, 난 외동인데." 그럴 때마다 형제자매가 있는 아이들은 말한다. "외동이 최고인 거야!" "야, 동생이 얼마나 귀여운데! 나도 갖고 싶어!" "형이 최고지!" "무슨 소리야, 형한테 맞아봤냐?" 교실은 금세 아수라장이 된다. 사이 좋은 남매도, 원수 같은 형제자매도 무엇이든 혼자가 아니라는 것을, 어린이가 힘을 합쳐 해낼 수 있다는 것을, 너희의 무한한 가능성에 언제나 경의를 표한다며, 오늘도 왁자지껄 아이들 목소리가 가득한 동화를 나눈다.

『오빠와 나』

김양미 글, 김효은 그림, 시공주니어

진흙 속에서도 맑고 빛나는 연꽃같이 사랑스러운 남매

"맑고 사랑스러운 수채화를 보는 듯한 기분이다. 비 온 뒤 상쾌한 풍경 속에서 웃음이 나는 소중한 책이다. 읽는 내내 둘의 사랑스러움에 햇살 아래 투명한 유리구슬을 비춰가며 어른거리는 그림자를 들여다보는 것 같다." 책을 읽는 동안 얼마나 좋았는지 책일기장에 잔뜩 설렘을 적어두었다. 일곱 살 차이 나는 남매의 사랑스러움 아래 한 겹을 들춰보면 무거운 현실이 있지만, 긍정의 소소함을 잃지 않는 작가님의 글이 참 좋다. 정말 이런 남매가 존재한단 말인가.

66 맑고 사랑스러운 수채화를
보는 듯한 기분이다.
비 온 뒤 상쾌한 풍경 속에서
웃음이 나는 소중한 책이다. 99

3장

끝없는 사랑과 이별,
할머니와 할아버지

겨울 방학, 귤을 쌓아놓고 TV 채널을 돌리다 특별 편성된 단편 드라마 〈오천씨의 비밀번호〉에 눈이 멈췄다. 드라마가 끝날 무렵 좁은 공중전화 박스 안에서 무너지는 남자를 보며 덩달아 울었던 시간이 여전히 생생하다. 자식들에게 버림받은 적 없다지만 혼자 텅 빈 집에서 죽음을 맞이한 할아버지 모습에 내 조부모가 겹쳐 보였다. 병원을 돌고 돌다 내 방에서 병간호를 받다 돌아가신 시골 할머니…. 병원 침대 위에서 이토록 사람이 마를 수 있구나 놀라며 손을 잡고 '할머니 뼈가 부러지면 어쩌지' 걱정했던 여수 할머니…. 이제는 내 아이의 조부모가 된 부모를 보며 문득 어린이 책에서 조부모의 역할은 뭐였더라, 하고 짚어본다. 부모가 채워줄 수 없는 한계 없는 사랑을 주거나, 예상을 뒤엎는 멋진 어른의 모습도 있지만, 대부분 어린이에게 조부모는 처음 겪는 상실과 헤어짐을 알려주는 인물로 등장한다. 상상조차 하기 싫지만, 아이들이 처음 겪는 가까운 이의 죽음은 조부모로 시작할 때가 많다. 그런 헤어짐을 주제로 한 동화를 읽을 때마다 드라마를 보며 소리 내 울었던 기억과 더불어 낡은 서랍에 묻어놓은 상실의 바다가 주체할 수 없이 흘러나온다. 교실에서 읽어줄 때는 자꾸만 목이 메여 제대로 끝까지 읽어준 적이 없다. 늘 아이들에게 읽어보라고 추천만 하고 다음 날 눈두덩이가 부어 온 아이와 눈을 맞추며 씩 웃는다. 그렇게 말하지 않아도 마음이 통하는 우리만의 비밀코드 동화이다.

당신은 어떤 기억을 갖고 있나요

『마지막 이벤트』
유은실 글, 강경수 그림, 비룡소

할아버지 하면 떠오르는 내 눈물 버튼 동화책

"일흔아홉, 죽기 딱 좋은 나이지."(7쪽) 입버릇처럼 죽음을 말하는 할아버지가 있다. 세 번의 사업 실패로 전 재산을 날리고 사기까지 당해 깡패들에게 쫓기다 아들의 도움으로 겨우 빚을 갚았다. 이런 할아버지가 지낼 곳이 어디 있겠는가. 아들 집 문간방에서 6학년 손자와 한방을 쓰는 것만으로 감지덕지다. 손자에겐 함께 사우나를 가고 지루한 박물관 견학 숙제를 즐거운 이벤트로 만들어주는 재미난 할아버지이지만 자식들에겐 전혀 다른 사람이다. 재산 탕진과 더불어 술만 마시면 식구들을 깨우고 잔소리하거나, 엄마와 싸우기만 하던 사람이다. 재혼한 전 부인에게 "과거는 걱정하지 마라. 그 젊은 일본 놈이랑 살았던 건 용서하겠다"(28쪽)라며 뒤늦은 후회를 하는, 억지만 부리고 고집만 센, 어쩌면 우리에겐 익숙한 노년의 아버지다.

『마지막 이벤트』에 나오는 할아버지는 손자 영욱이가 눈물이 멈추지 않을 때 '푸른 하늘' 이마 속 검버섯을 '은하수'로 얘기를 지어내 '반달' 동요를 불러주는 사랑이 넘치는 존재다. 하지만 영욱이 아빠에겐 애증과 분노의 대상이다. 정확한 사연은 나오지 않지만, 아빠가 할아버지에게 쏟아내는 가시 같은 말들로 짐작할 뿐이다. 양치기 소년의 거짓말처럼 죽을 때라며 자꾸 자식을 부르다 정작 진짜 떠날 때는 아무도 만나지 못한 할아버지. 손자의 손을 잡고 잠들다 갑작스레 떠난 할아버지의 장례식장은 자식들의 후회와 미련으로 채워진다. 영욱이는 할아버지와 가장 친했던 자신을 빼놓고 어른들끼리 결정하는 이별의 방식을 이해할 수 없다. 죽어서야 자식들에게 관심을 받는 할아버지의 장례식장에서 "그럼 뭐 장례식 체험학습 같은 거라도. 살아 있을 때 여기 와 봤으면 좋은데"(110쪽) 하며 죽어서야 자식의 관심을 받는 할아버지를 안쓰러워한다. 그런 아이가 할아버지가 준비한 마지막 이벤트를 이뤄주기 위해 처음으로 아빠에게 소리를 지르며 의견을 굽히지 않는다. 사랑하는 이의 소원을 이뤄주기 위해 두렵던 존재를 넘어선 영욱이의 성장은 할아버지의 죽음과 대치되며 극적으로 전해진다. 자꾸 뜯어버리고 싶은 상처 위 딱지 같은 가족이라도 마지막 이별 앞에서는 안아주면 좋겠다. 외로워서 그런 거라고, 사랑받고 싶어서 그런 거라고, 가족들이 몰랐던 마음을 살필 줄 아는 아이의 따뜻한 시선은 드라마를 보고 눈물범벅으로 할머니를 그리워한 그 시절을 불러낸다.

가끔 조부모의 한계 없는 사랑을 받고 자란 아이들은 철부지라고 선을 긋는 이들이 있다. 하지만 존재 자체만으로 인정받고, 든든한 애정의 둑을 쌓아온 아이라면 힘든 순간에도 좀 더 버틸 수 있지 않을까. 영욱이는 팬티 상자까지 물려주는 할아버지가 있었기에 타인의 처지를 공감할 줄 아는 사람으로 성장했다. 조부모와 이별이 엄두가 안 나는 아이라면, 나처럼 잊고 지낸 시절을 서랍에 구겨 넣어둔 어른이라면, 이 동화책이 다가올 이별에 대한 폭신한 완충장치가 되어줄 것이다.

행복은 당연한 너의 몫이야

『나의 친친 할아버지께』
강정연 글, 오정택 그림, 라임

주저하는 아이의 등을 밀어주는 어른, 행복은 당연한 너의 몫이야

학교에선 뚱볼울보를 줄인 뚱볼보로 불리고, 집에서는 화난 아빠에게 치이는 열두 살 장군이가 있다. 하지만 장군이 곁엔, 아빠 손에 이끌려온 아이를 보는 순간 선물 보따리를 받은 마음이었다는 친친 할아버지(친한 친구 같은 사랑하는 할아버지)가 있다.

　『나의 친친 할아버지께』에서는 자신조차 부정하고 나를 놓아버린 아이와 알츠하이머를 앓으며 글을 잊는 할아버지가 등장한다. 한때는 세상 전부였고, 못하는 게 없던 할아버지의 보호자가 된 아이.

아픈 현실에 가려져 잃어버린 순간을 찾아내 글을 잊은 할아버지에게 편지를 쓰는 아이가 있다. 손자가 쓴 편지를 들으며 "모든 부모가 다 좋은 건 아니란다. 좋은 부모를 만난 운 좋은 아이들이 있는가 하면, 너처럼 운이 좀 나쁜 경우도 있는 거지"(62쪽) 하고 담담하게 위로를 하며 좋은 부모 대신 옆에 있겠다 약속하는 할아버지가 있다. 할아버지는 친구의 괴롭힘에 벽을 쌓고 숨는 아이에게 "딱 한 번만, 더도 말고 딱 한 번만 부딪쳐 보거라. 처음 친구 집에 놀러 간 것처럼, 처음 도서관에 들어간 것처럼. 첫 번째 벽만 깨면 그다음은 믿을 수 없이 쉽게 무너진단다. 하지만 그 한 번이 없으면 아무것도 바뀌지 않아, 아무것도"(110쪽) 하며 등을 밀어주는 지혜로운 어른이다. 글을 잊는 노인과 따돌림 당하는 어린이. 한쪽은 기대는 어깨가 되고 다른 한쪽은 글을 읽는 눈이 된다. 장군이가 사랑하는 할아버지를 위해 꾸준히 쓰던 편지는 어린이 작가로 데뷔하는 발판이 되어준다. 남들의 눈에는 보호를 받아야 하는 약한 존재들이 서로의 빈틈을 채우며 당당히 자신의 자리를 지켜간다. 두 사람은 부족한 퍼즐을 맞추듯 함께 충만한 삶의 방향을 찾아간다.

'나 자신을 사랑하자'는 당연한 말조차 어려운 아이들이 있다. 여전히 흔들리는 어른에게도 '너도 당연히 사랑받아야 하는 사람이야'를 말해주는 어른이 여기에 있다. 행복은 당연한 너의 몫이니 마음껏 용기 내라는 위로를 받으며 좋은 어른이란 무엇인가에 대한 답을 찾아간다.

다정한 온기에 기대어

『그리운 메이 아줌마』
신시아 라일런트 지음, 햇살과나무꾼 옮김, 사계절

각자의 그리움과 추모의 방식을 존중하며

가까운 가족의 죽음을 담은 동화들이 있다. 그 가운데『그리운 메이 아줌마』는 뚜렷한 기승전결이 있지도, 감정의 폭이 크지도 않은 책이다. 하지만 읽는 내내 낮게 깔린 슬픔을 정다운 이와 나누고픈 충동을 선사한다.

　여섯 살 고아 서머는 메이 아줌마, 오브 아저씨와 함께 사랑과 행복 속에 자라다 6년 뒤 아줌마의 죽음으로 힘겨운 나날을 보낸다. 사소한 사건에도 흘러나오는 아줌마의 기억에 겨우 슬픔을 견디는 두 사람에게 이웃들은 자신의 틀에 맞춘 슬픔을 강요한다. 이 얼마나 다정함을 가장한 폭력이란 말인가. 슬픔에 잠긴 서머와 오브 아저씨의 모습은 초반부터 묵직하게 전해진다.

내가 만든 '일단 60쪽까지만 읽어줘!' 리스트 속의 한 권이다. 중요한 사건부터 터뜨리며 달려가는 최근의 동화와는 다르지만, 꼭 함께 읽고 싶은 책들이 있다. 유튜브에 길들여진 아이들은 고전의 긴 호흡과 자세한 묘사에 사건이 시작되기도 전에 책을 놓아버리곤 한다. 하지만 한 가지 맛만 먹는 아이에게 다양한 맛을 경험시켜주는 건 어른의 몫 아닌가. 그렇게 굳게 착각하고 한 번이라도 들어보라고, 표지라도 보라며 담임은 조용한 호수에 돌멩이 하나를 던진다.

"퀴블러 로스라는 사람이 한 말 중에 유명한 이야기가 있거든. 만약 너희에게 불치병에 걸려 살 날이 3개월밖에 안 남았다고 한다면 어떨 것 같아? 퀴블러 로스가 말하는 죽음의 5단계가 있는데~." 칠판에 적기 시작한다. "1단계 '부정'. 내가? 잘못 안 거겠지. 난 금방 나을 거야. 2단계 '분노'. 왜 나야! 난 아직 초등학생일 뿐인데. 하고 싶은 것도 많고 너무 어리다고! 3단계 '타협'. 이제 죽음을 받아들이기 시작해. 4단계 '우울', 5단계 '수용'까지 있어. 죽음을 다루는 대부분의 책들이 1단계에서 3단계까지는 담아내는데, 4단계와 5단계를 담은 책은 드물어. 왜 그럴까? 아이들에게 어렵다고 생각해서일까? 그다음 단계의 과정에 대해 알고 싶은 친구 있다면, 책 한 권을 소개해줄게." 긴 이야기를 풀어내며 아이들의 지적 호기심을 툭툭 흔들어본다.

학교에서 만나는 아이들은 쉬는 시간에도 여러 숙제를 하느라 바쁘고, 상가 아래 편의점에서 끼니를 때워야 학원 시간표를 맞출 수 있는 하루를 보낸다. 가벼운 SNS와 게임을 보며 긴장의 끈을 놓는 걸로 스트레스를 해소한다. 그런 아이들에게 이 책을 건넨다면 단번에 읽을까? '일단 60쪽까지만 읽어줘!' 리스트에 있는 책들은 처음엔 재미가 없어도 인내심을 가지고 읽으면 그다음부터는 절로 책장이 넘어가는 책들이다. 끝까지 읽어낸 아이는 다음부터 책을 고르는 기준이 달라진다. 무조건 얇은 책, 글씨가 큰 책이 아니라 책이 들려주는 이야기에 관심을 가진다. 그렇게 아이는 세상을 넓혀간다.

그럼에도 책 표지도 보지 않는 아이들에게 말한다. "주인공은 열두 살 여자아이야. 부모는 없지만 부모처럼 지내던 사랑하는 아줌마가 돌아가셨어. 나도 충분히 힘든데 다들 내게 슬픔을 강요해. 추모의 방식은 사람마다 다르잖아? 게다가 눈치코치 없는 아이가 나타나 집을 휘젓고 다녀. 심지어 그 애가 아저씨한테 죽은 사람을 만날 수 있게 해주는 목사를 안다고 소개해준다네?" 여기까지 이야기를 하면 아이들은 "사이비다!" 하고 웅성거린다. "과연 주인공은 심령교회 목사를 만나 죽은 아줌마 목소리를 들을 수 있을까? 자, 이제 교과서 펴자" 하고 말하면 아이들은 소리를 지른다. 그 소리가 수업이 싫다는 소리인지, 정말 책이 궁금해서인지 알 수는 없다. 하지만 확실한 건 쉬는 시간에 도서관에 달려가 책을 빌린 아이가 "야, 내가 1등으로 빌렸다!" 하고 외친다는 것. 놓쳐서 아쉽다는 아이들의 모습에 뿌듯해진다.

삶이 다한 뒤에 오는 선물

『하룻밤』
이금이 글, 이고은 그림, 사계절

기억을 통해서 영원히 사는 법

긴 글에 익숙하지 않고, 안전하고 행복한 결말을 원하는 아이들에게
는 『하룻밤』을 읽어준다. 이 책은 엄마가 출장으로 집을 비운 하루,
맘껏 집을 어지럽히며 놀다 잠들기 전 아빠가 들려주는 이야기로 시
작한다. 아빠 집안에는 열 살이 되면 할아버지와 함께 밤낚시를 가
는 전통이 있다. 삼십 년 전, 여덟 살이었던 아빠는 유일하게 열 살
이 아닌데도 할아버지와 밤낚시를 간다. 물고기가 안 잡혀 심심한
아빠에게 할아버지는 "괜찮고말고. 할아버지는 너하고 함께 있는 지

66 동화는 단순하고 아름다운 세상만을 다루지 않는다.
   금기도 없고, 불가능도 없는,
   사람을 성장시키는 힘을 가진 이야기가 동화다. 99

금이 물고기보다 훨씬 소중하단다"(27쪽)라고 말한다. 낚시를 가장 좋아하는 할아버지가 나와 있는 게 더 소중하다니? 이해할 수 없지만 낯선 곳에서 처음 밤을 지새우는 여덟 살 아이의 두려움은 느닷없는 용궁 이야기에 해소된다. 잉어를 타고 용궁에서 겪은 얘기는 아빠의 허풍일 수도 있다. 하지만 갑자기 떠난 밤낚시의 비밀이 풀리며 작가가 들려준 용궁 이야기는 아이들이 겪을 이별을 위해 준비한 배려임을 알 수 있다.

"내 나이쯤 되면 죽음이 삶을 다한 뒤에 오는 선물 같단다."(33쪽) "할아버지는 돌아가실 걸 알면서도 참 담담하셨어. 손주들 기억을 통해 영원히 사신다는 걸 아셨던 것 같아."(93쪽) 아빠의 이야기는 결코 죽음이 끝이 아니며 남은 가족들이 그 삶을 이어간다는 걸 알려준다. 이렇게 잠자리 맡에서 부모가 들려주는 이야기는 아이들의 불안을 달래며 고민과 갈등을 해결해준다.

흔히 이별을 겪었을 때 충격과 슬픔을 나눌 수 있는 가장 안전한 공동체는 가족이다. 사랑하는 이들 속에서 헤어진 이를 함께 추모하며 가족의 의미를 깨닫기도 한다. 그러기에 동화 속 조부모의 모습은 이 책과 비슷한 경우가 많다. (특히 할아버지가 많다.) 하지만 현실의 조부모들은 동화에서 그려내는 것보다 훨씬 더 다양한 모습을 보여준다. 최근 쏟아지는 동화 가운데 양육 보조자, 죽음과 상실, 관계 회복 매개자, 지혜 전수자에서 벗어난 조부모가 종종 나온다. 희생과 인내심을 가진 조연이 아니라, 우리의 꿈에는 유효기간이 없다며 자신 있게 살아가는 노년의 삶이 더 많이 등장하길 꿈꿔본다.

이런 동화를 읽을 때마다 어린이를 대하는 태도 역시 다시 생각해본다. 어린이는 마냥 지켜주고 보호받는 존재가 아니다. 슬픔을 겪으며 성장하고, 약해진 어른의 보호자도 되며, 상상 놀이로 이별의 상처를 치유하는 무한한 잠재력을 가진 존재다. 섣불리 죽음이 가진 무게감에 아이들의 눈과 귀를 막지 않아도 된다. 끊임없이 변하는 아이의 감정을 따라갈 수 없을지라도 의심하지 말자. 태어나면서 시작한 만남은 죽음으로 완성을 이룬다. 동화는 단순하고 아름다운 세상만을 다루지 않는다. 금기도 없고, 불가능도 없는, 사람을 성장시키는 힘을 가진 이야기가 동화다. 감상은 어린이의 몫이다. 책을 읽은 뒤 아이들의 내면엔 씨앗 하나가 심어진다. 씨앗은 언젠가 자라나 우리가 잠든 사이 아이의 외로운 감정을 다독인다. 이야기의 힘이란 그런 것이다.

『작별 인사』
구드룬 멥스 글, 욥 뫼스터 그림, 문성원 옮김, 시공주니어

가까운 가족의 죽음을 맞이한 어린이의 시선

누구와의 작별 인사일까 무척 궁금했던 책이다. 아이의 시점에서 언니가 병에 걸려 죽음에 이를 때까지 무리한 설정을 하지 않고 담담히 풀어가는 방식이 인상 깊다. 섣불리 어른의 감정을 이입하지도, 아이에게 강요하지도 않는다. '정말 아이를 사랑하고 아끼는 작가구나, 이 책을 통해 가까운 이의 죽음을 접하는 독자를 세심하게 배려했구나' 싶었다. 흑백의 삽화도 섬세하고 아름다워 반해버린 책이다.

66 아이의 시점에서
　무리한 설정을 하지 않고
　담담히 풀어가는 방식이 인상 깊다.
　섣불리 어른의 감정을 이입하지도,
　아이에게 강요하지도 않는다. 99

『꽝 없는 뽑기 기계』
곽유진 글, 차상미 그림, 비룡소
그림에 숨어 있는 의미를 발견한 순간 다시 앞장으로 돌아간다

책을 읽다가 "어떻게 이럴 수 있어요!" 하고 눈시울이 빨개진 책이다. 동화에 각종 뽑기 기계 소재가 쏟아졌던 시기라 '또 뽑기 기계인가. 무조건 당첨이면 재미가 덜하지 않나?' 하고 의문도 들었다. 불확실한 결과 덕에 잔뜩 올라가는 긴장감, 내 선택은 아니지만 책임을 져야 하는 결과 등 뽑기 기계의 재미난 매력을 버리고 어째서 꽝이 없는 뽑기 기계로 했을까. 주인공은 왜 말을 잃고, 뽑기 기계의 선물은 꼭 그래야만 했는지…. 감춰둔 사건의 인과관계가 후반부에 쏟아지며 다시 앞장으로 돌아가 반전을 확인하느라 독자의 손이 바빠진다. 글에서 잘 드러나지 않은 반전의 힌트는 그림에서 쉽게 확인할 수 있다. 꼼꼼하게 책을 읽은 아이들은 "책이 얇길래 골랐다가 저녁 내내 울었어요" 하며 투정을 부리며 책을 반납했고, 휘리릭 책을 읽은 아이들은 "뭐 그냥 그랬어요,라고 답해 교실 책방 앞에서 담임에게 붙잡혀 질문 공세에 시달렸다. "너 이거 왜 상품인지 알아?" "여기 엄마, 아빠가 입은 옷이랑 여기 옷을 봐봐." "그리고 그때 했던 말이 여기에서 나오잖아." 그제야 아이들은 "소름!"을 외치며 다시 책을 꺼내 읽었다. 우리 집 큰아이도 휘리릭 넘기다 질문을 주고받다 "꿈이 아니라고? 진짜라고? 왜 이렇게 슬픈 책을 샀어! 안 읽어!" 하고서 방에 들어가버렸다. "아니, 슬픔을 덮는다고 사라지는 건 아니니까. 엄마가 간만에 눈물샘이 충전되어서 같이 읽고 싶었는데" 하며 닫힌 방문 너머에서 열심히 아이를 불렀다. 온라인 서점에서는 1~2학년 대상의 72쪽 동화라 소개하지만, 숨겨진 상징을 찾아내며 주도적으로 복선을 찾는 재미에 학년 구분 없이 빠져들어갈 책이다.

『분홍 문의 기적』
강정연 글, 김정은 그림, 비룡소

읽는 사람 모두가 기적을 바랐던 책

두부를 사러 나간 엄마는 갑작스러운 교통사고로 남편과 아들만 남기고 세상을 떠난다. 엄마를 잃은 뒤 모든 생활이 엉망이 되고 가족의 의미도 사라진 남편과 아들에게 신기한 일이 생긴다. 목에 걸린 감 씨가 저절로 흡수되는 72시간 동안 엄마를 다시 만나게 되다니. 엄마와 어떻게 시간을 보내야 할까. 설레는 남편과 아들과 달리 엄마는 잔소리만 해댄다. 엄마가 받은 미션은 뭐길래 남편과 아들에게 저리 단호한 걸까. 책을 읽은 어린이들도 울었지만, 아이들 추천에 덩달아 엄마가 같이 읽고 울었다는 소식에 마음이 벅찼다. 그 뒤로 그분은 동화를 더 읽으셨을까. 이 책이 마중물이었길 꿈꾼다.

❝ 꿈이 아니라고? 진짜라고?
　왜 이렇게 슬픈 책을 샀어! 안 읽어! ❞

2부

친구와 함께

4장

새로운 세계,
친구

언제나 내 의견에 귀 기울여주며 큰 영향을 주던 가족에서 벗어나 '친구'라는 새로운 세계가 열린다. 생각이 달라 갈등하는 순간, 같은 취향에 무한한 확장을 경험하는 순간…. "넌 사랑받기 위해 태어난 아이야"라는 가족의 격려에도, 같은 반 아이가 던진 "너 진짜 못생겼다"와 같은 한마디에 일상이 무너지는 경험도 하게 된다.

지금 아이들이 마주하는 친구의 얼굴엔 어떤 표정이 있을까. 내가 알던 그 시절 모습과 비슷할까. 아니면 상상도 못할 일들이 벌어지고 있을까. 유치원에 새로 온 친구 이야기를 시시콜콜 전하던 아이가 더 이상 아무 말을 하지 않을 때, 친구와 다투고 돌아와 우는 아이 방문 앞에서 어찌할 바를 모르며 망설여질 때, 엉키고 꼬인 실을 혼자 감내해야 하는 아이들 곁에 조용히 두거나 읽어주고 싶은 책들이 있다.

" 그렇게 함께 읽은 책들은
희미해지더라도
그 시간의 공기와 정서는
무의식에 기록되어
온기를 품을 거라 믿는다. "

친구라는 성장제

『개구리와 두꺼비는 친구』
아놀드 로벨 지음, 엄혜숙 옮김, 비룡소

길이가 짧아도 결은 풍성한,

상대를 위하는 마음이 겹겹이 쌓인 책

『개구리와 두꺼비는 친구』는 그림책계에서 유명한 글 작가 맥 바넷과 그림 작가 존 클라센을 친하게 만들어준, 우정의 계기가 된 책이다. 환상의 콤비인 두 작가를 맺어준 동화라니! 난생처음 보는 사람들과 이야기를 나누다 어린 시절 좋아한 동화가 같다면, 그 시절 향수를 공유할 수 있는 사람이라면, 순식간에 호감이 생기지 않을까? 그림책을 좋아하는 어린이라면 자연스레 작가와 연결해 동화를 읽어주길 추천한다.

단편 다섯 개가 들어 있는 64쪽의 얇은 동화책은 잠자리에서, 식당과 카페에서, 유치원 차량을 기다릴 때 딱 읽어주기 좋은 두께다. '길거리에서 책을 읽어준다니. 설정이 심한데?'라고 할 수도 있지만 스마트 폰 영상보다는 훨씬 낫다. 그렇다고 버스 정류장에 앉아서 구연동화를 하듯이 큰소리로 읽어주는 건 아니니 오해하지 말길. 책 표지만 보며 전에 읽은 내용을 주고받기도, 책 속 한 장면을 꺼내 끝도 없는 얘기를 펼치기도, 딱지치기의 바닥이 되어주기도 하는 가방 속 얇은 책 몇 권. 우리 집 형제가 어린이집과 유치원을 다닐 때 내 가방에는 언제나 얇은 동화책과 그림책, 미니북이 들어 있었다. 그렇게 함께 읽은 책들은 희미해지더라도 그 시간의 공기와 정서는 무의식에 기록되어 온기를 품을 거라 믿는다.

맥 바넷, 존 클라센의 『샘과 데이브가 땅을 팠어요』나 『세모』, 『네모』, 『동그라미』를 읽었다면 책 속 개구리와 두꺼비가 두 작가와 비슷해 읽는 내내 웃음이 나올 것이다. 1학년 아이들에게도 『세모』, 『네모』, 『동그라미』 그림책 작가들이 좋아하던 동화라고 소개하면 누가 개구리인지, 두꺼비인지 비교하느라 소란스럽다. 대화를 하다 보면 타인을 향한 질문이 다시 내게 돌아와 나는 누구일까, 내 곁에 친구는 누구일까로 이어진다. 이 책 역시 마찬가지다. 상대를 먼저 위하며 생색내지 않는 따뜻한 마음을 재치 있게 담아냈다. 길이가 짧아도 그 결은 풍성하다. 비룡소에서 '난 책읽기가 좋아' 시리즈로 다른 이야기도 나왔기에 첫 책이 성공한 집이라면 잠자리 책으로도 한 권씩 읽어주길 추천한다.

아이의 초능력은 결국

『슈퍼 깜장봉지』
최영희 글, 김유대 그림, 푸른숲주니어

무너진 아이의 마음을 다시 채워주는 작은 성공의 경험들

『슈퍼 깜장봉지』에 등장하는 탐탐초 3학년 5반 아로는 과다호흡증후군이 있어 늘 비닐봉지를 가지고 다닌다. 그 덕에 생긴 별명이 깜장봉지다. "너도 나중에 위대하고 멋진 사람이 되려고 이렇게 힘들게 크는 거야."(17쪽) 엄마 말에 힘을 내보지만, 굼뜬 데다 걸핏하면 아프기까지 해 아이들과 좀처럼 어울리지 못한다. 그날도 혼자 체육창고에서 공놀이를 하다 가빠지는 호흡에 까만 봉지를 입에 대고 겨우 숨을 고른다. 맘껏 뛰지도, 소리도 못 지르는 자신의 처지에 눈물

" 믿고 기다린 엄마와
아로의 변화를 응원해준 친구들로
빈틈없이 온기가 채워지는 책이다.
내 마음이 꽁꽁 얼어붙었을 때 녹여준
이 동화가 나처럼 외롭고 힘든 누군가에게
용기의 목소리가 되길 바라본다. **"**

을 쏘는 아로. 텅 빈 체육 창고 어디선가에서 "벤지 요원, 이 빛을 쪼이게. 이 빛이 자네를 초능력 슈퍼 영웅으로 만들어줄 걸세. 초능력이 생기면 몸도 금방 회복될 거라네"(24쪽) 하는 믿기 힘든 목소리가 들린다. 벤지? 봉지? 깜장봉지인 나를 부르는 건가? 슈퍼 영웅이 된다고? 엄마 말처럼 나는 멋진 초능력자가 될 운명이었어! 확신과 함께 초능력을 얻은 아로는 스스로 별명도 '슈퍼 깜장봉지'로 바꾼다. 우연인지 진짜인지 초능력의 효과 또한 연달아 일어난다. 용기를 얻은 아로는 반 아이들을 괴롭히는 최종 보스 기태와 결투를 벌이기로 한다. 진짜 아로는 초능력을 얻은 걸까. 책의 후반부에 이르러 목소리의 비밀이 밝혀진다. "친구를 격려해주는 건 초능력 없이도 할 수 있는 일이니까"(119쪽) 하고 말하며 눈물을 꾹 참는 아로는 이미 예전의 아로가 아니다. "그냥 깜장봉지여도 괜찮아."(127쪽) 친구들과 마음을 열고 지내며 각자가 지닌 강점과 능력을 발견한 아로에게 이제 초능력은 필요하지 않다.

또래에서 인정받지 못하는 아이는 가슴에 커다란 구멍이 생긴다. 가족이 아무리 애정을 쏟아붓더라도 커다랗게 뚫린 구멍으로 속절없이 흘러내린다. 다른 아이가 뱉은 가시 같은 말 한마디에 무너지기 일쑤다. "사람마다 생각은 다를 수 있어, 그 친구가 인기가 많고 똑똑하다고 맞는 말만 하는 건 아니야." "넌 괜찮은 사람이야." "네 마음은 온전히 네 것이야. 누구도 함부로 할 수 없어." 진심을 담은 가족의 말들도 구멍이 뚫린 아이들에겐 손가락 사이로 빠져나가는 모래알처럼 사라진다. 무엇으로도 채울 수 없던 구멍은 또래 집단에서 이룬 작은 성공의 경험들로 메워질 수 있다. 아로가 초능력을 얻은 뒤 시도하고 성공한 경험처럼 말이다. 아로는 초능력 덕분에 자신감이 올라갔지만 기태와 싸움은 여전히 겁난다. 하지만 아로는 혼자가 아니다. 친구들이 하나둘씩 아로 등 뒤에 서며 힘을 보태겠다고 응원을 한다. 친구들의 응원으로 슈퍼 깜장봉지 아로는 당당하게 친구들을 괴롭히지 말라고 기태에게 외친다. 시작은 초능력이었지만 친구의 응원과 작은 성공의 경험들로 아로는 성장했다.

책을 읽는 내내 아이에게 전폭적인 지지와 더불어 싸움 소식에 손질하던 닭발을 들고 달려오는 아로 엄마 모습에 부끄러워졌다. 예전에는 '동화에 나오는 엄마들은 왜 저다지도 억척스러울까' 싶었는데, 이젠 '내 아이에게 저런 일이 생겼을 때 난 어떻게 할까?' 하는 질문이 떠오른다. 일이 바쁘다고 무관심하거나, 우아하게 예의 차린다고 남 먼저 챙기느라 내 아이 가슴에 대못을 박지 않을까. 아로 엄마의 아이를 향한 애정에 체면을 생각한 내가 부끄러웠다. 사실 아로의 초능력은 아픈 아이 앞에서 불안을 감추고 응원을 보낸 엄마의 마음이 바탕일 테다. 체육 창고에서 들은 누군가의 격려로 자신 안의 씨앗을 발견하고 싹을 틔운 아이. 그 싹이 자랄 때까지 믿고 기다린 엄마와 아로의 변화를 응원해준 친구들로 빈틈없이 온기가 채워지는 책이다. 내 마음이 꽁꽁 얼어붙었을 때 녹여준 이 동화가 나처럼 외롭고 힘든 누군가에게 용기의 목소리가 되길 바라본다. 망설이며 움츠리고 있는 아이에게 "할 수 있어" 하고 친구들 사이에서 인정받을 수 있도록 꼭 안아주며 읽어주고 싶다.

내 필살기 작가의 동화

『소리 질러, 운동장』
진형민 글, 이한솔 그림, 창비

책장이 줄어드는 게 아까워 천천히 읽고 싶지만

재밌어 순식간에 읽는 책

『소리 질러, 운동장』은 몰래 숨겨두고 뿌리는 '고향의 맛 다시다'처럼 최후의 필살기로 쓰는 작가의 책이다. 책 추천을 해달라는 4~6학년 학생들에게도, 한 해 동안 꾸준히 동화를 읽어준 3학년 아이들과 한 학기말 투표에서도 압도적인 1위로 뽑혔다. 3학년 2학기 말 온책읽기로 수업을 했을 때 교실 안이 들썩였다. "선생님! 이 책 너무 재미있어요! 다른 수업 하지 말고 하루 종일 읽으면 안 돼요?" "수학익힘은 숙제로 해올게요. 그냥 쭉 읽어주세요!" "안 돼! 거기서 멈추면 어떡해요! 누가 이겼는지 말해줘요! 쉬는 시간 줄여도 됩니다!"
맙소사. 쉬는 시간을 줄이면서까지 뒷이야기가 궁금하다니. 아우성
치던 아이들은 온책읽기가 끝난 뒤에도 자발적으로 진형민 작가의
전작 읽기를 시작했다. 담임 역시 크게 다를 바 없어 이 책을 쓰겠
단 결심을 했을 때 '진형민 작가 책을 다 소개해볼까? 전권은 심하고
3권 정도는 괜찮겠지? 무얼 고르지?' 하며 고심하게 만든 작가다.

　　자기 팀이 지더라도 "진짜 아웃이었는데, 어떻게 거짓말을 해
요?" 하며 부러질지언정 구부리지는 않는 전직 야구부 김동해. 야구
가 정말 좋지만 여자 응원단을 하느니 야구를 포기하겠다는, 아니
다른 방법을 만들겠다는 공생공사 공희주. 이 둘은 공을 향한 사랑
하나로 뭉쳐 막야구부를 만든다. 이가 없으면 잇몸으로 씹듯 야구
장비가 없어도 아이들은 잠자리채와 빗자루, 신발을 들고 막야구를
즐긴다. 점점 규모가 커지는 막야구부에게 운동장을 빼앗길 위기에
처하자 정식 야구부 감독님은 막야구부를 압박하기 시작하고, 이에
맞서는 아이들의 목소리는 운동장을 가득 채우다 못해 책 밖까지 뻗
쳐 나온다. 운동장을 전교생 수로 나눠 한 명당 가질 수 있는 칸만큼
만 막야구부 인원에게 빌려준다는 야구부 감독님. 감독님이 그렇게
나오신다면야? 수학학원 원장 딸인 공희주는 이점을 백번 살려 시험
대비 족집게 문제를 뿌리며 막야구부 인원을 늘린다. 뛰는 놈 위에
나는 놈이라고 들어보셨을까. 어른의 권력과 횡포에도 어디로 튈지
모르는 인물들은 단박에 독자의 마음을 사로잡는다.

　　인물의 진정한 성격은 선택에서 드러난다. '나라면 그 상황에서

어떻게 했을까' '동해처럼 아웃을 외쳤을까?' 책 속 인물과 나를 비교하며 각자의 선택을 인터뷰한 3학년의 답변들. 각자 소중히 여기는 것이 무엇인지 알아가던 대화들은 차곡차곡 쌓여 몇 년이 지난 지금도 책을 볼 때마다 간질간질 행복이 차오르게 한다. 그해의 열 살에게도 '눈 쌓인 운동장을 뛰어다니며 야구부 놀이를 했던 책, 선생님이 약 올리며 읽어주던 책, 책 속 주인공처럼 우리 반 아이들 별명을 지어주며 놀던 동화'로 기억하지 않을까. 함께 읽기의 기쁨을 알려주는 작은 디딤돌이 되었으리라 믿는다.

　나이와 상관없이 선택의 순간에선 동등하게 대우받아야 한다고 외치는 동화는 우리에게 무엇을 놓치고 사는지를 선명하게 알려준다. 아직 이 책을 만나지 못한 아이들이 부럽다. "진짜 재밌어" 하며 즐거워할 책을 만날 수 있으니 말이다. 3학년 때 집에서 이 책을 읽은 큰아이가 5학년 온책읽기가 또 이 책이라며 걱정을 했다. 학교를 다녀오더니 하는 말이 "엄마, 또 읽어도 재밌더라. 다행이야"란다. 그게 같이 읽으면 또 새로운 세계라니까.

난 널 만난 게 행운인 것 같아

『행운이와 오복이』
김중미 글, 한지선 그림, 책읽는곰

거친 세상에서 서로 어깨를 기대어 쉴 수 있도록
도와주는 말랑말랑한 순두부

『행운이와 오복이』는 괭이부리말에서 삶을 나누며 공동체를 키우는
김중미 작가의 장편 동화다. 가난과 결핍 속에서도 생명력이 넘치는
인물들이 나와 그의 책을 읽고 나면 내가 지나온 흔적을 재차 돌아
보게 된다. 비틀거리며 걸어온 길 가운데 잘 닦다 보면 반짝이는 선
한 마음 하나 흘리지 않았을까 싶다.

　『행운이와 오복이』는 초마다 바뀌는 사건, 숨 쉴 틈 없는 전개,
간간이 섞인 로맨스는 기본인 세상에서 어쩌면 잔잔하다 못해 심심

할 수도 있다. 그렇지만 한 번도 안 가본 길로 무작정 걷고 싶은 날처럼 아이들에게도 낯선 이야기를 들려주고 싶을 때가 있다. 삼삼하지만 먹다 보면 깊은 맛을 느끼는 음식처럼 "재밌게 읽었는데 몇 달 뒤 아무것도 안 떠오르는 책이 있고, 읽고 나서 자꾸만 떠오르는 진한 책이 있는데 바로 이 책이 그래" 하고 진심을 담아 추천한다. 표지에 2초, 좌라락 넘겨보는 데 4초. "행운이랑 오복이는 뭐예요?" 흥미를 보일 때까지 안절부절못하고 아이 손에 선택되길 기다린다. 마침내 "선생님 추천이니 한번 읽어볼게요" 하고 서가에서 책을 가져가는 아이를 만나면 왜 이렇게 온몸에 힘이 쑥 빠지는지 알 수 없는 일이다.

정리 해고 뒤 사업 운도 꼬이는 아빠는 교육과 돈 문제로 엄마와 다투다 별거를 택한다. 혼자 남을 아빠가 안쓰러워 아빠를 따라간 행운이는 어쩔 수 없이 전학을 간다. 새 학교에서 급식충이라 불리며 따돌림 당하는 아이 권오복을 만난 행운이. 인물이 처한 어두운 상황은 행운이와 오복이라는 따뜻한 이름 덕에 극명하게 대조된다.

가을 소풍날, 아무도 오복이 곁에 앉지 않자 마음이 쓰여 옆에 앉았을 뿐인데 친구를 잘 돕는다며 상을 받은 행운이는 혼란스럽다. '이게 옳은 일인가?' 의문을 품은 채 자꾸 오복이에게 신경이 쓰인다. 오복이네와 가깝게 지내며 지금까지 겪은 적 없던 사람들의 생활을 알게 된 행운이. 아빠의 연이은 실패와 더불어 이제 좋은 일은 하나도 없구나 생각하던 때 오복이 할머니의 차복 신화 이야기를 듣는다.

"행운아, 진짜 사람의 운명은 정해져 있는 걸까?"

"무슨 말이야?"

"아니, 우리 할머니 말대로 정말 복 있는 사람이랑 복 없는 사람이 정해져 있는 걸까 궁금해서."(82쪽)

"있잖아, 행운아, 난 널 만난 게 행운인 것 같아."

"말장난하냐?"

"아니, 진짜루. 아무래도 내가 나도 모르게 꿈에 저승에 가서 옥황상제한테 복을 빌려 왔나 봐. 그게 너야."

"야, 뭐야. 소름 돋아."

"진짜야. 나한테는 네가 차복이야."(133쪽)

우리는 모두 타인에게 복을 빌려 살아가기 때문에 나 역시 누군가에게 복을 베풀어야 한다는 차복 신화. 작가는 단단한 갑옷을 입고 자신을 지키느라 주변을 살필 여력도 없는 세상에서 순두부같이 말랑한 사람들을 보여준다. 서로의 복이 되어 거친 세상에서 잠시라도 편안히 고개를 내밀고 숨 쉴 수 있도록 곁을 지키는 행운이와 오복이. 그리고 구멍과 상처를 지녔지만 함께 잡아주고 이끌어주는 덕택에 부족해도 괜찮은 어른들이 있다. 넘어진 자리에서도 다른 이를 챙기던 아빠는 이제껏 쌓아온 복이 돌아오는지 새로 시작한 푸드 트럭 장사가 잘된다. 간절히 바란 행운을 혼자 누리지 않고 이웃들에게 함께 일어나자며 나누는 아빠, 그리고 곁으로 돌아온 엄마와 동생 행복이. 결국 하늘은 선한 자를 알아보는 것인가. 정말 착하게 살면 언젠가 복을 받는 건가. 유난히 뾰족한 날엔 길바닥 돌멩이에도 딴지를 걸고 싶다. '이런 사람들이 현실에 얼마나 있겠어. 낭만적인 결말이라니. 동화라서 가능한 거지.' 투덜대면서도 아이들에겐 아직 세상은 살 만하다고, 착한 사람들이 있다고 말하고 싶은 욕심이 난다. 밤하늘의 까만 별처럼 내가 사느라 바빠 잊고 지낸 사람들을 자극적으로 포장하지 않는 시선이 귀하다. 이 동화가 뜬구름 잡는 낭만주의가 아니라 생생하게 가슴에 와닿는 건 공동체를 꾸리고 사는 작가의 실제 삶이 반영됐기 때문일 거다.

"돈 많이 번다면 뭘 해도 상관없죠.""제 소원은 한강 뷰 건물주가 되는 거예요. 건물주 되면 평생 놀면서 살 거예요.""나 혼자 잘 살면 되죠." 장래희망을 발표하는 반 아이들에게 하고 싶은 말이 넘친다. 함께 있어서 서로가 행복한 사이. 서로에게 복을 갚아주고 싶을 정도로 고마운 사람이 아이들 곁에 있으면 좋겠다. 그런 사람을 만나기 위해 나부터 좋은 사람이 되어야 한다는 건 굳이 말하지 않아도 알고 있으니까. 혼자 빨리 달려가지 말고 여럿이 함께 손잡고 멀리 즐겁게 가고 싶다.

종을 뛰어넘는 우정

『에비와 동물 친구들』
매트 헤이그 글, 에밀리 그래빗 그림, 허진 옮김, 위니더북

돌고 돌아 다시 돌아오는 진심과 친절

친구들과 성장을 토대로 한 동화는 셀 수 없이 많다. 특히 시리즈로 나오는 동화들은 위기를 겪으며 오해도 했다 화해도 하며 우정이 싹트다 사랑도 싹트는 설렘 가득한 성장 드라마 비중이 높다. "선생님, 그때 추천해준 책처럼 재밌는 거 골라주세요" 하는 요청에 "그때 빌려 간 건 시간 여행, 우정, 역사, 인어, 판타지 이런 것들이 섞인 책이잖아. 거기서 네가 좋아한 게 시간을 거슬러 가는 거였다면 이 책이랑 요 책도 재미날 거고, 인어나 판타지에 관심이 있다면 이 책은 어

떨까. 이 작가님의 다른 작품들도 다 재밌어서 이 작가님의 다른 책들은 여기에 있는데. 아, 그리고 말이야 비슷한 시기에 나온 동화책으로~" 하고 말하다 보면 어느새 아이는 사라지고 없다.

앞서 소개한 책들과 다른 결들의 책을 찾으려고 책일기장을 뒤적여본다. 서로를 성장하게 하는 친구가 꼭 사람일 필요는 없지 않는가. 동물과 우정을 그린 책 한 권을 꺼내본다. 확실한 자신만의 그림 색깔을 가진, 그래서 표지를 보자마자 "에밀리 그래빗인가?" 하고 그림 작가 이름을 살펴보게 만든 『에비와 동물 친구들』이다.

동물의 생각을 들을 수 있는 특별한 능력을 가진 소녀 에비. 이런 능력이 있다면 무엇이든 할 수 있을 것 같은데 에비 아빠는 능력을 쓰지 말고 평범하게 살라고만 한다. 하지만 운명은 능력을 가진 자를 가만두지 않는 법. 원치 않아도 사건에 휘말리고 이상한 징후들이 잇달아 다가오자 할머니는 아빠 몰래 에비의 능력을 키우는 훈련을 시킨다. 왜 슬픈 예감은 틀린 적이 없나. 에비는 엄마의 죽음에 감춰진 끔찍한 사실을 안 것만으로도 충격인데 엄마를 죽인 무자비한 원수가 나를 찾는 공포를 마주한다. 에비는 이 모든 것에서 벗어나 평화롭게 살고 싶지만 도움을 요청하는 목소리를 무시할 수 없다. 사자 우리에 빠진 아이도 구해야 하고, 사라지는 동물도 찾아야 한다. 나는 아직 준비되지 않았는데, 나를 제외한 모든 것이 변화를 요구한다. 내가 가진 것들을 받아들일 시간도 없이 휩쓸린다.

책 속 에비만 그렇게 살고 있는 걸까. 내가 진정 원하는 게 무엇인지, 나는 누구인지 질문을 떠올릴 여유 없이 쫓겨 사는 건 우리들

" 어른이 되면서 부딪치며 깨달은
'진심을 담은 친절이 결국 나를 구한다'를
다시 동화에서 배운다. "

도 마찬가지다. 책 속 에비가 운명의 수레바퀴에 휩쓸리면서도 놓지 않은 가치는 '친절'이다. 정말 끝이구나 싶은 순간, 에비가 베푼 친절들은 돌고 돌아 에비를 구하는 동아줄이 된다.

앞서 소개했던 『행운이와 오복이』를 비롯해 관계에서 성장하는 이야기의 중요한 가치는 '친절'이다. 나만을 위해 누군가를 속이며 쌓아온 관계는 무너지기 마련이다. 어른이 되면서 부딪치며 깨달은 '진심을 담은 친절이 결국 나를 구한다'를 다시 동화에서 배운다. 어린이도 아는 거라며 무시한 오만한 날들이 부끄럽다. 동화 속 가치는 돌고 돌아 다시 어른인 내 앞에 찾아왔다.

다시 책으로 돌아가자면, 동물 실종 전단지 그림을 보고 그림 작가 에밀리 그래빗의 그림책을 떠올리는 것 또한 재미를 더해준다. 빠른 속도감으로 펼쳐지는 이야기, 어린 시절의 비밀이 풀리면서 조여오는 긴장감, 가족과 동물 친구들의 도움을 받아 내면을 깨우고 성장하는 소녀의 변화는 여러 겹의 즐거움으로 다가온다.

서로에게 성장의 촉진제가 되거나, 날카로운 비수가 되는 관계, 친구. 아이와 함께 친구에 관한 동화를 읽으며 여러 상황 속 갈등과 문제 해결에 관해 다양한 조언을 듣는다. 모든 친구 사이가 날마다 아름답진 않고, 끝내 화해하지 못한 채 멀어지기도 한다.

이 글에서는 서로에게 의지하는 우정을 중점으로 다뤘다. 자꾸만 좋은 모습을 더 보여주고 싶은 건 어쩔 수 없는 욕심인가 보다. 아직 이런 친구가 없더라도 이 책을 읽는 동안만큼은 동화가 그 순간 당신과 아이에게 가장 친한 친구가 되어줄 테다. 나 또한 그러하다.

『안녕, 캐러멜!』(원제: Palabras de Caramelo)
곤살로 모우레 글, 페르난도 마르틴 고도이 그림
아름다운 낙타와 소년의 우정

문득 기나긴 전철 여행을 앞두고 가방 안에 넣어간 얇은 동화책 한 권이 떠오른다. 무방비로 흐르는 눈물을 주체하지 못하고 울어대 모두의 시선을 한 몸에 받게 만든 책이기도 하다. 『안녕, 캐러멜!』은 사막에서 청각 장애를 안고 태어난 난민 소년 코리와 아기 낙타 캐러멜의 우정을 그린 동화다. 읽는 내내 복선처럼 등장하는 이별의 징조를 애써 외면하다 결국 절정에서 울어버리게 만든 책으로 만나는 학생마다 붙잡고 읽어보라 추천하고 선물도 많이 했다. 얇은 데다 아프리카 북부 사하라 사막이라는 이색적인 배경, 시처럼 아름다운 글귀에 나처럼 흠뻑 빠진 이들을 만나면 깊은 동지애를 느꼈다. 한 권의 책을 읽고 감정을 공유하는 경험은 순식간에 마음의 장벽을 무너뜨린다. 더 자세히 소개하고 싶지만 아쉽게도 품절 상태. 내가 선물을 덜 해서 품절인가, 열심히 추천했어야 했는데! 후회가 들 정도로 좋아하는 동화 가운데 한 권이다.

❝ 하지만 시합은
이기려고 하는 거잖아요.
저는 이기고 싶어요. ❞

『화요일의 두꺼비』

러셀 에릭슨 글, 김종도 그림, 햇살과나무꾼 옮김, 사계절

티타임을 불러오는 따뜻하고 부드러운 우정 이야기

시대가 변해도 변하지 않는 가치가 있다. 수만 권의 책 가운데 그 가치를 강압적이지 않고 부드럽게 전하는 고전은 늘 소중하다. 중학년 아이들을 만나면 꼭 권하거나 읽어주는 이 책은 천적 관계인 올빼미와 두꺼비가 친구가 되는 과정을 다정하게 그려낸다. 특히 차를 마시는 시간이 관계 맺기에 중요한 순간으로 등장해 차를 사랑하는 어른은 이 책을 읽고 나면 반 아이들과 어떤 차를 같이 마셔볼까 혼자 설렌다. 집에 있는 아이들과도 같이 차를 마시며 읽은 몽글몽글 아름다운 책이다.

『5번 레인』

은소홀 글, 노인경 그림, 문학동네

반짝반짝 수영부의 멋진 정면 승부와 성장

'스포츠물인가? 수영이라니 잘 못 보던 소재인걸?' 가볍게 읽기 시작한 동화는 몇 달 내내 아이들에게 제발 읽어달라고 졸라대는 동화가 되었다. 수영에 관심 없다고 안 읽는 아이들에겐 "아니야, 이거 연애 이야기라니까?" 미끼를 던졌다. 승부욕에 강한 친구들에겐 명문장인 "하지만 시합은 이기려고 하는 거잖아요. 저는 이기고 싶어요"(47쪽)를 스포하며 어설프게 무승부로 끝내는 경기가 아닌 모든 걸 다 걸고 정면 승부하는 멋진 성장물이라고 소개했다. 열세 살 수영부 아이들의 몸과 마음의 성장이 담긴 섬세하고 강렬한 동화다. 아직 읽지 못한 분이라면 꼭 읽어보길 추천한다.

5장

어리다고 무시하지 마세요, 연애

"초등학생이 무슨 연애야. 그런 건 다 커서 해도 돼"라는 구태의연한 말을 해본 적 있는가. 아니면 "우리 아이는 아직 아기 같아서 그런 거 잘 몰라요"라거나 "사귄다고는 하는데 초등학생 연애가 그냥 등하교만 하는 정도 아닌가요"라고 생각하고 있는 건 아닐 거라 믿고 싶다. "대학 가면 다 생기는 거야"라고 하는 분들께 "아니요, 이미 다 생겼어요. 어른들만 모를 뿐"이라며 몇 권의 동화책을 알려드리고 싶다. 교실 서가든, 도서관이든 책등이 헐 정도로 읽는 책은 대부분 연애 동화다. 물론 "엄마가 그런 건 커서 해도 된다고 했어. 그리고 이성으로 보이는 사람이 없어" 하는 아이들도 있지만, 대부분 고학년 학부모 상담할 때 자주 나오는 주제는 이성 관계나 친구 관계다.

어떤 해는 "우리가 남이가. 가족끼리는 사귀는 거 아니다" 하며 이성 문제 하나 없이 지낸 반도 있지만, "학급회의 결과 우리 반 아이들끼리는 사귀지 않기로, 누가 고백해도 받아주지 않기로 하겠습니다" 하고 결정이 난 해도 있다(한 반에서 서로 너무 사귀고 헤어져, 구남친, 구여친과 절친의 관계도가 엉켰다. 결국 담임이 나섰다). 다른 반 여자애들이 우리 반 남자아이 팬클럽을 만들어 쉬는 시간마다 복도를 차지해 고민 끝에 각 가정의 부모님께 연락했던, 집까지 쫓아다닌 2학년도 있었다. 체육 시간에 한 남자애를 두고 여자애들이 두 편으로 나뉘어 싸움이 난 6학년도 빠질 수 없다. 가끔 오프라인에서 만나는 북클럽 멤버들에게 이런저런 얘기를 풀면, "어머! 말도 안 돼!" "우리 아이는 그런 거 몰라요"를 연달아 내뱉는다. 아니요, 말을 안할 뿐입니다. "어리다고 무시하지 마세요. 이미 다 알고 있어요."

연애만 있는 찐한 거 없어요?

『열두 살, 사랑하는 나』
이나영 글, 주리 그림, 해와나무

연애 이야기를 원하는 고객님 취향에 맞춰드립니다

아이들 사이에서 일어난 연애사를 적다 보면 애나 어른이나 다를 게 뭐가 있나 싶다. 하지만 생전 처음 보는, 앞뒤 재는 거 없이 온 마음으로 무작정 달려가는 진심을 보면 존경심이 절로 든다. 상처받을까 전전긍긍하며 뒤로 물러났던 담임은 열심히 고백하는 아이에게 살짝 질문을 던진다. "난 너처럼 모든 걸 걸고 말한 적이 없는 거 같아. '혹시 차이면 어떻게 하지' 걱정은 없어? 그러다 차이면 속상하지 않아?" 물었더니 "선생님, 지금 차이면 쪽팔리겠지만 나이 들어선 하나

" 그래. 어디로 튈지 모르는 게 너희들이지.
맘껏 간질간질 달콤해지길.
그 과정에서 솔직한 진심을
놓지 않길. "

도 안 부끄러울 거 같아요. 나중에 커서 이렇게 좋아하는 사람이 또 생길지 알 수 없잖아요. 어른이 된 내가 지금 나에게 그때 너 엄청 멋졌어,라고 할 거 같아요" 하는 아이의 대답에 우주가 전속력으로 달려와 부딪친 듯한 충격을 받았다. 아무렇지 않게 진심을 꺼내는 아이들을 보며 내게도 저런 용기가 있었나 떠올려본다. 세대를 초월하며 화제가 되는 이성 관계는 당연히 동화에서도 화두다.

"선생님, 저는 찐하게 사랑하는 거 읽고 싶어요. 『제인 에어』나 『위대한 유산』도 읽었는데요. 거기서 딱 연애만 뽑은 책은 없어요?" 6학년 여자 친구의 요청에 덩달아 진지해졌다. "이 책은 어때? 뜨거운 사랑은 아니지만 잔잔하고." "아니요. 영어 쌤. 전 찐한 거요." "이건 썸인데." "전 제대로 사랑하는 이야기가 읽고 싶어요. 동화책 말고 어른 책에서 추천해주세요." "어른 책은 대출할 때 부모님 동의서가 필요하니까 오늘은 못 읽잖아. 일단 동화에서 하나 골라줄 테니까 읽어보고 괜찮으면 그 작가님 책이나 다른 책을 읽어보는 건 어때?" "그럼 찐한 거요." 아니, 대체 찐하다의 기준은 뭐지? 궁시렁대며 책등을 후루룩 짚다 벼락을 맞은 기분이 들었다. '정말 사랑만을 위한 사랑 책이 별로 없네?' 대부분 이성 관계는 이야기의 감초처럼 흐름의 조절을 위한 장치로 쓰였지, 정작 그 문제 하나만 제대로 풀어가는 책을 찾기가 힘들다. 겨우 찾은 한 권이 "표지가 이뻐서 내용도 맘에 들 거 같아요" 하는 합격점을 받았다. 영어 전담이었던 해라 점심시간 내내 도서관에 살며 아이들에게 책 추천을 했는데, 그때 받은 그 아이의 요청은 유난히 잊기 어려운 과제였다.

찐한 사랑 책을 찾던 6학년 아이의 까다로운 심사를 겨우 통과한 책은 바로 『열두 살, 사랑하는 나』였다. 아이들에게 책을 추천할 때는 늘 내가 읽은 책 가운데 재밌는 것만 골라 권한다. 이 책은 아직 읽기 전이라 "그런데 후보에 올려놓고 아직 안 읽었어. 이 작가님 다른 동화들도 좋았고, 이 그림 작가님의 다른 책들도 좋아해. 이 두 분 조합이면 재미있을 것 같아서. 어때?" 하고 물었다. 주리 작가의 그림은 유미주의(=예쁜 게 최고야!) 아이들에게 사랑받는 섬세하고 아름다운 그림인 데다, 이나영 작가의 글은 전작들을 통해 이미 신뢰감이 쌓였기에 자신만만하게 추천했다. 먼저 읽고 재밌으면 내게도 알려달라는 부탁도 덧붙여서 말이다. 다음 날, 복도에서 만난 아이가 말했다. "쌤! 완전 찐하지는 않지만 재밌어서 하루 만에 다 읽었어요. 그런데 반납은 못 해요." "왜?" "애들이 재밌는 연애 이야기라니까 서로 돌려 읽고 있어서 연장한 뒤에 반납할 거라 쌤은 기다려야 해요." "이건 부당하지! 어제 너 빌려갈 때 내가 그담에 읽는다고 했잖아!" 실랑이를 벌이다 결국 못 기다리고 사버린 책이기도 하다.

부쩍 외모에 관심 많은 나이. 반 친구들은 대부분 연애 중인 학년. 그 사이 짝사랑 진행 중인 주인공 차진아가 등장한다. 친구들의 연애담을 들으며 남몰래 사랑을 키우는 어느 날, 누가 봐도 뒤돌아볼 미모의 아역배우 해미가 전학 온다. 이게 무슨 일이란 말인가. 짝사랑하는 남자애와 해미가 짝이 된다. 밥집을 하는 진아 엄마와 달리 해미 엄마는 이름만 대면 아는 유명한 배우인 데다 해미는 얼굴뿐 아니라 마음까지 착하다. 내 짝사랑남 선호와 단둘이 놀이공원을 다녀온 해미가 주인공 진아를 불러 고백한다. "나 선호 좋아해. 아주 옛날부터." 책을 읽던 손이 부들부들 떨리기 시작한다. '야야, 네가 좋아하는 거 알면서 고백하는 거, 그거, 걔 착한 아이 아니야!' 본디 미모의 주인공에 감정이입을 하기보다 평범한 주인공이 내 이야기 같지 않은가. 선호와 해미는 연애를 시작하고, 그 둘을 보며 힘든 진아에게 학교 킹카 지호 오빠가 고백을 한다. 생각지도 못한 고백에 망설이는데 해미와 선호의 커플 반지에 울컥한 진아는 지호의 고백을 받아들인다. '누구 보라고 연애를 하는 건 행복하지 않아.' 중얼대며 책장을 넘기다 진아와 친구들에게 벌어지는 여러 사건에 '어리다고 세상이 핑크빛은 아니었지' 현실을 자각한다.

　　상황과 감정이 꼬이다 보면 인정하기 힘든 옹졸한 나를 발견할 때가 있다. 하지만 아이들은 자신의 못난 모습과 상대에게 준 상처를 마주하며 용서를 구한다. 다치기 싫다고 껍질 속으로 들어간 비겁한 어른의 갑옷을 두드린다. 나도 어릴 때는 이렇게 용감했을까. 잊고 살았나 싶다. 주인공의 심리와 더불어 친구, 가족들의 사연과 갈등도 다채로워 책을 읽은 아이들과 여러 주제로 대화 나누기에 좋았다. 강력한 라이벌의 등장과 느닷없는 훈남의 고백이라니. 첫사랑의 열병으로 세상이 복잡한 아이들에게 이보다 더 상큼한 책이 어딨을까 싶다. 그렇게 꼬인 사랑의 작대기들이 마지막에 이어준 커플이 등장했을 땐 절로 웃음이 터져 나왔다. '그래. 어디로 튈지 모르는 게 너희들이지.' 맘껏 간질간질 달콤해지길. 그 과정에서 솔직한 진심을 놓지 않길.

소꿉친구에서 사랑으로

『사랑이 훅!』
진형민 글, 최민호 그림, 창비

클리셰에 현실 한 숟가락 더하면 맛있는 책이 된다

『열두 살, 사랑하는 나』와 비슷한 결로 책등이 너덜거리는 책이 하나
더 있다. 『사랑이 훅!』은 제목부터 설렘 한 가득인 데다 표지에 마음
을 훅 빼앗긴다. 초여름 뜨거워지는 공기 속 시원한 나무 그늘 아래
살짝 스친 손가락. 그 열기가 옮겨진 듯 두근거리는 표지라니. 게다
가 진형민 작가 글이라면 믿고 읽지. 아침 독서 시간에 이 책을 읽고
있으면 열이면 열 "선생님! 그담은 접니다!" 하고 말도 안 했는데 아
이들이 줄을 선다. 닿을 듯 말듯 애타는 손가락의 주인공은 소꿉친

구로 긴 시간을 함께 보내다 연애를 시작한 담이와 호태다. 서로 모든 걸 알고 있다 자신만만했지만 달라진 관계에서 발견하는 서로의 새로운 모습은 낯설기만 하다. 혹시 "남녀 사이에 친구도 가능하지. 얘랑 무슨 연애" 하고 지내다 한순간 친구가 이성으로 보이고 우여곡절 끝에 서로의 맘을 확인하는 이야기 좋아하시는지. 그 둘 중 하나를 남몰래 좋아하는 절친도 옆에 있고, 주인공들은 많이 싸우지만 가족 같은 사이라 투덜대며 서로 가족 일을 돕고, 결국 다시 사랑하는 연애 이야기 말이다. 익숙하다 싶지만 설렌다면 당신은 이 책에 빠질 예비 독자다. 서로 다른 부분 때문에 상대가 나를 싫어할까 봐 마음 졸이고, 고백하자니 멀어질 거 같고, 마음을 접자니 눈물만 나는 열두 살의 복잡한 감정들이 합주곡처럼 펼쳐진다. 무엇이든 처음은 있게 마련이다. 아이의 마음에 물감처럼 번져가는 첫 시작이 5학년이면 어떤가. 아이들이 바라는 어른은, 안 된다고 막기보다 아이의 감정을 제대로 들어주는 든든한 어른이다. 한때 친구의 연애 문제를 밤새 상담해주던 때를 상기하며 아이들의 고민을 지나치거나 얕잡아보지 않길. 울고 있는 아이에게 "그런 걸로 울 시간에 문제집이나 더 풀어!" 하는 어른은 되지 말자. 언젠가 아이가 헤맬 때 무엇이든 나눌 수 있는 사람으로 곁에 있고 싶다.

이 책 속에 등장하는 멋진 어른들을 보며 언젠가 내게도 닥칠 미래를 연습해본다. '몇 시까지 데이트는 가능한 거지?' '용돈의 상한가는?' '기본적인 매너는 제대로 알기는 하나?' 갑자기 마음이 분주하다.

잘 이별하는 법도 배워야 한다

『네가 뭐라건, 이별 반사!』
김두를빛 글, 이명애 그림, 노란상상

처음 맞는 이별의 과정을 섬세하게 보여주는 책

"쌤, 쌤이 연애 이야기 잘 골라준다면서요?" "잘 찾아왔어. 어떤 단계
를 원하니? 둘이 썸 타는 거 같은데 끝까지 사귀지는 않고 좋은 친
구로 응원하는 이야기, 오랫동안 소꿉친구로 지내다 연애하는 이야
기, 짝사랑하는 남자애가 새로 온 전학생과 연애를 시작해서 실연당
한 기분인데 갑자기 학교에서 가장 잘생긴 오빠에게 고백받는 이야
기, 아니면 갑자기 카톡으로 헤어지자고 연락을 보낸 전 남친에게
'나는 못 헤어진다!' 외치는 이야기?" "전 헤어지는 이야기요." "선생

님, 얘 고백했는데 차였대요!"“야! 말하지 말랬지!" 찰랑거리는 비즈발을 헤치며 "여… 여기가 그렇게 용한 곳이라면서요?" 찾아온 이들을 맞이하는 사람처럼 사연에 맞는 몇 권의 책을 추천한다. 이별 책을 추천해달라는 친구에게 "어디 보자, 그림 작가는 이명애 작가였고 글 작가 이름은 김씨고 한글 이름이었는데.""선생님은 작가 이름으로 책을 찾아요?""도서관에서는 작가 성씨순으로 책을 꽂아놓으니 이름으로 찾으면 빠르거든. 김씨니까 저쪽 서가야." 서가에서 꺼내준 동화 『네가 뭐라건, 이별 반사!』를 본 아이들은 표지를 보고 웃음을 터뜨린다. "남자애가 헤어지자고 했는데 여자애가 반사한 거예요?""에잉. 쿨하지 못하네.""좋아하던 친구가 갑자기 헤어지자고 했다고 쉽게 마음이 접힌다면 진짜 좋아한 게 맞을까?" 이별한 친구도, 옆에서 놀리던 친구도 몇 장 넘겨보더니 하늘색 동화책을 들고 재잘대며 서가를 떠난다.

평범한 5학년 3반 19번 오슬로는 학교 최고 인기남 '백민준의 여친'이다. 잘 지냈다고 생각했는데 석 달째 무렵 갑자기 톡으로 이별을 통보받는다. 왜 헤어지는지 까닭도 모르는데 그새 민준이는 새 여친이 생겼단다. 슬로는 갑작스런 이별과 속을 긁어대는 반 친구들 덕에 하루가 어찌 지나가는지 모르겠다. 길에서 전 남친 민준이와 마주친 뒤 먹은 걸 다 토하는 슬로. 등을 두드려주는 친절한 아주머니에게 "혹시, 이별해보셨어요?" 묻자 "호호호, 원 애두, 별걸 다 묻는구나"라는 허공에 맴도는 답만 돌아온다. 슬픔과 분노로 방황할 때 이모가 말한 "사랑은 용기 있는 자의 특권" 얘기에 슬로는 용

“ 선생님, 그래서 사랑이 떠난 뒤에는
다른 사랑이 찾아온다는 거죠? ”

기를 내 민준이를 찾아간다. "일단 헤어지고 싶은 이유를 열 개만 대. 그거 보고 다시 생각해볼게." "이별에도 예의가 필요한 법이거든."(53쪽) 고백했을 때 내 동의로 사귀었으니 헤어지는 것도 내 동의가 필요한 거 아닌가. 좀 구질구질하면 어때! 민준이에게 통쾌하게 말하는 슬로의 당당함에 반한다. 이별도 함께 하는 거지. 일방통행이 어딨어. 잘했어, 오슬로! 멋지다! 슬로는 새 여친이라 들은 아이에게 찾아가 아직은 내가 민준이 여친이니 얼쩡대지 말라고 돌려차기까지 시원하게 보여준다(이 장면에서는 아이들 의견이 갈렸다). 민준이는 헤어지고 싶은 이유를 알려줄 테니 슬로에게 만나자고 한다. 긴장하며 나간 슬로에게 북 찢은 공책을 건네는 민준이. "음식을 먹을 때 쩝쩝 소리를 낸다" "달릴 때 오리 궁둥이가 된다" "웃을 때 보면 꼭 말 같다."(64~65쪽) 헤어지자는 게 아니라 싸우자는 건가? 슬로는 무너지는 속마음을 감추고 이 정도 일 갖고 그런 거냐며 나머지를 마저 채워오라며 크게 웃는다. 웃어넘겼지만, 슬로는 고민에 빠진다. '정말 나에게 그런 단점이 있는 걸까. 나도 모르는 내 문제 때문에 민준이는 내가 싫어진 걸까. 어른들은 이 힘든 이별을 몇 번이나 하면서 어떻게 사는 걸까?'

아이들이 겪는 슬픔이라고 무게가 가벼울까. 그 비중은 어른들의 그것과 동등하기에, 아니 오히려 처음이라 더 힘들기에 관계를 되짚어보는 슬로의 시간에 다정한 어른들은 기꺼이 함께한다. 기철삼촌은 마음속에 있는 빈 의자를 사랑하는 사람이 쉴 수 있게 편히 준비해야 하는데 삐걱거리는 의자를 준비해놓고 불편해하는 손님만

탓했다고 자신의 경험을 말한다. 삼촌의 말에 자신은 민준이에게 어떤 사람이었는지 되돌아보는 슬로. 상대에게 얼마나 관심이 있었는지, 상대의 배려에 고마움을 제대로 표현했는지, 쑥스럽다고 당연하게 넘긴 것들이 상대에게도 당연했는지 처지를 바꿔 생각한다. 민준이가 마저 적어온 이별 사유와 친구들을 통해 속사정을 알게 된 슬로는 혼자가 아닌 민준이와 함께한 풍경에서 이별을 들여다본다. 슬로는 민준이와 어떻게 이별을 정리할 수 있을까. 슬로가 관찰한 어른들의 이별은 어떤 색으로 슬로에게 물들까. 처음 맞는 이별의 과정을 섬세하게 돌보며 성장의 발판을 만들어주는 『네가 뭐라건, 이별 반사!』. 우연히 이 책을 빌려간 6학년 친구를 복도에서 다시 만났다. 책이 어땠느냐는 물음에 "선생님, 그래서 사랑이 떠난 뒤에는 다른 사랑이 찾아온다는 거죠?" 답하는 아이를 보며 웃음이 터져 나온다.

넌 나의 여신이야

『복수의 여신』
송미경 글, 장정인 그림, 창비

오빠 믿지?

『복수의 여신』은 일곱 개의 단편이 담긴 책으로 실제 이야기인가 싶으면서도 어쩐지 긴가민가하며 독자를 끝까지 빨려들어가게 만든다. 의도치 않게 드러나는 어른들의 적나라한 감정 앞에서 솔직발랄한 아이들의 매력이 넘치는 책이기도 하다.

첫 단편 「오빠 믿지?」는 제목을 읽자마자 웃음이 새어 나온다. "내가 준영 오빠를 알게 된 건 우리 동네 작은 교회에서다."(9쪽) 오, 교회 오빠인가! 준영 오빠 말에 의하면 '나(효정)'는 밖에선 평범하지만 실은 달과 별을 조정하는 특별한 초등학교에 입학할 예정이다. 필수과목이라는 외계어와 랩이 섞인 교가, 이상한 세수법과 우주선 등 알 수 없는 이야기에 다 믿기는 힘들지만 "효정아, 오빠 믿지?"라는 말에 자기도 모르게 고개를 끄덕인다. 1학년 첫 수업 날, 오빠 말과 달리 그저 평범하기만 한 학교에 실망한 효정이는 뜻밖의 사건을 겪는다. 과연 준영 오빠는 여전히 "오빠 믿지?"라고 말할 수 있을까? 반 아이들에게 결말을 읽어준 순간 일시 정지되었던 교실의 고요함을 당신에게도 선물하고 싶다. 물론 아이들이 얼어버린 순간 나는 웃음이 터졌지만 말이다. 그해 교실에선 남녀 상관없이 "오빠 믿지?"라는 알 수 없는 비밀암호가 유행처럼 쓰였다. 통념처럼 쓰이는 "오빠 믿지?"라는 말을 뒤집는 계기가 좋다. 말이 갖고 있는 힘의 위치를 생각하고, 무엇이든 새로 상상하고 만들어낼 수 있는 가능성을 아이들과 나누고 싶다.

동화 제목과 똑같은 「복수의 여신」은 여자를 괴롭히는 남자를 대신 혼내주는 복수의 여신 윤은율 이야기다. 백 년의 원수 조윤혁은 남자 대표로, 자신은 여자 대표로 친구들 대신 복수를 하고 노는 평범한 나날을 보낸다. 언제나 윤혁이와 허물없이 지낼 줄 알았는데. 비 오는 날 윤혁이와 단둘이 우산을 쓰고 가는 여자아이를 본 뒤로 은율이는 학교생활에 의욕을 잃는다. 남자애들에게 복수하는 것도 재미가 없고, 모든 게 시무룩해질 때 우산 속 여자애가 윤혁이 동생이란 사실을 알게 된 주인공. 오해가 풀린 뒤, 작은 눈을 생글거리며 "넌 나의 복수의 여신이야. 계속 복수해줘"(89쪽)라는 윤혁이의 말에 은율이의 심장이 다시 뛴다. 윤혁이의 말에 나도 모르게 "얘네 뭐야!" 소리가 절로 나온다. 그 당시 습관처럼 남자애들을 때리던 여자애가 있었는데 어찌나 힘이 센지 몇 대 맞으면 남자애가 울거나 싸움으로 번지기 일쑤였다. "얘네도 남의 집 귀한 아들이다. 말로 하면서 지내자." 어르고 달래기도, 집에도 연락해봤지만 쉽게 바뀌지가 않았다. 이러다 큰 싸움이 나겠다 싶어 「복수의 여신」을 반 아이들에게 읽어주며 반응을 살폈다. 우리 반 이야기 같다는 아이도, 그러면 유난히 자주 때리는 아이는 상대를 좋아하는 거냐는 이야기도 나왔다. "아이들이 어려서 그런 것 같다" "좋아하면 더 잘해줘야 하는데. 저건 어려서 아직 서투른 거다." 6학년다운 대화도 나왔다. "미운 정도 정"이라는 우스갯소리도, "실제로는 저러면 더 사이가 나빠지지. 좋아하기 힘들다. 현실 불가능"이라는 이야기도 나왔다. 결국 누군가를 괴롭힌다는 것은 상처를 준다는 것. 상대에게 호감을 줄 수 없다는 친구들의 이야기를 듣던 아이는 그 뒤로 남자애들 때리기를 멈췄다.

어제보다 더 조금
더 좋은 사람이 되고 싶어

『차대기를 찾습니다』
이금이 글, 김정은 그림, 사계절

자존감을 회복하고 한층 더 성장해나가는 아이들

『차대기를 찾습니다』는 5학년 아이들과 온책읽기로 읽고, 출판사에서 진행하는 유튜브 비공개 작가 만남까지 진행했던지라 문단마다 아이들의 반응이 절로 떠오른다. '차대기'란 이름 덕에 어릴 때 별명이 똥자루인 주인공은 좋아하는 여자애 귀에 별명이 들어갈까 노심초사다. 이름 때문에 움츠리던 아이에게 좋아하는 사람이 생기고, 관계를 이어가기 위해 조금씩 앞을 향해 걸어가는 이야기는 아이들에게 가장 필요한 게 무언지 들려준다. 누군가에게는 별거 아닌 일이 평생 지울 수 없는 상처이자 고통이 될 수 있다. 하지만 그 무게를 짐작하는 게 서툴러 상처를 주거나 상처를 받는 아이들이 있다. 이름 때문에 그늘에 숨었던 대기는 윤서와 함께 길고양이를 돌보며 무심히 지나쳤던 주변에서 작은 빛을 찾아낸다. 굳이 남과 비교하지 않아도 스스로 빛날 수 있다는 걸. 어제보다 조금은 더 좋은 사람이 되고 싶어 자존감을 회복하는 아이들의 성장은 눈부시다. 언제나 믿고 읽는 이금이 작가 책이지만, 이 책은 특히 직접 학교에 나와 관찰했나 싶을 정도로 생생한 현장감에 순식간에 교실 한가운데로 초대받는 기분이다. 코로나로 만나지 못하는 아이들의 시간까지 담긴 이 이야기가 반짝이는 강물에서 건져 올린 단단한 조약돌처럼 오래 사랑받길 바란다.

아이들의 감정을 외면하지 말자. 어찌할 바를 몰라 눈길을 거두지도, 맘에 들지 않는다고 눈살을 찌푸리지도 말자. 아이와 관계의 끈을 놓고 싶지 않다면, 닫힌 방문 앞에서 남보다 못한 사이가 되는 걸 바라는 게 아니라면, 대등하게 인정해주길. 그 세상의 성장을 응원한다. 솔직히 말하자면, 아이들과 주고받는 일기에서 모든 '사랑의 작대기' 상황을 알고 있는 담임으로서는 양가감정이 든다. 얘들아, 내 눈에는 다 보여. 그래서 내가 자리 배치할 때 다 떼어놓는 거야. 응? 응원은 응원인데 수업은 해야 하니까. 교실에서의 담임 모드와 집에서의 엄마 모드는 다를 수밖에.

『내 가방 속 하트』

주미경 글, 애슝 그림, 창비

내 맘속에 휘몰아치는 감정의 정체

주미경 작가의 단편 동화집으로 아이들이 겪는 설렘, 분노, 실망, 질투 등을 무지개처럼 엮어낸 일곱 가지 이야기가 실려 있다. 자신의 마음속에 불어닥치는 감정의 정체를 제대로 들여다볼 줄 알아야 타인의 감정 역시 느낄 수 있지 않을까. 아이들과 함께 읽으며 감정의 색에 이름을 붙여주고 싶다.

『내 왼편에 서 줄래?』

장성자 글, 김소희 그림, 문학과지성사

사랑이 어떻게 변하니

친구 때문에 생전 안 해본 일을 하고, 처음 겪는 감정에 혼란스럽고, 용기를 내어 다가가기도, 우정이 깨지는 슬픔도 겪는, 복잡하고 두근거리는 네 편의 단편 동화집이다. 그중 「단세포 생물」과 「다시 0일」을 읽으며 '나라면?'이란 주제로 이야기하고 싶어 고학년 북클럽 동화 후보로 올려놓았다.

『첫사랑 쟁탈기』
천효정 글, 한승임 그림, 문학동네
왜 내가 아니라 걔야?

모두에게 완벽하게 보이고 싶어 관리에 철저한, 자신의 말대로 예쁘고 똑똑한 쎄라가 엉뚱한 명구의 매력에 빠지고 만다. 보육원에 살며 지적 장애가 있는 명구에게 마음을 뺏기다니. 완벽함을 위해 깨진 가정도 놓지 않고 사는 쇼윈도 부모와 살며 보여주는 게 최고라 여기는 쎄라는 이 감정을 부정한다. 하지만 열병 같은 사랑을 인정하고 명구에게 직진하는 쎄라. 명구의 마음을 얻기 위해 노력하던 쎄라는 자신을 무시하는 부모를 향해 보여지는 게 아닌, 진짜 자신이 원하는 걸 말하는 용기도 얻는다. 그래서 명구와는 어떻게 됐을까?

『여름이 반짝』
김수빈 글, 김정은 그림, 문학동네
아이들이 보내는 그 여름의 시그널

여름 하면 더위보다 반짝이는 햇살 속 청량하고 깨끗한 시절이 떠오르는 분에게 추천한다. 떠오르는 게 없다면? 더욱 추천한다. 아이들에겐 당시 유행했던 〈시그널〉이란 드라마와 엮어 인기를 얻었고, 추천해서 읽은 어른들 역시 사랑에 빠졌다. 친구의 죽음으로 힘들어하던 아이들은 마법처럼 죽은 친구와 대화하는 방법을 알게 된다. 떠난 친구의 소원을 들어주기 위해 물거품처럼 사라질 순간을 잡아 최선을 다하는 아이들의 모습이 눈부셔 오랫동안 마음에 머물렀던 동화다. 정말 좋아하는 동화인데 가끔 그냥 좋아 말문이 막힐 때가 있다더니. 이 책을 소개할 때마다 그렇다.

6장

날카로운 비수,
오해와 폭력

가끔 교실에서 아이들과 가볍게 시작한 수다가 우리 반, 또는 사회의 '뜨거운 감자'를 건드리거나, 누군가의 고민과 맞닿아 진지해질 때가 있다. 서로 다른 생각들이 부딪치며 성장하는 즐거움은 신뢰와 애정이 담긴 관계이기에 가능한 일이다. 하지만 아무리 전하려고 해도 투명한 벽 앞에 선 것처럼 막막할 때가 있다. 한 사건을 두고도 여러 해석이 나올 수 있고, 다시 생각해보자고 대안을 내밀지만 결국 편한 방법을 고르기 십상이다. 다수의 의견이니까 절대라고, 우리 부모님 의견이기에 진리라고 여길 때도 많다. 담임이 어떤 대안을 제시해도 아이들은 철옹성 같다. 절대 꺾이지 않는 창과 절대 뚫리지 않는 방패의 대화가 핑퐁처럼 오락가락하면서 한 시간이 훌쩍 지나간다. 당연하다 생각한 세계에 작은 틈이 벌어졌을 때를 놓치지 않는다. 내 가치가 절대 가치가 아니고 언제든 변할 수 있다고, 내가 했던 행동과 말이 누군가에게는 날카로운 비수가 될지도 모른다고, 라는 얘기에서부터 시작한다. 오해의 시작은 아주 사소한 것에서 출발한다. 하지만 자신이 겪어보지 않으면 절대 이해할 수 없는 게 사람의 마음이라 이럴 땐 동화의 힘을 빌려 온다. 구체적인 이야기는 미처 생각하지 못했던 상황과 처지를 상상할 수 있게 한다. 그리고 언제나 아이들은 거리낌 없이 이야기 속으로 풍덩 빠진다.

오해를 넘어 진실에 닿는다

『콩이네 옆집이 수상하다!』
천효정 글, 윤정주 그림, 문학동네

눈덩이처럼 불어나는 소문의 정체

좋아하는 글 작가, 그림 작가의 조합은 실패할 확률이 낮다. 『콩이네 옆집이 수상하다!』 역시 마찬가지다. 건방이 시리즈와 여러 단편집으로 탄탄한 독자층을 가진 만능 이야기꾼 천효정 작가와 『꽁꽁꽁』 그림책 시리즈를 비롯 『헌터걸』 시리즈 등 수많은 동화에 삽화를 그린 윤정주 작가의 조합은 두 번 말하면 입이 아프다.

숲속 마을에 사는 강낭콩만큼 작은 생쥐 콩이는 아침부터 저녁까지 재미난 일을 찾아 바삐 다닌다. 집 근처에서 구멍 하나를 발견하고, 호기심에 구멍 안을 들여다보는데 이상한 소리와 함께 시커먼 뭔가가 움직인다. 깜짝 놀라 도망친 콩이는 숲속 친구들에게 이 사실을 알리는데 어쩐지 이상한 정보가 하나씩 붙기 시작한다. 눈이 다섯 개에 다리는 여섯 개, 심지어 엄청나게 많은 수로 몰려다닌다는 무시무시한 동물이라니. 온 마을을 돌아다니는 소문에 콩이는 새 이웃사촌에게 겁을 먹고 집 안에만 있는다. 이사 떡을 들고 콩이네를 방문하는 새 이웃은 누구일까. 정확하지 않은 정보와 오해로 회피하고, 두려움에게 양분을 줘 키우는 건 어린이뿐일까. 불확실한 두려움 앞에서 용기를 내 맞서는 과정을 재치 있게 풀어가는 동화다. 내가 본 부분이 전부가 아니라는 것을, 전체를 다 봤더라도 자세히 보지 않고서는 다 알 수 없다는 것을 88쪽의 얇은 동화책이 말해준다. 밤코 작가의 『근데 그 얘기 들었어?』(바둑이하우스) 그림책을 자주 수업에 읽어주기에 같이 연결해 소개하는 동화이기도 하다. 아이들이랑 읽은 그림책과 비슷한 주제의 동화가 있을 때는 가까운 시일에 소개해 익숙하게 만든다. 책에 대한 낯섦과 부담감을 낮추고 동화를 읽게 하는 방법 가운데 하나다.

수상한 오해가 피어난 곳

『수상한 화장실』
박현숙 글, 유영주 그림, 북멘토

낮말은 새가 듣고 밤말은 쥐가 듣는데
그 말에 대한 책임은 누가 져야 하나

수상한 오해가 피어난 곳이 있다. '여기서 그런 일이 생길 수 있어?'
생각하다가 '아, 그럴 수도 있지' 수긍이 절로 되는 곳. 『수상한 화장
실』은 화장실에서 퍼진 소문으로 시작한다. "전교 회장이 되면 큰일
난다. 이 말을 소문내는 사람도 큰일을 피하지 못한다"(19쪽)라는 학
교 괴담은 순식간에 퍼진다. 전교 회장이 간절한 동호와 등 떠밀려
전교 회장 후보가 된 주인공 여진이는 소문을 듣고 사퇴를 망설인
다. "전교 회장이 되겠다면 적어도 소문에서 진실과 거짓을 가려낼

"

아무도 듣지 않을 거라 나눈 대화들은
깃털처럼 날아다니다 무겁게 마음에 내려앉는다.
뒤늦게 뿌려진 말들은 주워 담고 싶어도 잡을 수 없다.

"

줄 알아야 한다고 봐."(44쪽) 딱 잘라 말하는 희찬이 의견에 일단 끝까지 가보기로 결심한다. 하지만 전교 회장 후보 아이들에게만 일어나는 운 나쁜 사고들은 소문에 힘을 실어줄 뿐이다. 전교 회장 공약을 발표하는 날, 화장실 소문 때문에 겁이 나 사퇴를 한다는 후보의 발언에 소문은 학교 전체의 문제로 커진다. "아무 말이나 함부로 하면 안 돼. 말을 할 때는 그 말에 대한 책임도 질 줄 알아야 해."(95쪽) 희찬이의 말에 용기를 얻은 미지는 학교 방송으로 자기가 소문을 냈고, 근거 없는 이야기라고 밝힌다. 하지만 물에 떨어진 잉크처럼 퍼져버린 소문은 쉬이 사라지지 않는다. 학교 신문 기자 송진이는 '화장실 소문의 진짜 범인'을 찾았다며 취재를 시작하고, 범인으로 몰린 아이는 사건의 책임을 뒤집어쓰고 비난을 받는다.

수상한 시리즈를 꾸준히 읽어온 독자라면 평소 책임감과 따뜻한 관심으로 주변의 사건을 해결해온 여진이와 친구들의 멋진 활약을 기대한다. 하지만 작가 역시 이런 독자의 반응을 예상했는지 주인공과 친구가 소문을 낸 범인이란 설정으로 독자를 당황시킨다. 아무도 듣지 않을 거라 나눈 대화들은 깃털처럼 날아다니다 무겁게 마음에 내려앉는다. 뒤늦게 뿌려진 말들은 주워 담고 싶어도 잡을 수 없다. 의도를 떠나 한 번 밖으로 나온 말과 글의 힘은 얼마나 무서운지. 누군가에겐 돌이킬 수 없는 상처가 어떻게 생기는지 작가는 능숙한 완급 조절로 이야기를 풀어낸다. 아이들 일이라고 얕잡아보는 이가 있다면 그것이 얼마나 부끄러운 일인지 이 책을 꼭 권하고 싶다. 어른들의 일상 역시 다를 바가 있을까. 가짜 뉴스가 퍼지고, 사려 깊지 못한 언행으로 오해가 생긴다. 나도 모르게 소문을 퍼뜨린 책임자가 된 여진이는 진짜 범인을 찾을 수 있을까. 여진이와 친구들이 소문의 실체를 파악하기 위해 노력할 때 주변 어른들은 어떤 자리에서 조언을 하고 있을까. 그중에 나는 어느 자리에 서 있는지, 되고 싶은 자리는 어디인지 찾아본다.

아무도 나쁜 일이라고
알려주지 않았다

『노잣돈 갚기 프로젝트』
김진희 글, 손지희 그림, 문학동네

나쁜 일인지 몰랐으면 그걸로 괜찮은 걸까

"동우는 달려오는 차를 보고 눈을 크게 떴다. 피해야 한다고 생각했지만 발이 떨어지질 않았다."(7쪽) 첫 문장을 읽고 충격에 빠진 건 『클로디아의 비밀』 이후 간만이었다. 시작부터 깜빡이 없이 휘몰아치는 문장들. 그리고 "남은 돈을 들고 있기에 종종 그랬듯이 빌려달라고 했다"(7쪽)는 다음 문단. 종종 그랬듯이? 빌려? 어떤 내용이지? 긴장감에 서둘러 책장을 넘겼던 책. 『노잣돈 갚기 프로젝트』다. 초등학교 온책읽기 책으로도 인기가 높아 여러 독자의 사랑을 받고 있

"
우리 모두 마음에는 선한 의지가 있다는 걸,
건드려주고 흔들어주면 다시 살아나는 불씨가
아이들 마음에 있다는 걸 알려준다.
"

다. 강렬한 첫인상과 더불어 영화처럼 빠른 속도로 쉴 틈 없이 몰아치는 장면 전환 덕분에 손에서 책을 놓기 어렵다.

시작하자마자 교통사고로 죽은 동우는 저승에 갔지만 문서 실수로 아직 죽을 때가 아니라는 기쁜 소식을 접한다. 그런데 이게 무슨 일인가. 원래 삶으로 돌아가려면 이승행 버스비로 노잣돈을 내야 한단다. 아니, 잘못 데리고 왔으면 바로 데려다줘도 민원감인데 이건 또 무슨 계산법인가? 좋은 일을 할 때마다 쌓였을 노잣돈을 꺼내면 된다길래 곳간을 찾아간 동우. 아뿔싸. 독자의 예상대로 곳간은 텅텅 비었다. 노잣돈이 없으니 이승으로 돌아갈 수도 없다! 다른 애들이 못 괴롭히게 도와주는 대신 돈을 받았을 뿐인데 그게 나쁘다니? 심지어 돈을 받았던 준희 곳간에서 노잣돈을 빌려야만 살 수 있단다. 자존심이 문젠가 사는 게 먼저지! 냉큼 노잣돈을 빌려 다시 살아난 동우는 입을 싹 닫지만 문자로, 교과서 속 쪽지로 '사십구일 째까지 노자를 다 갚지 못하면 다시 저승으로 돌아와야 한다는 걸 잊지 마'라는 무시무시한 저승사자의 연락을 받는다. 큰돈을 갚아야 끝나겠단 생각에 친구 집에서 도둑질한 돈을 준희에게 주지만 노잣돈 장부는 여전히 그대로다. 대체 어떻게 해야 저승으로 돌아가지 않을까? 노잣돈을 갚는 방법은 대체 뭐란 말인가. 처음 이 책을 만난 2015년, 아이들 사이에서 벌어지는 폭력을 감추거나 포장하지 않아 신선했다. 게다가 찢어져 피나는 맨살을 적나라하게 보여주면서도 독자에게 고통을 강요하지 않고 옛이야기에서 소재를 빌려와 풀어내는 설정이 좋았다. "우리 학교 이야기인가? 아이들 말과 학교생활이 생생하게 살아 있어!" 놀라움에 쉬지 않고 읽었다. 특히 피해자 입장에서 서술하는 그전의 책들과 달리, 가해자 처지에서 이어지는 이야기들은 '나쁜 녀석이구나' 하고 낙인을 찍기보다 그 일이 나쁜 행동이라고, 정말 몰랐다면 알려주는 게 먼저라고 말해준다. 어떻게 그게 나쁜 일인지 모를 수 있느냐고 물을 수도 있다. 세상의 많은 사람들만큼 각자 다른 가치관이 있고, 모든 사람이 중요하게 생각하는 우선순위 또한 다르다. 그러기에 양육관도 또한 다르다. "사람을 때리면 안 된다"가 1순위가 아닌 아이들도 많다. 그래서 많은 교사들이 3월이 되면 오랜 시간을 들여 학급 세우기를 하고, 교실 규칙을 만드는 것이다. 잘못한 아이를 무조건 용서하라는 건 아니다. 합당한 처벌은 당연하다. 하지만 어린이들에게 그 아이의 사정을 알아주는 단 한 사람이 있어주면 좋겠다. 다그치지 않고 한 번쯤 믿어주는 이가, 긍정적인 역할 모델을 해주는 한 사람이 가까이 있으면 좋겠다. 이 책에서는 어른이 아닌 친구가 그 자리를 메꾸지만, 이 책을 읽은 어른이 언젠가 현실의 동우를 만난다면 믿음으로 곁을 채워주면 좋겠다. 우리 모두의 마음에는 선한 의지가 있다는 걸, 건드려주고 흔들어주면 다시 살아나는 불씨가 아이들 마음에는 있다는 걸 알려준 다정한 작가가 현직 교사인 걸 알고 더욱 반가웠다.

엄마가 정해준 울타리에서 벗어나

『혼자 되었을 때 보이는 것』
남찬숙 글, 정지혜 그림, 미세기

부모 품에서 벗어나 스스로 선택하는 길 앞에 선 아이들에게

교실에서 보이지 않는 까만 별을 찾아낸 아이가 있다. 아니, 그동안
보지 않으려 했던 걸 알게 된 아이들의 이야기다. 『혼자 되었을 때
보이는 것』에는 눈병으로 학교를 결석한 사이 단짝이라 믿었던 혜진
이에게 배신을 당한 5학년 시원이가 등장한다. 내가 싫어하는 아이
와 짝을 이뤄 나를 따돌리는 단짝 친구라니. 별수 없이 다른 여자애
무리에 들어가야 하지만 마땅한 자리가 없다. 이제까지 단짝이랑만
논다고 다른 아이들에게 쌀쌀맞게 대한 잘못인가. 고민이 깊어질 때

사촌 언니가 해준 조언대로 차라리 혼자서 모두를 따돌리는 방법을 택하기로 한다. 혼자서도 당당하게. 끄떡없다는 자신감을 얼굴에 듬뿍, 입가에 미소를 머금은 채 학기 말을 보내기로 한다. 내내 기다렸던 영어 캠프도 혼자 다니는 것보다 차라리 가지 않기로 결정한다. 엄마와 상담을 해봤자 "물론 나도 엄마가 내 나이를 거쳐 지금의 엄마가 됐다는 걸 잘 알고 있다. 아무리 그렇다고 해도 뭐든 엄마 생각이 옳고, 그러니까 엄마가 하라는 대로만 해야 하는 걸까? 엄마는 이미 가본 길이겠지만, 나는 아직 가보지 못했다. 엄마랑 내가 세상에 둘도 없는 모녀지간이라도 엄연히 다른 사람이니까, 비슷한 일이라도 느끼는 건 서로 다르지 않을까?"(37쪽) 하는 생각이 든다. 어렵게 말을 꺼내도 "거봐, 엄마가 뭐라고 했어"(101쪽)라며 잔소리를 시작할 게 뻔하다. 영어 캠프에 간 아이들이 절반 넘게 빠진 낯선 교실, 한 번도 말을 걸거나 눈도 마주친 적 없는 민지에게 관심이 생긴다. 같은 반인데도 왜 그동안 못 봤을까. 민지는 왜 친구들과 거리를 두고 지내는 걸까. 민지를 알게 되며 시원이는 몰랐던 세상을 만난다. 발달 장애를 가진 성현이가 괴롭힘을 당하는 걸 예전에는 외면했지만, 이제는 민지와 함께 맞서기로 한다. 그동안 보고 싶은 것만 보고, 다수가 하는 생각이 무조건 맞다고 여긴 일상은 민지와 성현이의 등장으로 흔들리며 자라난다. 시원이의 변화로 민지와 성현, 그리고 멀어졌던 단짝 혜진이까지 함께 성장한다. 아이들은 어른이 쳐둔 울타리를 벗어나 스스로 길을 결정한다. 갑작스레 무리에서 떨어져 혼자 남게 된 아이는 불안함을 기회로 만들고, 부모 곁에서 건강하게 독립한다. 혼자 남을까 두려워하는 친구들에게 그 또한 다른 문이 열리는 기회라며 용기를 주고 싶을 때 추천하고 싶은 책이다. 엄마의 친구가 아닌 내가 고른 친구, 친구를 위해 내가 선택하는 가치들…. 아이는 그렇게 세상을 넓혀간다.

오해하고 서로 상처를 주고받는 동화는 아이들에게 꼭 필요하다. 어린이는 배우는 존재다. 가정에서, 학교에서 애정과 신뢰를 바탕으로 무엇을 하고, 무엇을 하면 안 되는지 배우며 자라는 존재다. 그 과정에서 이해받지 못하고 내몰리며 완벽함을 요구하는 요즘의 상황은 슬프다 못해 화가 날 때가 많다. 상처받을까 봐 과보호하거나 오해로 멀어진 아이들 싸움에 어른이 부추겨 더 큰 싸움으로 번질 때 탄식이 나온다. 오해였다고, 그것은 나쁜 일이라고, 상처받는 이가 있다고, 모두가 나와 같지 않다고, 우리는 어린이에게 알려주고 스스로 관계를 맺는 법을 연습할 수 있게 격려해야 한다. 잘못된 소문에 대처하고, 화를 내며, 사과할 줄 알아야 한다. 초임 시절부터 반 아이들에게 써주는 글귀가 있다. "네가 어디에서 무얼 하든지 언제나 널 응원해." 그렇게 서로의 차이를 알아가며 다치고 실패해도 돌아가면 꼭 안아주는 이가 있길 바란다. 동화 속 아이들은 누군가에게 위로받지만, 현실의 아이들은 이 글을 읽은 어른들이 꼭 안아주면 좋겠다. 내 품을 벗어나는 아이일지라도 꼭 안아주고 훨훨 날아갈 수 있게 말이다.

📰 더하는 책들

『방관자』
제임스 프렐러 지음, 김상우 옮김, 미래인

가해자와 피해자보다 더 많은 우리, 방관자

폭력에는 가해자, 피해자가 있지만 그 가운데서 갈등하는 수많은 방관자도 존재한다. 내가 직접 하지 않았으니까 잘못한 게 없어. 두렵지만 정의로운 것과 피하고 싶은 본능 사이에서 우선시되는 가치는 무얼까. 편해지는 것과 옳은 방법 가운데 어떤 것을 따라야 할지, 곱씹어볼 만한 딜레마를 제시한다. 각자 선택한 사연은 촘촘하게 짜인 두터운 등장인물들 덕에 풍성하게 읽힌다. 청소년이지만 고학년에게도 추천한다.

『처음엔 사소했던 일』
왕수펀 지음, 조윤진 옮김, 뜨인돌

일주일 동안 교실에서 일어나는 도난 사건,
그리고 각자 다른 목소리

청소년으로 나왔지만, 고학년 아이들과 어른들에게 추천한다. 반에서 일어난 도난 사건을 일주일 동안 아홉 명의 시선으로 풀어가는 내용이다. 순간의 선택이 어떤 결과를 불러일으키는지, 진짜 범인은 누구인지, 각자의 사정 속에서 범인이 달라지는 과정과 어른의 몫에 대해 생각하게 만드는 책이다.

『아름다운 아이 줄리안 이야기』

R. J. 팔라시오 지음, 천미나 옮김, 책과콩나무

아무도 몰랐던 악역의 뒷이야기

첫 번째 책『아름다운 아이』는 두께에 지레 겁먹고 읽지 않는 아이들이 있어 두 번째로 줄리안의 시선으로 풀어낸 책을 종종 추천한다. 줄리안은 주인공 어거스트(어기)와 적대관계였던 '못된 아이'다. 줄리안의 이야기를 먼저 읽은 아이들은 첫 책을 읽으며 "줄리안, 네가 말했던 작은 괴롭힘이 이렇게 심한 거였어!" 하고 놀라기도 하고 "아, 이때 줄리안은 이런 맘이었는데 저렇게 전달이 되었구나"라며 안타까워한다. 내면의 갈등을 해결하며 아름다운 아이로 자라는 줄리안. 그리고 지혜의 전수자인 줄리안 할머니의 이야기는 깊은 감동을 선사한다.

『경서 친구 경서』

정성희 글, 안은진 그림, 책읽는곰

아무리 작은 힘이라도 내가 할 수 있다면 돕고 싶어

이 책을 소개하면 아이들에게 이런 동화를 추천하냐는 질문을 여전히 받는다. 가정 폭력, 가출 등 탈출 이야기들 말이다. 우리가 사는 세상은 클릭 한 번으로 전 세계 소식을 알 수 있는 만큼 가깝지만, 정작 옆집 사람들의 얼굴은 모르고 사는 세상이다. 같은 반 친구의 속내를 작정하고 벗겨보지 않으면 알 수 없고, 내가 경험한 폭만큼만 알아가는 세상이다. 온라인으로 알아가는 세상의 폭은 점점 넓어지고 있지만, 실제 사람을 만나며 쌓아가는 배움의 질과 양은 줄어들고 있다. 겉으로는 멀쩡하지만 가정 폭력으로 고통받는 친구를 도와 탈출하는 두 경서의 절실한 이야기는 그래서 오히려 함께 더 읽고 싶다.

3부

세
상
을

만
나
는

아
이
들

7장

학교 속 어른의 모습

_교사

제이그림책포럼(네이버 카페)에서 '그림책을 질문으로 깊게 읽기'와 '동화를 읽는 어른' 책모임을 꾸리고 있다. 모임을 하다 '코로나 팬데믹을 겪은 뒤 사회는 어떻게 바뀔까, 아이들에게 어떤 사람이 필요할까'라는 주제가 나오면 비슷한 결론에 가 닿는다. '좋은 어른'이란 존재의 필요, '좋은 어른'의 책임, '좋은 어른'에 대한 정의 등으로 말이다. 나이, 직업, 사는 나라도 가지각색인 모임에서 좋은 어른을 만난 경험을 나누면 어느 때든 어린 시절 겪은 교사가 등장한다. 최악의 교사부터 잊지 못하는 고마운 교사까지, 들다 보면 얼굴이 화끈거린다. '지금 우리 반 아이들이 어른이 되면 나를 어떻게 기억할까? 무난하게 잊히고 싶다'라는 열망이 간절하다. 교실에서 교사는 절대적인 위치를 갖는다. 막강한 권력을 휘두르는 교사가 될 수도, 저렇게 무기력하나 싶을 정도의 타인이 될 수도 있다. 아이들이 깨어 있는 하루의 절반 가까이를 마주하는 교사인 나는 어떤 사람일까. 모두 하교한 텅 빈 교실에서 교실일기를 쓸 땐 극단에 이른 자기검열에 빠져 '아까 소리 지르지 않고도 할 수 있었잖아. 이렇게 답했으면 좋았잖아. 빨리 집에 가고 싶다' 하며 자괴감이 지하 100층까지 내려간다. 이럴 때 내가 찾은 지하 탈출 방법은 동화책을 읽으며 책 속 여러 교사의 모습을 찾아보는 것이다. 악역을 맡은 교사를 만날 땐 두렵다가 '난 이 정도는 아닐 거야' 값싼 위안에 안도한다. 반 아이들에게 읽어줄 때는 '설마 나라고 생각할까' 싶다가 "에잉, 우리 선생님은 안 그러는데!" 반응에 알량한 자존심을 지킨다. 서사에 어떤 힘도 미치지 않는 교사가 등장하면 '그래, 교사가 얼마나 많은 영향을 끼치겠어. 생각보다 별 힘이 없는 사람이야. 내가 그렇게 영향력 있다 생각하는 것도 자만이지' 싶다가도 몇 권의 동화를 읽으면 다음 날 또 반성문 같은 일기를 쓴다. 아직도 이런 교사가 있다는 것을 부정하다가, 가끔 뉴스 속 교사에 분개하기도 하며, 작가가 겪은 시절의 교사와 지금은 다르다고 말하고 싶다가, 다시금 스스로 자정작용에 대해 의문을 품기도 한다. 그렇게 반면교사로 삼거나 서 있는 자리를 재차 확인하게 만드는 동화들을 소개한다.

진짜 아이들을 위한 걸까?

『지우개 똥 쪼물이』
조규영 글, 안경미 그림, 창비

아이들이 원하는 게 뭘까

『지우개 똥 쪼물이』는 안경미 그림 작가를 믿고 고른 책이다. 망망 대해 같은 서가 앞에서 책을 고를 때 내게 가장 쉬운 방법은 그림 작가의 이름을 보는 것이다. (그림책 잡지를 만드는 사람이기에 가능한 방법일 수도 있다). 나뿐만 아니라 우리 반 아이들이 기록한 글의 몇 부분을 같이 보자. "지난번에 재밌게 읽은 책 그림이랑 똑같아서 골랐다." "많이 본 그림이라서 사달라고 했다. 집에 와서 보니 같은 작가다." "이 그림 작가님 책은 다 재밌다. 선생님한테 다른 책도 찾아달라고 해야지." 책을 고를 때 재밌게 읽은 책의 그림 작가 작품들을 찾아 읽는 것도 하나의 방법이다. 제목을 보자 '혹시 지우개 가루로 만든 거무튀튀한 것을 말하는 건가?' 궁금증이 생긴다. 오래된 추억 놀이라고 할 것 없이 지금도 교실에선 애꿎은 지우개를 희생해 착착 감기는 지우개 똥을 만드는 아이들이 여럿이다.

　동화 속 2학년 3반 아이들은 받아쓰기 시험에서 세 개 이상 틀리면 울보 도장을 받고, 울보 도장을 받으면 틀린 문장을 열 번씩 써야 한다. 오늘도 울보 도장을 받아 속상한 유진이는 친구들과 지우개 똥을 뭉치다 얼결에 숨을 불어 넣는다. 아이들의 숨을 받은 지우개 똥은 살아 움직이는 생명체가 된다. 지우개 똥들은 지우개 가루를 먹으며 달콤한 맛, 머리가 핑 돌 정도로 이상한 맛, 슬픈 짠맛 등을 통해 지우개 가루에 묻은 아이들의 감정을 알아간다. 반 아이들이 슬퍼하는 까닭이 울보 도장 때문인 걸 알게 되자, 지우개 똥들은 울보 도장을 무찌를 방법을 고민한다. 울보 도장은 참잘했어요 도장에게 "깐깐 선생님은 나를 찍어야 애들이 바로잡힌다고 생각해. 이제 내 세상이 왔어. 앞으로 너는 내가 하라는 대로 구석에 처박혀 있어. 그러지 않으면 교실에서 내쫓을 테니"(33쪽) 하며 불덩이처럼 두 눈을 이글거리며 말한다. 힘을 잃은 참잘했어요 도장은 더 이상 아이들을 만날 수 없다. 모든 과정을 지켜보던 지우개 똥들은 1차 공격을 하지만 무참히 패배하고, 선생님 서랍에 갇히고 만다. 과연 지우개 똥들은 울보 도장을 물리치고 참잘했어요 도장을 구해 웃음이 묻은 달콤한 지우개 가루를 먹을 수 있을까. 깐깐 선생님은 울보 도장을 받는 반 아이들의 마음을 알아차릴 수 있을까. 결론으로 건너뛰면, 깐깐 선생님은 다시는 울보 도장 따위를 찍지 않을 거라고 아이들에게 얘기한다. 하지만 실제 교실에서 지우개 똥처럼 아이들 편에 서서 울보 도장에게 맞설 누군가가 있을까 떠올리면 금세 마음이 무거워진다. 어떤 아이가 무서운 담임에게 "울보 도장 싫어요. 참잘했어요 도장 찍어주세요" 하고 말한다면 담임은 아이의 말을 들어줄까? '글쎄, 과연 교사는 자신이 옳다고 믿는 일의 허점과 실패를 찾아내고 인정할까?' 하는 의문이 든다. 다른 이의 조언을 겸허하게 받아들이며 자기 발전의 밑거름으로 삼을 수 있을까. 아무도 나에게 단점을 말하지 않아도, 스스로 점검하며 내가 하는 일들이 진짜 아이들을 위한 일이라고 자신 있게 말할 수 있을까. 아이들은 지우개 똥의 모험을 따라가며 행복한 결말에 안도하지만, 교사 독자는 '만약 아무도 도와주지 않았더라면 2학년 3반 아이들은 어떻게 되는 거지?' 책을 읽어주면서도 마음 한 편이 어둡고 불안하다.

웃지 않아도 괜찮아

『콩가면 선생님이 웃었다』, 『콩가면 선생님이 또 웃었다?』
윤여림 글, 김유대 그림, 천개의바람

자신만의 스타일로 아이들을 만나는 선생님

『콩가면 선생님이 웃었다』 역시 별다른 정보 없이 '윤여림, 김유대 작가님이면 바로 사야지' 하는 마음으로 덜컥 쟁인 책이다. 덜컥 구매부터 한 책들은 내 촉이 들어맞길 바라며 조마조마한 맘으로 읽는다. "우리 동네 초동에 있는 초동 초등학교 3학년 나반 김신형 선생님은 절대 웃지 않아요. 초동 초등학교에 와서 3학년 나반을 맡고 시간이 꽤 흘렀지만 단 한 번도 웃지 않았어요. 웃기는커녕 표정도 거의 변하지 않는걸요. 언젠가부터 3학년 나반 아이들은 그런 선생님을 '돌가면 선생님'이라고 불렀어요"(6쪽)로 시작하는 담임 소개에 웃음이 터진다. 아이들이 지어준 별명이 마음에 들지 않는 선생님은 여러 제안을 해보지만, 얼굴도 까맣고 머리도 짧아 콩이랑 닮았다며 아이들이 선심 쓰듯 새로 지어준 별명은 '콩가면 선생님'이다. 아이들을 만나다 보면 투명하다 못해 잔인한 센스 덕분에 상상을 뛰어넘는 별명을 갖게 된다.

콩가면 정도면 양호하지 싶은데? 싶다. 나도 별명이 있다. 다만 내가 모두 다 모를 뿐이다. 아이들에게 은근슬쩍 물어보면 "쌤, 굽 높은 실내화 신어서 계단 위에 있다고 불러요. 그건 약한 거고요" 하며 한 아이가 힌트를 줬다. "됐어. 나도 알고 싶지 않아. 우리 그냥 서로 웃는 낯으로 오래 볼 수 있으면 좋겠네?" 하고 응수했다.

그날을 생각하니, 콩가면이란 별명을 처음 들은 선생님의 심정이 남 일 같지 않았다. 아이들은 궁금하다. 사랑을 못 받고 자라 안 웃는 건가, 근육에 문제가 있는 건가, 우리를 사랑하지 않아 웃지 않는 건가! 정작 콩가면 선생님은 언젠간 웃는 자신을 볼 거라며 꿈쩍도 하지 않는다. 짧은 단편처럼 이어지는 콩가면 선생님과 3학년 나반 아이들 일상에는 감동적인 말 한마디도, 화려한 이벤트도 없다. 대신 아이들이 힘들거나 필요할 때 무심히 챙기는 콩가면 선생님의 진심이 자꾸 독자 눈에 띈다. 오랜 시간 가까이 들여다보고 상대가 무안하지 않게 배려하며 동등하게 대우하는 선생님. 초임 시절 지나친 열정으로 나를 소진하고, 학기가 바뀔 때쯤 지쳐 나가떨어졌던 미숙한 시절이 떠오른다. 좋은 교사란 이미지를 위해 자신에게 맞지

“ 사랑을 못 받고 자라 안 웃는 건가,
　근육에 문제가 있는 건가,
　우리를 사랑하지 않아 웃지 않는 건가!
　정작 콩가면 선생님은
　언젠간 웃는 자신을 볼 거라며
　꿈쩍도 하지 않는다. ”

않는 옷을 입고 아이들을 만나는 건 시간이 지나면 밝혀지게 마련이다. 본인의 철학 없이 남을 쫓아가는 건 끝없는 비교와 자괴감만 낳는다. 어쩌면 콩가면 선생님은 친절하고 잘 웃는 교사란 이미지에서 벗어나 자신만의 스타일로 아이들을 만나는 교사일지도 모른다. '학기 초 교사가 잘 웃으면 일 년이 힘들다, 거리두기를 잘해야 한다'라는 얘기들은 결코 마음의 거리를 두라는 건 아니니까 말이다. 마지막에 이르러야 활짝 웃는 콩가면 선생님을 보고 함께 읽던 아이들은 "뭐예요! 진짜 이런 이유로 웃는 게 말이 돼요?" 하고 소리를 질렀다. 담임은 아우성치는 아이들을 보며 "왜 나는 완전 공감이 가는 걸?" 웃음을 터뜨렸지만 말이다. 3학년 나반 친구들의 통통 튀는 일상과 생생한 캐릭터들은 책에 재미를 더해준다. 여름 방학이 끝나고 2학기 첫날 파마머리로 나타난 콩가면 선생님과 아직 등장하지 않은 3학년 나반 친구들의 이야기가 궁금하다면 『콩가면 선생님이 또 웃었다?』와 콩가면 선생님의 어린 시절 이야기 『콩알 아이』(윤여림 글, 김고은 그림, 천개의 바람)도 추천한다. 교육도 서비스라 친절을 강조하는 이들 눈에는 콩가면 선생이 부족할지도 모른다. 하지만 학기 말 헤어지기 싫다는 아이들의 편지를 받고 같이 웃고 우는 교사의 마음과 매력은 진짜가 아닐까.

당신의 정답은 틀렸다

『고맙습니다 별』
박효미 글, 윤봉선 그림, 한겨레아이들

내가 우물 안 개구리일 수도 있지

동화를 읽을 때마다 좋은 교사를 자주 만나고 싶은 기대는 처참히 무너진다. 공공의 적이 될 때도, 무기력한 모습으로 분노를 일으킬 때도 많다. 『고맙습니다 별』을 처음 읽었을 때 받은 충격은 아직도 생생하다. 책에 등장하는 교사의 모습은 우리가 상상하는 전형적인 나쁜 어른의 모습은 아니다. 오히려 아이들에게 노란 별 스티커를 나눠주며 숙제로 고마운 사람이나 물건을 소개하는 글을 써오라고 하는 열성 교사다. 수택이는 골똘히 생각하다 일하는 부모님 대신 자신과 놀아주고 한글도 가르쳐준 테레비에게 고맙다고 글을 쓴다. 하지만 선생님께 맞춤법도 지적당하고 텔레비전은 바보상자라며 혼도 난다. 다음으로 적어간, 우리 가족을 따뜻하게 데워주는 고마운 전기장판은 전자파가 나오는 나쁜 물건이라고 지적받는다. 연달아 숙제를 인정받지 못해 시무룩한 수택이에게 "넌 바보냐?"며 인명 구조대원을 적어가라는 누나. 수택이는 만나본 적도, 도움을 받은 적도 없는 사람을 왜 적어야 하나 싶다. 하지만 누나 말대로 적은 고맙습니다 별 숙제는 처음으로 선생님에게 인정을 받는다. 선생님이 예상한 답이 아닌 수택이의 텔레비전과 전기장판은 직장을 잃고 투쟁 중인 아빠와 밤까지 일을 하는 엄마, 사춘기 누나와 지내는 아이에게 진심으로 고마운 존재다. 누나는 엄마에게 수택이가 적은 고맙습니다 목록을 말하며 이런 걸 적어간 동생이 쪽팔린다고 말한다. 그 말을 들은 엄마는 말한다. "진짜 쪽팔린 게 뭔지 알아? 없는 사람들 등쳐먹고 사기쳐서 배부른 사람들이야. 우리 집은 하나도 안 쪽팔려. 엄마는 열심히 일하고, 아빠는…… 아빠 잘못으로 해고된 게 아니야. 우리 식구 떳떳하게, 열심히 살고 있어. 하나도 안 쪽팔려."(67쪽) 엄마의 말은 수택이 누나의 마음에 동조하던 독자의 마음을 화끈거리게 만든다. 자신이 그려놓은 그림만 정답으로 인정하고, 그 외의 대답엔 어떤 사정이 있는지 상상조차 하지 않는 어른들. 수택이의 담임 선생님은 입을 다문 아이의 침묵 너머 일상을 언젠가는 알 수 있을까. 모른다고 저질렀을 수많은 잘못들. 내 삶이 정답이 아니다. 너무나 당연한 걸 교실에서는 종종 잊고 산다.

잘못을 인정하고 앞으로 나아간다면

『투명 의자』
윤해연 글, 오윤화 그림, 별숲

정답이라도 모두가 다친다면 그게 진짜 정답일까

『투명 의자』에서 예전의 오만한 나일지도 모른단 생각에 귀 끝까지 빨갛게 만드는 교사를 만났다. "오늘부터 저 의자는 투명 의자야." 담임은 아이들에게 선포한다. 벌점 30점이 되면 투명 의자에 일주일 동안 앉아야 하고, 앉는 동안 말을 해도, 말을 시켜도 안 된다. 심지어 담임이 투명 의자로 정한 자리는 은따로 힘들어하다 전학 간 효진이 자리다. 아이들은 투명 의자에 불만이 많지만 담임에게 제대로 말도 꺼내지 못한다. 대신 교실 건의함에 쓰레기가 가득 버려진 사건이 터진다. 범인을 추리하던 아이들은 곧 사건의 원인을 깨닫는다. 효진이의 전학을 '나 때문은 아닐 거야'라며 모두 책임을 회피했다는 걸 말이다. 아이들은 더 이상 과거에 머물지 않고 자신들의 잘못을 해결하기 위해, 담임에게 곪아 터지기 직전인 투명 의자를 없애 달라고 건의한다. 하지만 담임은 학교생활은 개인이 아니라 단체가 중요하다며 규칙과 질서의 중요성을 강조한다. 학급 회의 안건으로 올라와도 결론은 교사의 뜻대로다. 교사가 질서와 규칙을 위해 만든 투명 의자는 아이들에게 어떤 효과를 끼쳤을까? 담임이 원하는 조용한 학급은 정말 아이들을 위한 거였을까? 규칙과 질서를 위해서라면 어떤 방법이라도 상관 없는 걸까? 목적이 옳다면 모든 수단은 정당화되는 걸까?

자신의 잘못을 인정하고 앞으로 나아가는 아이들의 힘 있는 목소리에 담임이 답하길 바란다. 나만이 무조건 옳다고 여기는 이들은 타인의 말을 제대로 듣지 못한다. 남의 말에 귀를 기울인 순간 자신의 신념이 무너진다고 생각하기 때문이다. 항상 내 말이 옳다는 건 늘 남들이 다 틀려야 가능하다. 진심으로 자신만 옳고, 반대를 외치는 이들이 틀린 게 당연하다는 어른들이 있다. 굳건한 신념과 아집의 차이는 무엇일까. 희미하게 소곤대는 양심의 소리에 귀 기울이고 어린이의 눈빛을 존중할 줄 아는 사람이 되고 싶다. 그런 교사가 되고 싶다.

결국 우리 모두
사랑을 원하는 어린이였다

『최기봉을 찾아라!』
김선정 글, 이영림 그림, 푸른책들

따뜻한 정을 받아본 적 없던 어린이가 교사가 되었다

교사들은 독불장군, 무소불위의 권력을 휘두르는 사람일까. 쓰린 마음으로 동화를 읽다가 낯선 인물이 나오는 책을 만났다.

『최기봉을 찾아라!』에는 15년 전 제자에게 엄지 도장과 울보 도장을 선물로 받은 교사 최기봉이 등장한다. (많은 동화가 스티커와 울보 도장의 폐해에 대해 목 놓아 외치는 걸 보면 지금도 교실에서 이뤄지는 상벌제에 대해 진지하게 생각해봐야지 않을까?) 학교 중앙 계단 벽에 새로 페인트를 칠한 다음 날, 하얀 벽에 '최기봉 엄지!'라고 쓰인 몇십 개의 새빨간 도장들이 발견된다. 도장 습격은 중앙 계단에 그치지 않고 화장실 벽까지 물들인다. 도장의 활동 구역은 점점 학교를 뒤덮어가고, 교장 선생님은 범인을 찾으라고 엄명을 내린다. 화가 난 도장의 주인 최기봉 선생님은 남아서 벌 청소를 하던 현식이와 형식이, 주리를 의심한다. 누가 범인인지 알기 어렵자 이 세 명을 도장 특공대로 임명해 범인을 찾으라는 미션을 내준다. 도장 특공대는 누구보다 빠르게 도장이 찍힌 곳을 찾고, 범인을 밝혀야 한다. 세 아이들은 범인을 찾으며 절대 친해질 수 없다고 생각한 담임을 조금씩 알게 된다. 담임 역시 아이들의 처지를 알게 되며 조금씩 공감하고자 노력한다. 도장을 훔친 범인이 밝혀지면서, 더불어 이토록 무뚝뚝하고 괴팍한 담임에게 도장을 선물한 15년 전 제자의 정체에 놀라고 만다.

읽을 때마다 감동 스위치를 누르는 곳들이 조금씩 다르지만, 언제나 최기봉 선생님이 제자에게 보내는 편지에선 눈시울이 붉어진다. 이 책을 읽는 당신에게도 떨림의 주파수를 보내본다.

"난, 따뜻한 정을 받아본 적이 없다. 보라야, 남에게 정을 주는 법도 몰랐어. 난 너희가 나에게 다가오는 게 무서웠다. 어떻게 해야 할지 몰라서 아무것도 주지도 않고 받지도 않는 사람이 되려고 했지. 있는 듯 없는 듯한 사람, 좋지도 싫지도 않은 사람, 아무 영향도 안 주는 사람, 기억에 남지 않고 그냥 스쳐 지나가 버리는 사람 말이야. 그렇게 사는 게 가장 편하고 좋았거든."(79쪽)

아무도 자신을 제대로 바라보지 않고, 자신 역시 누군가를 제대로 마주한 적이 없었다. 사랑을 모르는 어른이 되어 교사가 된 아이는 바로 최기봉 선생이었다. 자신의 잘못을 인정하고 변하려고 노력하는 어른을 만난 이 동화책을 당신과 함께 나누고 싶다.

악역도 내 몫이라면 기꺼이

『랄슨 선생님 구하기』
앤드루 클레먼츠 글, 김지윤 그림,
강유하 옮김, 내인생의책

온 힘을 다해 서로를 지켜내는 밀도 높은 따스함

앤드루 클레먼츠가 창조한 교사는 악역을 자처해 아이의 성장을 자극하는 촉매제로 등장하거나, 함께 성장하는 동료로 나오고, 때론 의외의 범인으로 그려진다. 작가 본인이 교사로 재직했던 경험을 살려 학교에서 일어나는 재미난 사건들과 통통 튀는 인물의 모습을 흥미롭게 풀어낸다. 워낙 작품 수가 많은 데다 미번역된 동화들을 포함해 절판된 책들이 있지만, 작품들이 클래식의 반열에 올라 오랫동안 사랑받는 작가이기도 하다. (영어책으로 많이 사랑받지만, 나처럼 번역

153

" 온 힘을 다해 서로를 지켜내는 과정을
따뜻하게 엮은 이야기는 읽을 때마다
끝을 빤히 아는데도 먹먹하다. **"**

154

본만 읽는 독자는 절판 표시를 볼 때마다 마음이 아프다.)

20대 선생님에게 고학년 아이들과 읽으면 좋은 동화책을 추천하다 앤드루 클레먼츠 책을 본 선생님이 "어머! 저 이 책 초등학생 때 읽었던 책인데 아직도 나와요?" 하고 얘기해 순간 당황했다가 짜릿한 기분을 느꼈다. 내가 교실에서 소개하고 읽어준 동화들이 아이가 성인이 되었을 때 "이거 나 어릴 때 선생님이 읽어준 책인데?" 하고 떠올린다면 얼마나 행복할까. (실제로 20대 후반이 된 학생들이 옛날에 함께 읽었던 그림책과 동화책이 기억난다며 메시지를 보내준다. 4학년 때 읽어준 책을 여전히 기억한다는 사실이 감동이기도 하고, 내가 이렇게 나이가 들었나 싶어 놀랍기도 하다.) 조금씩 쌓아온 시간이 결코 무의미하지 않았구나 싶다.

앤드루 클레먼츠 작품들 가운데 내가 사랑하는 교사들을 떠올리자면 『프린들 주세요』(사계절), 『랄슨 선생님 구하기』(내인생의책), 『지도박사의 비밀지도』(열린어린이)가 머릿속을 스쳐 지나간다. 이 가운데 읽고 또 읽어도 언제나 흥미진진한 『랄슨 선생님 구하기』를 소개해본다.

원제는 『The Landry News』로 교실 뒤 알림판에 붙은 '랜드리 뉴스' 학급 신문이 주요 소재다. 랄슨 선생님을 소개하자면, 학부모들이 다음 해 담임으로 만나기 싫다고 교장에게 편지를 보낼 정도로 학생들에게 무관심하고 무기력한 교사다. 물론 학생들 사이의 평판 또한 바닥이다. 카라는 교실 뒤 알림판에 랜드리 뉴스 신문을 붙이며 '우리 반의 선생님은 랄슨 선생님인가? 학생인가?' 하고 질문을 던진다. 아무것도 가르치지 않는 선생님이 월급을 받는 것이 과연 정당한가라는 질문과 더불어 담임을 향해 강력한 일침을 던진다. 이에 랄슨 선생님은 분노하며 신문을 찢어버린다. 한때는 올해의 선생님에도 뽑혔던 자신이 나태해진 이유에 수많은 핑계를 대보지만, 결국 랄슨 선생님은 자신을 향한 학생들의 비난을 받아들인다. 카라와 랄슨 선생님은 서로의 의중을 떠보는 첨예한 토론에서 진심을 나누고, 랜드리 뉴스 신문은 학급 모두가 참여하는 신문으로 다시 시작한다. 함께 만드는 랜드리 뉴스는 영향력이 커지며 학교와 인근 지역에 300부 넘게 배부된다. 여기서 마무리된다면 세상을 따뜻하게 해주는 동화로 끝났겠다. 하지만 해피엔딩이 영원하긴 힘들지 않는가.

랄슨 선생님을 눈엣가시로 여기는 교장은 신문에 트집을 잡고 선생을 해고하려 한다. 해고를 눈앞에 둔 랄슨 선생님은 자신의 안위보다 이 상황에서 상처받을 학생들을 어떻게 보호할지 고민에 빠진다. 학생들과 헌법을 공부하고 토론으로 언론의 의무를 가르쳤던 랄슨 선생님은 자신의 해고 청문회 상황조차 교육으로 승화하고자 한다. 이 사실을 알게 된 반 아이들은 선생님을 구할 방법을 사방으로 찾는다. 주저앉은 마음을 일으키고 교사와 학생이 대등하게 성장하는 과정은 밀도 높게 흘러간다. 온 힘을 다해 서로를 지켜내는 과정을 따뜻하게 엮은 이야기는 읽을 때마다 끝을 빤히 아는데도 먹먹하다. 앤드루 클레먼츠의 책 속 교사들은 잊고 지낸 초임 시절의 마음과 좋은 어른의 모습을 떠올리게 한다. 교사는 무소불위의 권력을 지닌 어른이 아니다. 내가 지닌 권위는 교사이기에 주어진 마땅한 권위가 아니라 아이들이 인정했기에 받은 상호 존중의 책임이다. 교실이라는 작은 사회 속에서 서로 존중하며 쌓아가는 상생의 하루를 일궈가고 싶다. 전국의 교사들이 꾸는 꿈 아닐까. 무기력해지는 날엔 자괴감을 풀어놓기보다 동화 속 교사 가운데에서 오늘의 나를 찾아본다. 나뿐만 아니라 여기에 뽑은 동화들이 다른 이에게도 응원과 따끔한 조언으로 힘이 되길 바란다.

<blockquote>
❝ 무기력해지는 날엔
자괴감을 풀어놓기보다
동화 속 교사 가운데에서
오늘의 나를 찾아본다. ❞
</blockquote>

더하는 책들

『댓글왕 곰손 선생님』
양승현 글, 이갑규 그림, 소원나무
친구같이 편하고 재밌는 선생님을 찾는다면

희생과 헌신의 모범이 되는 교사가 아니라 아이들 곁에서 친구처럼 편안하고 재밌는 교사가 등장한다. 든든하고 믿음직한 어른으로 학급을 이끌어가는 모습에 마음이 말랑말랑해진다. 나도 곰손 선생님을 따라 저런 활동을 해볼까? 괜히 들뜬다.

『딱 걸렸다 임진수』
송언 글, 윤정주 그림, 문학동네
왁자지껄 소란스러운 교실 속 내가 그 반 담임이라면

할아버지 선생님과 장난꾸러기 아이들이 보내는 왁자지껄 소란스러운 하루가 담겨 있다. 체벌이나 가정 방문은 지금은 할 수 없는 소재이지만(여전히 가정 방문을 하는 작은 학교도 있다 들었지만), 서로를 위하는 진심은 시대를 초월한다. 여러 책들 가운데 어떤 사람이 좋은 어른인지 생각하게 해주는 동화 가운데 하나다.

『짝짝이 양말』
황지영 글, 정진희 그림, 웅진주니어
아이에게 단 한 명의 지지자만 있어도 충분했다

교실에서 홀로 섬처럼 떠다니는 아이가 있다. 외로운 하나 곁에 있는 사람은 도대체 속을 알 수 없는 정나래 담임 선생님이다. 첫날 제멋대로 뻗은 단발머리에 찢어진 스키니 청바지, 스팽글이 달린 티셔츠에 가죽 재킷을 입고 아이들에게 인사를 건넨 4차원 선생님은 자신만의 방법으로 하나를 위로한다. 아늑한 텐트처럼 하나 곁에 머물던 선생님은 갑작스레 떠난다. 홀로 남은 하나는 선생님이 남긴 온기에 기대어 자신을 사랑하며 아끼는 방법을 실천해간다. 사제 간의 따뜻한 앙상블과 좌충우돌 헤매며 서로 짝을 맞춰가는 상황과 심리가 돋보인다.

『가정 통신문 소동』
송미경 글, 황K 그림, 위즈덤하우스
단지 가족과 함께 더 있고 싶었던 아이들의 소동

새로 온 교장 선생님이 도통 가정 통신문을 내보내지 않자 아이들은 가짜 통신문을 만든다. 공문서 위조라니! 아이들이 만든 가정 통신문에는 가족과 함께 좋아하는 것들을 하며 시간을 나누고 싶은 아이들의 진심이 담겨 있다. 하지만 가짜 가정 통신문은 교장 선생님께 들통나고 만다. 교장 선생님은 어떻게 가짜 가정 통신문 소동에 대처할까? 3학년 학생들과 온책읽기로 직접 가정통신문도 만들고, 마을 지도도 만들며 즐겁게 수업했던 책이다.

8장

산다는 건 정말 수지맞은 장사일까

_경제

"제 꿈은 돈을 많이 버는 겁니다." 또박또박 한 발표가 놀랍지 않다. 주식을 배워 이득을 냈다는 아이, 높은 성적으로 비싼 게임기를 사기 위해 쉬는 시간에도 문제집에 코를 박고 푸느라 바쁜 아이, 담임의 눈을 피해 방과 후 사업을 시작한 아이(시간당 게임기를 빌려주거나, 문제집을 풀어주거나, 기타 등등 어른의 빈약한 상상력으론 알아낼 수가 없다), 진로 교육 시간 직업 선택에서 가장 중요한 건 "연봉"이라고 자신만만하게 쓰는 아이들이다. "돈이 가장 중요한 건 아니야" 말하면 '담임이 저렇게 순진해서 어쩌나' 안타까운 아이들의 시선을 받는다. 어린 시절 용돈 기입장에 십 원까지 써가며 절약의 필요성을 강조했던 교육은 부모님 주민등록번호까지 외워 가상 결제를 하는 아이들에겐 고리타분한 이야기다. "용돈 기입장 쓰는 사람?" 하고 물어보면 저학년 아이들은 그게 어떤 것인지도 모른다. 고학년은 "그걸 손으로 써요? 앱에다 하면 되잖아요?" 하고 답한다. 아니면 돈이란 감각조차 제대로 없는 아이들이 부지기수다. 1학년 교실에선 해맑게 돈을 들고 와 "이거 선물이야. 너 사고 싶은 거 사"라고 말해 담임을 식겁하게 만들고, "Whoever said money can't solve your problems. Must not have had enough money to solve 'em"(아리아나 그란데의 '7rings' 가사) 하고 팝송을 부르며 돈이 최고라 외치는 아이들이다. 돈이 좋지만 돈을 어떻게 모으고 써야 하는지, 돈을 대하는 태도와 방법을 배워본 적은 없다. 심지어 돈을 빌려주고 받을 때는 원금의 4배를 받아 싸움이 일어난다. 그저 꿈은 '돈 많은 백수'일 뿐이다. "그럼 돈 많은 백수가 되려면 돈이 많아야 하는데 그 돈은 어떻게 벌어?" 아이들은 순간 꿀 먹은 벙어리가 된다. 냉탕과 온탕을 오가는 학생들과 경제 이야기를 어떻게 나눠야 할까. 경제 동화를 찾아보면 전집과 시리즈가 가득인 세상에서 아이들에게 권할 만한 단행본을 골라보았다.

티끌 모아 태산

『천 원은 너무해!』
전은지 글, 김재희 그림, 책읽는곰

물가상승률을 반영한다면, 얼마의 용돈이 필요할까

『천 원은 너무해!』에선 열 살이 되자 용돈을 주겠다는 엄마와 용돈 관리가 힘든 게 뻔하니 안 받겠다는 수아가 등장한다. 보통 용돈을 받는다면 좋아할 줄 알았더니? 의문이 드는 찰나 '그러니까 엄마 말은, 이제 내가 사고 싶은 물건은 아무리 비싸도 절대로 그냥 안 사줄 테니까, 나 스스로 용돈을 모아서 사라는 뜻이다'라는 수아의 속마음에 감탄이 터져 나온다. 이 녀석, 벌써 모든 걸 알고 있군. 게다가 엄마가 정한 용돈은 일주일에 천 원이다. 초판을 찾아보니 2012년에 나온 동화다. 10년 동안 변한 물가상승률로 따진다면 지금의 오천 원쯤 될까? 초등학생 용돈에 물가상승률이 적용되나? 3학년 수아에게 일주일 용돈은 얼마가 적당할까?

기분에 맞춰 메모지 색깔 하나도 다르게 고르는 문구 덕후 수아에게 천 원은 잔인하다. 수첩 하나에 1300원인데 1000원이라니. 수첩을 사려면 용돈을 2주나 모아야 한다. 세뱃돈을 고민도 없이 불량식품과 안 지워지는 지우개에 써버리는 아이에겐 필요한 일이라며 천 원만 주는 수아 엄마는 막상 살 것도 없으면서 뱅글뱅글 문구점 안을 도는 아이 손을 잡고 매몰차게 나오는 내 맘과 다를 바 없다. 예상대로 수아는 기분 내키는 대로 용돈을 써버리고 정작 갖고 싶은 물건은 못 산다. 엄마를 따라 간 재래시장에서 우선순위의 중요성을 배우며 돈을 계획적으로 쓰는 방법을 알아간다. 작가가 실제 딸 수아와 아들 헌철이에게 돈을 제대로 쓰는 법을 알려주려고 쓴 동화이기도 하다. 아이들 눈높이에 맞는 재미난 이야기에 "우리도 수아처럼 용돈 계획을 세워보는 건 어때?" 아이에게 제안한다면, 다음부터는 아이가 책 제목을 보고 '이번에는 무슨 의도지?' 하는 의심을 할 수 있다. 조급해하지 말고 느슨한 접근을 권한다. 책장을 덮는 아이 옆에서 "그래서 수아 이야기를 보면서 느끼는 거 없어? 딱 네 이야기 같지? 필요한 것과 그냥 갖고 싶은 것을 구분할 줄 알아야지" 하고 구구절절 잔소리하고 싶어도 참자. 다시 아이와 책 읽을 생각이 영영 없다면 모를까. 목구멍까지 말이 치밀어 올라오더라도 꾹 삼키는 게 더 낫다.

굴러다니는 동전이 소중해지는 순간

『그깟 100원이라고?』
양미진 글, 임윤미 그림, 키다리

티끌 모아 태산

『그깟 100원이라고?』는 책을 보는 순간 건넨 이의 의도가 바로 파악되는 책이다. 그러기에 그 의도를 넘어 얼마나 재밌느냐가 관건인 책이다. (제목에서 의도가 드러나는 책들은 어른이 고르긴 좋지만, 아이들이 읽기엔 많은 시간이 걸린다. 그래서인지 요즘 내용을 짐작하기 어려운 제목의 동화가 많다.) 현금보다 카드를 선호하고, 카드를 넘어 앱으로 소비하는 시대지만 아이들 대부분은 용돈을 현금으로 받는다. (주식과 사이버 머니는 잠깐 제외하자.) 티끌 모아 태산이라지만 요새 땅에 떨어진 100원을 줍는 아이들이 있을까?

이 책은 오랫동안 블럭 틈에 빠져 잊히던 100원 '동이'의 이야기를 들려주는 책이다. 환경미화원 아저씨를 시작으로 다양한 사람을 만나며 동전의 다양한 가치를 이야기한다. 어떤 이에겐 잃어버려도 상관없는 백 원이 누군가에겐 한 끼가 되고, 네 정거장을 걸어가서라도 받아야 하는 돈이 된다. 재물을 모아 성공한 이들은 백 원도 허투루 쓰지 않는다는, 돈을 대하는 태도 또한 엿볼 수 있다. 소중히 모은 돈을 사용하는 방법뿐 아니라 돈 너머 보이지 않는 상대의 자존심과 상황을 배려하는 성숙한 태도 역시 담았다. 갑자기 집 안 어딘가 굴러다니는 동전이 소중해지면서 "우리도 돼지저금통 사러 갈까?" 하는 생각이 든다면, 이런 사소한 움직임들이 삶에 작은 변화를 가져다주는 계기가 될 테다. 이제 막 용돈을 모으기 시작하는 어린이에게 읽어주시길.

욕망과 허영에 갇힌 어른들

『절대 딱지』
최은영 글, 김다정 그림, 개암나무

아파트 브랜드에 따라 친구가 달라질까

문학을 통해 아이들과 나누고픈 건 우리가 겪지 못한 '사람들의 이야기'다. 대부분 사람들은 내가 겪지 않은 일에 대해 무관심하다. 아니 상상도 하지 않는다. 미움보다 더 무서운 게 무관심이라 하지 않는가. 내 일이 아니니까, 내가 겪지 않을 일이니까 관심조차 안 주다가 어느 날 자신에게 닥치면 태도가 달라진다. 어제까지 무관심했던 자신은 잊고, 목소리를 듣지 않는 사람들에게 분노하거나 지난날을 후회한다. 아이들보다 더 많은 사람을 만나고 살아온 어른들도 빈약

“아이들의 모습은
욕망과 허영에 갇혀
중요한 걸 놓치는 어른들에게
통쾌한 가르침을 남긴다.”

한 상상력으로 살아가는데 어린이는 어떨까. 한 반에서 지내는 아이들의 삶이 찍어내듯 똑같지 않는 건 당연하지만, 아이들은 우리 집과 다른 가정을 상상하기 어렵다. 드러나지 않는 각자의 상황은 빈 칸으로 남고, 그 여백은 자신의 경험으로 채워 짐작할 수밖에 없다.

『절대 딱지』는 환경이 비슷한 아이들 틈에 경제적 조건이 다른 전학생이 오면서부터 이야기가 시작된다. 과학 발명품 경진대회에 못 나가게 되어 속상한 선표와 그런 선표를 쏙 빼고 단톡방을 만들더니 경진대회 후보 턱을 낸다는 혁우. 선표와 혁우의 힘 겨루기로, 하필 분위기가 안 좋을 때 전학 온 성화는 환영받지 못한다. 사실 그것뿐만이 아니라 아이들과 학부모들은 새로 생긴 정은 아파트 입주로 전학생이 늘어 과밀학급이 되는 게 못마땅하다. 자꾸 사람이 늘어나자 선표와 혁우가 사는 아파트는 정은 아파트 아이들이 자기네 아파트를 가로질러 가지 못하게 철문을 세워 막는다. 왜 그래야 하는지 이해가 안 가는 선표는 정은 아파트에 이사 온 성화와 같이 철문을 통과해 학교를 간다. 하지만 같은 반 친구와 친구 엄마는 그래선 안 된다고 한다.

"다른 사람 집에 들어간 것도 아니고, 기껏해야 담장 안에 있는 길로 다니는 건데 그게 뭐가 문제야?" "문제라고 하니까 어쩔 수 없지."(92쪽) 아이들은 굳이 가까운 길을 놔두고 철문을 세워 빙 도는 이유를 알 수 없다. 오히려 성화가 "아마 돈이 없어서일 거야. 남들보다 좀 가난해서."(99쪽) 임대 아파트에 살기 때문에 이런 대접을 받는 게 익숙하다는 듯이 말한다. 심지어 엄마들은 임대 아파트에 사는 아이들과는 어울리지 말라고 한다. 친구가 어떤 사람이냐 보단 어느 아파트에 사는지가 더 중요하다는 어른들 모습에 얼굴이 화끈 거린다. 사람을 차별하면 안 된다, 친구들과 사이좋게 지내야 한다, 말하면서도 정작 말과 다르게 행동하는 어른들. 어른들의 부끄러운 민낯이 어린이의 눈에 그대로 포착된다. 마지막에 이르러 아파트 출입 카드로 딱지를 치는 아이들의 모습은 욕망과 허영에 갇혀 중요한 걸 놓치는 어른들에게 통쾌한 가르침을 남긴다. 후련하게 넘어간 아파트 출입카드처럼, 말이 아닌 실천으로 이웃의 삶을 들여다보고 배려할 수 있길.

친구 사이가
돈 문제로 곤란해졌을 때

『우리 반 채무 관계』
김선정 글, 우지현 그림, 위즈덤하우스

돈에 대한 태도를 배워야 할 때

『우리 반 채무 관계』는 친구에게 돈을 빌려줬는데 돌려받지 못한 사건에서 시작한다. 삼천 원을 빌려주면 삼천오백 원으로 갚겠다는 시원이 말에 머뭇거리던 찬수는 돈을 빌려준다. 시원이는 월요일에 사물함에 돈을 가져다 놨다지만 찬수는 돈을 찾을 수 없다. 전전긍긍하는 찬수에게 형식이는 좋은 방법이 있으니 자신만 믿으라고 한다. 형식이의 좋은 방법이란 다모임 시간에 나름 익명성을 보장한다며 "우리 반에 사기를 당한 친구가 있습니다. 이름을 밝힐 수는 없지만 구땡땡이 이땡땡에게 당했습니다"(27쪽) 하고 회의 시간에 발표를 하는 것이다. 구씨가 흔한 성인가? 아이들은 바로 구찬수 일임을 알아차리고 이땡땡 역시 시원이인 것으로 밝혀진다.

시원이와 찬수의 문제처럼 친구 사이의 돈 문제는 실제 교실에서 빈번하게 일어나는 일이다. 초등교사였던 작가가 교실에서 아이들과 겪은 일을 바탕으로 쓴 이야기는 대화와 사건들이 우리 반 이야기 같아 금세 빠져들게 만든다. '그냥 학교에 돈을 안 들고 오면 되잖아?' 싶지만 돈을 들고 오는 아이들에겐 그만한 사정이 있다. 끼니를 차려줄 어른이 없어, 학원을 돌다 잠깐 허기를 달랠 과자라도 먹기 위해, 아이들에겐 돈이 필요하다. 물론 체크카드도 있지만, 여전히 아이들 호주머니에는 돈이 들어 있다. 갓난아기조차 소비자가 된 시대에서 정작 어린이들이 소비에 대해 제대로 배운 적이 있을까. 아이들끼리 돈에 대한 태도를 고민하고 해결해가는 민주적인 절차가 인상 깊은 책이다. 능동적으로 서로의 의견을 주고받고, 스스로 깨달아간 삶의 지혜는 오랫동안 몸과 마음에 기억되리라 믿는다. 실제이 책이 나오던 해 코로나로 장기간 못 만났던 아이들은 개학과 동시에 빚잔치를 했다. 그 과정에서 다툼이 있어 냉큼 동화를 들고 가서 읽어주며 학급회의를 했다. 동화책이 만병통치약은 아니지만 때때로 우리를 구원해준다. 다행이다. 이때 이 책이 나와서. 그래서 해결은 했느냐고 물으신다면, 극적으로 해결했다. '이자는 절대 없다. 원금만 받자'가 1순위 규칙으로 정해졌던 3월의 아찔한 회의가 떠오른다.

『꼬마 사업가 그레그』(원제: Lunch Money)
앤드루 클레먼츠 글, 브라이언 셀즈닉 그림
어마무시한 잠재 고객이 몰려 있는 곳은 바로 학교

절판이라 추천으로 넣을지 고민했지만, 우리에겐 도서관이 있으니까 과감히 넣는다. 어린 시절부터 돈 벌기에 탁월한 재능을 가진 아이가 어마어마한 잠재 고객이 몰린 곳을 발견하고 아이템을 사업화하는 계획에 착수한다. 잠재 고객이 몰려 있는 곳은 바로 학교다! 학생들을 대상으로 만화책 사업을 시작한 열두 살 그레그는 승승장구한다. 하지만 첨단 유행에는 늘 아류가 따르는 법. 라이벌 마우라가 만든 또 다른 만화책과 폭력이 난무하는 낮은 수준의 만화들이 줄지어 나오자 학교에서 그레그의 사업을 금지한다. 장애물에 부딪힌 그레그는 이대로 사업을 그만둘까 잠시 고민에 빠진다. 어린이가 돈을 이렇게 좋아하는 게 문제가 아닐까 고민하는 엄마와 그게 문제라면 가족 중에 그런 문제를 가진 사람이 늘길 바란다는 아빠. 그레그 부모의 유쾌하지만 심각한 대화에 덩달아 '어린이가 돈을 좋아하면 왜 안 되지?' 근원적인 질문을 던진다. 라이벌 마우라와 동업을 하면서 자신을 객관적으로 바라보며 성장하는 그레그의 변화 또한 눈부시다. 정신없이 벌어지는 사건 속에서 진정한 부의 의미와 우정을 다루는 동화책이다. 유난히 어린이에게 돈 이야기를 꺼리는 분위기 때문일까. 이 책이 복간되면 좋겠다. 하지만 이 책을 읽고 우리 반 아이들이 교실에서 사업을 한다고 하면 "있잖아. 그건 내 맘대로 안 되고, 교장 선생님이랑 잠깐 이야기 좀 해볼까?" 하고 슬금슬금 도망칠 것 같다.

『주식회사 6학년 2반』
석혜원 글, 한상언 그림, 다섯수레

학교에서 주식 시장을 연다면?

꼬마 사업가 그레그의 사업이 실제로 학교의 허락하에 이루어지는 과정을 다룬 동화라고 생각하면 빠르다. 아이들이 교실에서 각자 CEO와 부사장, 회계 담당이 되어 주식을 팔고, 이익을 얻기 위해 여러 사업 아이템을 구상해 판매도 한다. 실제 기업이 하는 일에 대해서 틈틈이 용어와 함께 설명하는 지식 동화다. 주식에 관한 기본 개념과 기업이 하는 일에 대해 궁금하다면 추천한다.

『수상한 돈돈농장과 삼겹살 가격의 비밀』
서해경, 이소영 글, 김들 그림, 키큰도토리

경제 상식과 더불어 재미까지 한 번에

먹을거리가 풍부한 오산시에는 몸무게가 100킬로그램이 넘어야 가입할 수 있고, 가장 무거운 사람이 회장이 되는 통클럽이 있다. 통신문의 기자이기도 한 통클럽 회원들은 구제역으로 돼지 공급이 어려워지자 닭고기 가격이 갑자기 오르는 현상에 이상함을 느끼고 조사에 착수한다. 회원들이 각자 개성에 맞게 취재하는 기자 수첩에는 경제 상식과 정보가 소개되어 있다. 경제를 배워야 하는 까닭을 실생활과 연결 지어 풀어내는 책이다.

『우리는 돈 벌러 갑니다』

진형민 글, 주성희 그림, 창비

과연 초등학생이 사회에서 돈을 벌 수 있을까,
재미와 더불어 질문까지 던지는 책

5학년 초원이와 상미, 용수는 주머니 사정이 넉넉하지 않다. 각자 하고 싶은 것들
이 있어 돈이 필요하지만, 집안 형편은 좋지 않다. 돈이 없으면 벌면 되지! 아이들
은 스스로 돈을 벌어 마련하기로 한다. 과연 초등학생이 사회에 나와 돈을 벌 수
있을까. 온종일 일을 하고 돈을 못 받기도, 중학생에게 빼앗길 위기에도 처한다.
좌충우돌 사건들만 있는 게 아니라 사건들 아래에 숨은 사회 구조적인 불평등에
대한 날카로운 시선도 들어 있다. 진형민 작가의 책이 좋은 여러 이유 가운데 하
나는 독자를 가르치려고 하지 않는다는 점이다. 어린이 삶의 일부를 잘라 과장 없
이 보여주며 유머를 잃지 않는다. 작가 특유의 문체가 사회 문제를 무겁지 않게,
여러 상황에 잘 녹여내 아이들 시선에 맞게 전달한다. 이전에 소개한 작가의 책들
이 좋았다면 믿고 읽어보라고 손에 쥐여주는 책이다. 다행히도 아직 실패한 적은
없다.

66 좌충우돌 사건들만 있는 게 아니라
사건들 아래에는 사회 구조적인 불평등과
날카로운 시선이 들어 있다. 99

9장

왜 달라요?

_성인지

"선생님 이건 아니지 않아요?" 목소리가 교실을 가로질러 귀에 꽂힌다. "여자애는 거울 보며 예쁜 척하고 남자애는 장난치고 놀아요?" "맞아. 저건 여자, 남자가 저런다고 생각해서 그런 거지 모두가 그러는 건 아니잖아요!" "전 치마보다 바지가 좋은데?" "전 남자여도 저렇게 어지럽히는 거 싫어해요." "맞아. 네가 나보다 더 책상이 깨끗하잖아." "야, 그건 자랑이 아니지!" 유난히 성평등, 성교육 이야기를 자주 나눈 3학년 아이들과 그림책을 읽을 때였다. 전에는 한 번도 생각하지 못했던 지점을 날카롭게 꼬집는 아이들 말에 정신을 못차렸다. "맞아, 너희 얘기 들으니까 정말 그렇게 보이는데? 지난해까지는 그런 생각을 못했는데 말이야. 아마도 작가가 정해놓은 시대가 옛날이라 지금 너희와 다른 거 아닐까?" "그래도 선생님, 읽는 건 지금 저희잖아요." 아이의 말에 전율이 흐른다.

평소 『엄마의 마흔 번째 생일』(최나미 글, 정문주 그림, 사계절) 같은 동화를 읽으면서 엄마는 여자니까, 아빠는 남자니까 부모 역할이 따로 있는지, 엄마는 왜 독립선언을 하고 싶었는지 등을 이야기했던 것이 헛되지 않았나 보다. 어른에겐 익숙한 사회의 통념이 세상에 물들지 않은 아이들의 시선에는 생소할 때가 있다. 사소한 예로, 학교 번호는 왜 남자가 먼저일까? 가나다 이름순이라면 남녀를 섞으면 되지 굳이 나누는 까닭은 뭘까? 업무 편의나 오래된 습관 때문에 나눠야 한다면 꼭 남자가 먼저여야 하나? 여자가 먼저면 안 되나? 이런 의문들은 오래전부터 학교에서도 논의되고 있다. 해를 번갈아 남녀 번호 순번이 바뀌거나 남녀 전체를 섞어 번호를 쓰는 학교도 많다. 익숙한 일에 질문을 던지며 내 이야기인 것마냥 상상해보면 좋겠다. 책을 덮고 끝내기보다 나에서 우리 가족으로, 우리 반 이야기로 확장되길 바란다. 그렇게 직접 겪지 않아도 책으로 탐험하고 다양한 의문을 품는 사람이 늘어난다면 지금보다 살짝 살기 좋은 세상이 되지 않을까.

대체 공주다운 게 뭔데?

『망나니 공주처럼』
이금이 글, 고정순 그림, 사계절

모든 공주는 똑같은 삶을 살아야 할까,

누가 정한 규칙인가

『망나니 공주처럼』은 언제나 완벽한 공주의 표본을 보여주는, 열 살 앵두 공주 이야기다. 공주는 생일에도 품위를 지켜야 하므로 의자에 앉아 친구들이 노는 것만 바라본다. 이 정도의 갑갑함은 참을 수 있지만 열 살을 맞이해 떠나는 일주일 민가 체험은 큰 걱정이다. 일주일이나 남의 집에 머물면서 공주답게 있어야 한다니. 앵두는 자기 멋대로 굴며 할 일을 책임지지 않아 나라를 망하게 한 '망나니 공주'가 되지 않으려고 최선을 다한다. 하지만 민가 체험으로 머물게 된 자두네에서 아무도 들려주지 않았던 '망나니 공주'의 뒷이야기를 들고 깜짝 놀란다. 자두가 말하길 '망나니 공주'는 나라를 망하게 한 최악의 공주가 아닌, 최고의 러브스토리 주인공이라지 않는가. 앵두가 아는 이야기는 아내를 잃은 슬픔에 울기만 하는 왕과 방치되어 아무것도 할 줄 모르는 망나니 공주, 결국 미래가 없다고 판단해 떠나는 백성들로 무너지는 나라까지다. 앵두가 모르는 뒷이야기는 아무도 자신을 보살피지 않자 스스로 운명을 개척하는 망나니 공주의 결말이다. 이 이야기가 왜 러브스토리인지는 이금이 작가의 이야기로 마저 확인해보길 바란다. 마지막 저자의 말에서 개인적인 경험에 비추어 쓴 동화라는 글에 '여자애가 저렇게 사고를 치고 다녀서' '남잔데 저렇게 소심해서'라고 하는 고정관념을 탈탈 털어버리자 맘먹는다. 모든 공주의 원형이라 여기는 디즈니 공주조차 바뀌는 세상에서 나만 정체된 건 아닌지 짚어봐야 한다. 그나저나 왜 앵두에게는 망나니 공주의 자주적인 모습은 삭제되어 나라를 망하게 만든 사람으로만 전해졌을까. 공주는 순종적이고, 품위를 지키는 전형적인 모습으로만 존재해야 할까. 다른 모습으로 존재할 수 없을까. 내 생각이라 신뢰하는 것들도 타인의 기준이 아닐까 의심해야 한다. 흔들려야 깨지고, 깨져야 앞으로 흘러갈 수 있으니까.

그게 그렇게 궁금해?

『수상한 아이가 전학 왔다!』
제니 롭슨 글, 정진희 그림, 김혜진 옮김,
뜨인돌어린이

친구를 사귈 때 꼭 성별이 중요할까

『수상한 아이가 전학 왔다!』는 자주 소개하는 책 중 하나다. 책을 읽는 반 아이들에겐 "그래서 너희 생각에 주인공이 남자일 거 같아, 여자일 거 같아?" 묻는다. 도서관이나 교실에서 만난 아이들은 곧잘 대답하는데 정작 내 아이의 반응은 달랐다. "그게 그렇게 궁금해? 성별이 중요한 거야? 엄마는 왜 물어보는 거야?" 깊숙한 한 방을 맞은 느낌이었다.

직장에서 동료를 처음 만날 때 "나이부터 먼저 말해보죠" "결혼

❝ 상대가 원치 않는데 개인의 호기심 때문에
집요하게 쫓아다니는 것도 폭력 아닌가? **❞**

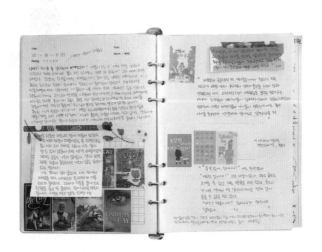

은 했나? 애는 있고?" 하는 호구 조사를 가장 싫어하면서, 아이들한 테는 왜 물어봤을까 싶다. '진짜 꾸준히 경계하고, 평생 부끄러워할 줄 알아야 해' 하며 동화책을 펼친다. 콜리어리 초등학교 4학년 2반에 새 친구가 전학을 오는 월요일부터 금요일 자유 발표 시간까지 다시 읽는다. 전학생은 빨강과 주황 줄무늬로 된 방한모를 쓰고 있어 갈색 눈만 보인 채 생활을 한다. '점심시간에는 밥을 먹어야 하니까 벗겠지?' 기대해보지만 방한모를 살짝 들어 아래쪽으로만 음식을 먹는다! 도대체 어떻게 생긴 친구인지, 성별조차 알 수 없어 궁금증은 커져만 간다. 여자인가 싶은데 축구도 잘한다? 자꾸 꼬치꼬치 따지는 아이들에게 "그건 토미의 사생활이야. 교장 선생님이 토미가 방한모 쓰는 걸 허락하셨다면 너희 둘하곤 아무 관계없는 일이라고"(20쪽)라고 따끔하게 말하는 친구도 있다. 하지만 4학년 아이들의 호기심은 쉽게 사라지지 않는다. 남녀로 나뉘어 줄을 설 때 자연스레 축구를 잘하는 기준으로 반 아이들은 토미를 남자 쪽으로 끌고 간다. 방한모를 꼭 벗기고 싶은 친구들은 토미 뒤를 몰래 밟기까지 한다. 아이들은 금요일 자유 발표 시간에 폭탄 질문을 던져 기필코 방한모를 쓰는 까닭을 알아내겠다고 다짐한다. 월요일부터 금요일까지 전학생 토미가 겪는 곤혹스러운 사건들을 따라가며, 덩달아 도대체 왜 모자를 벗지 않는지 까닭이 궁금해진다. 더불어 굳이 꼭 모자를 벗겨야만 하는 이유는 무언가, 상대가 원치 않는데 개인의 호기심 때문에 집요하게 쫓아다니는 것도 폭력 아닌가, 하는 생각에 아이들에게도 물어본다. 4학년 2반 친구들은 끝까지 모자를 벗지 않는 토미를 있는 그대로 인정하고, 자유 발표의 날인 금요일에 모두 방한모를 쓰고 등교를 한다. 있는 그대로를 바라보고, 친구를 이해하기 위해 노력하는 아이들의 포용력이란! 어른은 "너는 마지막 반전을 보면서 어떤 생각이 들었어?" 하고 의도 가득한 질문을 던지느라 바쁘기만 하다. 제발 "그게 그렇게 궁금해?"라는 큰애의 따끔한 질문을 잊지 말자. 그냥 읽은 것만으로도 충분할 때도 있다.

남잔데 왜 분홍색 킥보드를 타?

『우리 학교에 호랑이가 왔다』
김정신 글, 조원희 그림, 웅진주니어

진정한 멋쟁이는 핑크가 잘 어울리는 법이지

『우리 학교에 호랑이가 왔다』를 다 읽고 나서 떠오른 감정은 '비겁함'이었다. 책 속 어른들의 비겁함, 온책읽기를 하자고 얘기할 수 있을까 걱정이 앞선 나의 비겁함까지 포함해서 말이다. 교사 모임에서 새 학기 학급 운영 계획을 나누다 "우리 반 학부모가 상담 자료에 '페미니즘 교육은 하지 마세요' 적어서 보내셨어" 하는 말에 술렁이기 시작했다. "페미니즘 교육이라니?" "그래서 시내 쌤이 말하는 성평등이나 성교육 이야기를 교실에서 꺼내는 게 겁나." 대화를 주고

“ 너희가 살아갈 내일은 다양한 서로의 모습이 자연스럽길.
너희가 무엇을 하든 손가락질을 하는 사람이 오히려
이상한 사회가 되길. 누구든 자신이 원하는 걸
자유롭게 드러낼 수 있는 내일이길. ”

받다 마음이 무겁게 내려앉았다. 나라고 다른 처지일까. 어떤 해에는 왜 우리 아이에게 성교육을 했냐고 민원 전화를 받고, 아이가 제왕절개인지 자연분만인지 묻는다고 부끄럽게 왜 그런 걸 알려줬냐고 항의를 받았다. 그런가 하면 집에서 성교육하기 힘드니 학교에서 알아서 해달라고도 한다. 아이들 반응도 다양하다. 어느 날, "생리가 뭐예요?" 묻는 같은 반 친구에게 "선생님한테 부끄러운 건 묻는 게 아니야!" 하고 소리치는 아이들이 있었다. "생리가 부끄럽다니, 무슨 말이지? 생리가 왜? 월경? 마법? 뭐가 부끄러운 거지?" 하자 아이들은 얼굴이 빨개져서 소리쳤다. "선생님 잘못했어요. 말하지 마세요. 듣기 싫어요." 이 아이들에게 어디서부터 어떻게 어디까지 이야기할까. (어른들이 감추려 하면 아이들은 부끄러운 걸로 인식하고, 음지에서 성을 알아간다. 그게 더 최악이다.) 교실에서 이 동화를 읽어준다면 어떤 파문이 생길까. 아이들은 "이게 뭐 어때서요?" 하고 말할지도 모른다. 관념에 얽매여 겁이 나는 건 보통 어른이니까.

『우리 학교에 호랑이가 왔다』에는 마지막으로 남은 암컷 호랑이 구호가 자신의 종족을 지키기 위해 여자아이 백 명을 골라 삼키는 이야기로 시작한다. 구호는 여자아이 99명을 삼키고, 마지막 한 명을 채우기 위해 3학년 1반에 찾아온다. 그곳에서 긴 머리카락이 잘 어울리는, 무엇이든 섬세하고 예쁘게 완성하는 '분홍 공주' 준희를 만난다. 구호의 눈에 준희는 호랑이 아이로 완벽하다. 하지만 준희는 여자아이만 삼켰던 자신의 규칙에 어긋난다. 망설이는 구호에게 교장과 담임은 은근슬쩍 준희를 권한다. 부모의 애정도 없고 반에서 따돌림을 당하는 아이니 잡아먹혀도 민원이 없을 거라는 계산 때문이다. 쓸쓸하게도 자기 아이만 아니면 아무 상관없다는 같은 반 학부모들의 지원까지 있다. 각자의 이해관계에 속에서 상처를 받는 건 준희뿐이다.

하지만 아이들은 "강하다는 건 자신을 믿는 거야. 자신이 뭘 좋아하는지, 뭘 잘하는지, 부족한 게 뭔지 아는 거지. 그러면 힘이 약하고 덜 똑똑하고 놀림을 당해도 당당하다"(75쪽)라는 구호의 말에 이제껏 기준과 다르다고 준희를 괴롭혔던 일이 잘못이란 걸 배운다. 끝내 잘못을 모르는 건 눈이 가려진 어른들뿐이다.

산책하다가 "엄마, 저 형은 남자인데 왜 분홍색 킥보드를 타?" 하는 동생의 말에 "남자가 분홍색 타는 게 왜? 누나가 물려주거나 자기가 좋아하는 색일 수도 있지" 하고 엄마보다 형이 더 빠르게 답한다. "그래 분홍색이 어때서? 핑크가 잘 어울리면 멋쟁이야" 하고 답한다. 교실에서도 치마를 입은 남자 연예인 사진을 보고 "자기가 좋아하면 입는 거지" "저렇게 입는 것도 멋지네요" 하는 아이들 말을 들으면 괜히 마음이 든든하다. 너희가 살아갈 내일은 다양한 서로의 모습이 자연스럽길. 너희가 무엇을 하든 손가락질을 하는 사람이 오히려 이상한 사회가 되길. 누구든 자신이 원하는 걸 자유롭게 드러낼 수 있는 내일이면 좋겠다. 그러기 위해선 어른이 먼저 바뀌어야 한다. 여기에 소개한 동화가 그 시작에 도움이 되길 바란다.

『날개옷을 훔쳐 간 나무꾼은 어떻게 됐을까?』
이향안 글, 신민재, 유기훈, 최정인 그림, 가나출판사

익숙한 옛이야기를 다른 시각으로 읽고 싶을 때

옛이야기를 성평등 관점으로 다시 풀어낸 책이다. 목욕하는 장면을 훔쳐보는 상습적인 거짓말쟁이, 무능한 아빠와 생활력 강한 아빠 등. 성별만 바꿔서 풀어낸 이야기가 아니라 옛이야기의 전제에 의문점을 던진 후 주인공을 포함한 주변 인물들의 상황까지 새로운 대안을 제시한다.

『비밀 소원』
김다노 글, 이윤희 그림, 사계절

흔들리지만 단단하게 자신의 목소리를 내는 아이들

가족들의 상황에 흔들리지만 단단하게 목소리를 내는 아이들이 있다. 그런 아이들 곁을 지키는 좋은 어른은 무엇일까. 재차 책장을 넘기며 고민해본다. 기존 남녀 인물에 따른 익숙한 성격과 역할, 직업 등 여러 설정이 고정관념에서 벗어난 채 등장한다. 입 밖으로 차마 뱉지 못하는 아이들의 소원이 지지받길 바랄 뿐이다.

10장

세상이 깨지길 바라며

_장애

교실은 오른손잡이 아이를 위한 공간이다. 미술 시간에 왼손잡이 짝
꿍과 자꾸 손이 부딪혀 물이 튄다며 화를 내던 아이가 있었다. "짝이
랑 좌우를 바꾸면 되지 않을까? 일부러 물을 튀긴 게 아니잖아. 지금
이라도 바꿀래? 도와줄게" 하고 자리를 바꾼 적이 있다. 학습 준비물
로 사둔 가위도 보통 오른손을 위한 가위다. 왼손잡이를 위한 가위
는 없는 걸까? 양손잡이 가위의 존재를 알게 된 후로는 교실의 가위
를 양손잡이로 바꾸었다. 우리 반뿐 아니라 학년의 가위도 양손잡이
로 바꾸자고 제안했다. 작은 차이지만 누군가에게는 꼭 필요한 일이
될 수도 있다. 끊임없이 "너 때문이니까" 하고 남 탓으로 돌리며, 다
르니까 틀리다는 아이들에게 말하고 싶다. 너무 당연하다 생각한 일
이 누군가에게는 당연하지 않을 수도 있다고 말이다.

해마다 장애의 날과 각종 친구 사랑 행사 때 말하는 "우리 모두

똑같이 소중한 존재"라는 건 차이가 있어도 존중할 줄 아는 마음을 강조한다. 누군가 불편함을 소리 내 바꿔왔기에 지금의 '나'가 편하게 지낼 수 있는 것이다. 모든 게 당연하지 않고, 지금의 나를 있게 해준 사람들에게 마음의 부채감을 가지면 좋겠다. 타인의 사정을 공감할 수 있는 상상력의 한계는 어린이나 어른이나 매한가지다. 이럴 때가 오길 바라며 호시탐탐 경험의 확장을 노리며 준비한 동화들이 있다. 얘기를 꺼낼 기회가 오면 바로 지금 이때다 싶어 얼른 책들을 꺼내본다.

당연히 누려야 할 것들을
당연히 모두가 누리는

『목기린 씨, 타세요!』
이은정 글, 윤정주 그림, 창비

조금 더 나은 세상을 꿈꾸다

『목기린 씨, 타세요!』에는 화목 마을 1번지에서 10번지까지 돌며 주민들을 태우는 마을버스가 있다. 9번지에 이사 온 목기린 씨는 키가 버스 천장을 넘어 여덟 정거장을 걸어서 출근해야 한다. 마을 회관에 열심히 건의 편지도 보내지만 답장은 없다. 돼지네 막내 꾸리의 아이디어로 천장에 구멍을 낸 버스를 타지만, 교통사고가 나 목을 크게 다친다. 목기린 씨는 좌절하지 않는다. 자신의 특기를 살려 새로운 버스 설계도를 만들어 마을 회관에 제안한다. 화목 마을 주민들은 밤새 목기린 씨가 만든 설계도를 보며 토론을 벌인다. 55쪽의 얇은 동화 한 권을 읽으며 수많은 망설임이 스친다. 나와 달라 낯설어 보기 불편하다고 고개를 돌렸을 때 도움이 절실했던 누군가는 그만큼 더 외로웠겠지. '너 하나 때문에 우리가 불편해지잖아.' 흘겨봤던 눈길이 가슴에 못처럼 박혔을 테다.

"차이가 차별이 되지 않는 법을 알려주는 이야기" 뒤표지에 적힌 문장은 이 책을 관통하는 큰 줄기이자 독자에게 전달하는 메시지다. 저학년 아이들에게 누군가와 다르다는 건 틀린 게 아니라 차이일 뿐, 외면하지 않고 도울 방법을 함께 찾아야 한다는 걸 친숙한 동물들로 풀어낸다. 마을 회관에 적극적으로 의견을 보내는 목기린 씨와 그를 성심껏 도와주는 친구, 밤샘 토론으로 더불어 살아가는 법을 고민하는 이웃들까지. 목기린 씨는 말한다. "버스에 태워달라고만 했지, 어떻게 하면 버스에 탈 수 있을지 고민해본 적이 없어요. 천장에 창문을 내자는 것도 꾸리가 낸 의견이었지요."(42~43쪽) 교통사고로 입원한 목기린 씨는 천장 전문가의 장점을 살려 새로운 마을버스 설계도를 완성한다. "혼자서 할 수 없는 일이 많아요. 관장님과 마을 주민들의 도움이 필요해요"(45쪽)라는 내용의 편지도 쓴다.

목기린 씨가 꾸준히 편지를 쓰고 요구한 건 마을 주민이기에 당연히 누려야 하는 버스에 대한 권리였다. 친구도 같이 의견을 보내여러 방법을 찾지만 결국 찾아낸 건 목기린 씨다. 물론 당사자가 문제점과 해결책을 가장 잘 알지만, 스스로 나서지 않으면 바뀌지 않는다, 또는 능력이 없다면 해결할 수 없다,라는 걸로 비칠까 봐 조심스럽다. 예상하지 못한 기린의 등장에 혼란스럽고 문제를 외면하고 싶었던 마을 회관의 고슴도치 관장은 평소의 나와 닮았다. 호주머니의 송곳처럼 삐져나온, 목기린 씨를 닮은 그들을 우리는 외면하고 있지 않은가. 그들의 목소리에 힘을 실어주고, 말하고 싶어도 목소리를 잃은 이들에게 어떤 도움이 필요한지 상상할 수 있으면 좋겠다. 그래서 당연히 누려야 할 것을 당연히 모두가 누릴 수 있는, 조금 더 너그러운 세상을 꿈꾸는 이의 목소리가 들리는 동화를 추천한다.

❝ 말하고 싶어도 목소리를 잃은 이들에게
어떤 도움이 필요한지 상상할 수 있으면 좋겠다. ❞

이제야 보이지 않던 것들이
궁금해진다

『똥 싸기 힘든 날』
이송현 글, 조에스더 그림, 마음이음

선은 내가 그은 게 아닐까?

『똥 싸기 힘든 날』은 제목에서 어떤 내용인지 전혀 짐작이 안 된다. 온종일 화장실 갈 틈도 없이 바쁜 날일까, 변비일까, 온갖 상상을 하다 장애 인식 개선 도서 사업이라는 여는 글에 생각은 더욱더 미궁에 빠진다. 수영대회에서 온갖 상을 휩쓸던 멋진 형은 고등학교 2학년 때 척추를 다친 뒤 평생 다리를 쓸 수 없게 된다. 휠체어를 타는 첫날 "모해야, 형한테 자가용 생겼다"라며 웃는 슬찬이 형을 보며 모해는 울음을 터뜨린다. 예측하지 못한 인생의 새로운 문 앞에서 형은 주저함이 없다. 장애인 운전면허를 따더니 모해와 함께 부산 여행을 계획한다.

독자의 예상대로 여행은 순탄치 않다. 휠체어를 탄 아들을 향해 수군거리는 사람들에게 당당히 반격하는 엄마를 둔 형은 어떤 일이 닥쳐도 용기를 잃지 않는다. 그렇지만 아무리 용기를 내도 어쩔 수 없는 일이 있다. 휴게소 화장실이 문제다. 급하다며 끼어든 사람에게 장애인 화장실을 뺏기고, 다툼이 생기면 어쩔 수 없이 다음 휴게소로 향한다. 겨우 찾은 졸음 쉼터에는 장애인 화장실이 없다. 한 군데, 두 군데 헤매다 화장실을 찾아도 가파른 나무 계단이 있거나 잠겨 있기가 일쑤다. 형을 돕던 모해까지 화장실이 급하지만 의리 없이 혼자 화장실을 갈 순 없다. 여행을 하면서 휴게소에서 화장실을 가는 건 당연하다. 화장실 가는 길이 불편하거나 찾는 데 애를 먹은 기억은 드물다. 장애인 화장실 사정도 똑같을까? 이제야 보이지 않던 것들이 궁금해진다. 키가 작은 아이라면, 다리가 불편한 사람이라면, 눈이 안 보이는 사람이라면 어땠을까. 내가 그어놓은 선 밖의 세상 속 사람들의 목소리가 희미하게 들리는 것 같다. 아이들에게 이 책을 소개하면 모두 한 대 맞은 것 같은 표정을 짓는다. 세상이 깨지는 순간을 목격할 수 있다니. 이래서 책을 나눈다.

그렇게 보이지 않는
사람이 되는 건 아닐까

『손으로 보는 아이, 카밀』
토마시 마우코프스키 글, 요안나 루시넥 그림,
최성은 옮김, 소원나무

왜 장애인은 불쌍한 사람이라고 생각하나요

평생 살면서 장담할 수 있는 일은 없다. 그렇지만 내가 그어놓은 선
밖의 세상은 절대 만나지 않을 거라 장담하며 사는 게 우리 아닐까.
익숙한 세상 안에서 지내다 예고 없이 만난 선 밖의 사람들에게 나
는 어떻게 행동했을까. 어떤 말을 건네고 행동해야 할지, 나도 모르
게 무례를 저지를까 봐 주저하고 만다. 그러다 주저하는 몸짓마저
상처가 될까 봐 피하기도 했을 것이다. 학교에 있다 보면 도움반, 통
합 학급 등 여러 이름으로 불리는 교실 속 아이들을 만난다. 신체적

문제보다 정서 및 지적 문제를 겪는 아이들이 대부분이지만, 행여 내 부주의함으로 잘못하거나 아이들 앞에서 부정적인 영향을 미칠까 봐 걱정된다. 아무것도 하지 않고 불안에 잡아먹히지 않기 위해 아직 만나지 않은 아이들이 나오는 동화를 발견하면 무조건 읽는다. 『손으로 보는 아이, 카밀』 역시 그런 마음으로 고른 책이다.

『손으로 보는 아이, 카밀』의 주인공 카밀은 약간의 도움을 받아 스키와 자전거도 타고 혼자서 밥도 잘 먹는 씩씩한 아이다. 하지만 당장 고모부터 "우리 가엾은 불구 조카"라 부르며, 집 밖에서 만나는 대부분의 사람들도 카밀을 불쌍히 여긴다. 태어나면서부터 눈이 안 보인 카밀에게 보이지 않는 세상은 당연했고, 그렇기에 자신이 할 수 있는 일을 하나씩 발견할 때마다 기쁨이 크다. 카밀은 늘 그대로이지만 카밀을 보는 이들은 아무렇지 않게 카밀을 힘들게 하는 말을 내뱉는다. 당장 우리 반에 카밀과 비슷한 아이가 있다면 어땠을까. '보이지 않는 불쌍한 아이니까'로 시작해 내가 정한 일들만 허용했을 것 같다. 카밀은 식사 뒤 집안일도 도울 줄 알고, 시각 장애인인 자신을 인정하라며 세상을 향해 발걸음을 내딛는 완전한 한 사람이다. 내가 아는 작은 일부가 전체일 거라 지레짐작하는 오만함이 얼마나 큰 함정인지 부끄럽다.

주저 없이 다양한 경험에 도전하는 카밀을 보다 의아함이 든다. 이런 친구들을 만나면 어떻게 대할까 고민하지만 정작 만난 적이 드물다. 투명 인간도 아닌데 주위에서 왜 이렇게 만나기가 힘들까. 부족한 엘리베이터, 높은 계단, 좁은 화장실 등 『똥 싸기 힘든 날』처럼 여러 문제점들이 그들의 걸음을 막는 게 아닐까. 인식의 한계를 조금이라도 넓혀보려 카밀과 비슷한 상황의 사람들을 찾아봤다. 시각 장애인이라고 모두 똑같지 않다는 걸 뒤늦게 알았다. 전맹은 전체 시각장애인의 20% 미만이고, 시력이 약하거나 일부만 보이는 등 여러 상황이 있다. 도로에서 쉽게 발견하는 노란색 점자 블럭은 희미하게 볼 수 있는 시각장애인들을 위한 것으로, 국토교통부가 정한 규격으로 만들어지고 설치돼야 한다. 하지만 도시의 미관을 이유로 규격에 맞지 않는 모양이나 노란색이 아닌 다른 색을 쓰거나 점자 블록이 깨져서 제구실을 하지 못하는 일들이 비일비재하다. 인도에 차가 못 들어오게 설치한 볼라드(길말뚝)에 부딪힐 수 있어 멈추라는 뜻의 점형 블록이 사라진 횡단보도도 많다. 이 사실을 알게 된 뒤로는 길을 걸을 때마다 점자 블록이 제대로 설치되었는지 자꾸 확인하게 된다. 이런 작은 위험들이 연이은 파도처럼 커져 우리나라에 사는 카밀의 도전을 막는 건 아닐까. 그렇게 점점 보이지 않는 사람이 되었던 건 아닐까. 우리나라에도 주저 없이 도전하는 카밀이 많아지길. 그들의 도전이 응원받길 바란다.

내 한계를 넓힐 수 있는
절호의 기회가 있다

『도토리 사용 설명서』
공진하 글, 김유대 그림, 한겨레아이들

타인을 향한 선량함과 따뜻한 유머, 건강한 동화

『도토리 사용 설명서』는 특수학교에서 아이들을 가르치는 공진하 작가의 시선으로 학교 속 아이들을 생생하게 소개하는 책이다. 2학년이 되는 첫날, 설렘에 아침 일찍 눈을 뜬 유진이는 조금은 특별한 자람 학교에 다닌다. 몸의 근육을 제대로 움직일 수 없어 휠체어를 타는 유진이의 말은 가족이 아니면 이해하기 어렵다. 그래도 유진이는 "세상에서 가장 귀하고 특별한 보물"(67쪽)이란 애정 어린 가족의 지지를 듬뿍 받으며 자라 해바라기처럼 밝고 활기차다. 당당하게 자신의 의견을 펼치고, 자존감이 넘치는 유진이는『손으로 보는 아이, 카밀』에 이어 고정관념을 산산조각 낸다. 평소 유진이는 정해진 다섯 가지 수신호로 사람들과 소통한다. 하필 새로운 공익 형이 온 날 소변이 급하게 마려웠고, 공익 형이 수신호를 알아채지 못하는 바람에 유진이는 옷에 소변을 누고 만다. 자신이 말을 하지 못해서, 자기 탓이라고 속상해 우는 게 아니라, 자기가 여러 번 말했는데도 들어주지 않은 공익 형 탓이라는 유진이를 보며 특유의 천진난만함에 웃음이 터진다. 앞으로 이런 일을 다신 겪지 않겠다며 자신을 사용하는(!) 설명서를 만드는 유진이의 모습은 매력 만점이다. 타인을 향한 선량함과 내 인식의 한계를 넓힐 기회를 이렇게 따뜻한 유머로 유혹하는데 어찌 안 읽고 버틸 수 있나. 고작 동화 몇 권으로 견고한 벽이 무너지긴 힘들다. 그럼에도 불구하고 당연한 것에 의문을 품으며 낯섦에 좀 더 너그러워질 수 있다면 좋겠다. 이런 책을 만나면 동네방네 아이들에게 읽어보라 권한다. 아니다, 내년에는 꼭 읽어줘야지!

배려와 폭력 사이에서
목소리를 내는 아이들

『유통 기한 친구』
박수진 글, 정문주 그림, 문학과지성사

어른이 먼저 읽고 조금이라도 선명해진 눈으로
길잡이를 하고 싶을 때

『유통 기한 친구』는 다섯 개의 단편이 실린 단편집으로, 장애아들과
한 반에서 지내는 친구들의 목소리가 담겨 있다. 파란색과 13번 사
물함만 좋아하는 수영선수 민재와 그런 민재와 경쟁을 하는 찬이의
「1등 앞선」, 휠체어를 타고 처음으로 혼자 지하철을 타며 여행을 하
는 수호의 「반짝이는 지하철 여행」, 다리를 움직이기 불편한 유리와
일주일 도우미 친구들 사이의 우정을 그린 「유통 기한 친구」, 좋아하
는 남자아이 정우가 자신이 아니라 다운증후군인 윤지를 선택할까

66 이토록 친절하고 다정하게, 이렇게 사려 깊게
나를 키워주는 것이 또 어디 있겠는가.
동화라서 가능하다. 그렇고말고. **99**

봐 불안하고 초조한 하경이의 「가슴이 콩닥콩닥」, 특수학교에 다니던 누나가 같은 학교로 전학 오며 인생이 꼬여버린 은섭이의 「누나의 소원」까지. 장애를 가진 어린이가 주인공인 책이 본인의 의지로 역경을 이겨낸 감동의 서사가 아니라 평범한 일상에서 길어 올린 진솔한 이야기라 반갑다. 이름을 잃어버린 장애인이 아니라 강한 존재감을 드러내며 각자 삶의 주인공으로서 목소리를 내는 아이들이 살아 숨 쉰다. 배려란 이름으로 이들의 몫을 자연스레 치워버린 일상의 폭력이 그대로 담겨 있다. 어른인 내가 먼저 읽으며 책을 읽기 전보다 선명해진 눈으로 길잡이로 나설 연습을 한다. 이토록 친절하고 다정하게, 이렇게 사려 깊게 나를 키워주는 것이 또 어디 있겠는가. 동화라서 가능하다. 그렇고말고.

삼켜버렸을 많은 말들을
끈질기게 들어보려 애쓴다

『건수 동생, 강건미』
박서진 글, 김미경 그림, 바람의아이들

장애인의 가족으로 산다는 것에 대해

마흔 살에 다섯 살 연하와 결혼한 여자가 있다. 예비 시어머니의 반
대에도 남자의 끝없는 구애에 마음을 열고 결혼을 결심한다. 그렇게
시작한 결혼생활은 4대 독자로 태어난 첫 아이가 지적 장애 2급 판
정을 받으며 엉키기 시작한다. 2년 뒤 낳은 딸은 158의 높은 아이큐
를 가졌지만 남아 선호사상이 뿌리박힌 할머니는 "저것이 다 지 오
빠 몫까지 뺏어 간 거여!"(14쪽)라며 아이를 미워한다. 책을 읽는 내
내 꼭 안아주고 싶었던 아이, 장애를 가진 주인공 너머 배경처럼 흐

리게 존재했던 가족, 조연으로 존재했던 아이를 소개한다.

『건수 동생, 강건미』 속 건미는 반 친구들에겐 예민하고, 고집이 세며, 재수 없게 늘 올백만 받는 아이다. 딱히 마음을 나눌 친구도, 이해받을 식구도 없는 건미는 유일하게 위로받을 수 있는 장소인 나만의 마푸방이 있다. 어디부터 풀어야 할지 엄두도 안 나 엉켜버렸을 때는 마음을 푸는 방으로 달려간다. 내가 잘할수록 장애아인 오빠와 비교하며 죄책감을 강조하는 할머니와 오로지 내가 희망이라는 엄마 속에서 건미에게 마푸방은 유일한 휴식처이자 있는 그대로 자신을 드러낼 수 있는 비상구다. 우연히 오빠와 함께 있는 모습을 들킨 같은 반 아이에게 마음을 터보지만, 오빠의 존재는 다른 친구들에게까지 알려진다. 언제나 잘난 건미의 약점을 잡았다고 생각한 아이들과 싸움이 시작된다. '왜 오빠를 감추고 싶을까.' '친구들이 툭 하면 쓰는 '애자'라는 말은 왜 듣기 싫었던 걸까.' 친구들과 다투며 건미는 그간 외면했던 자신의 마음을 마주한다. 마음이 통하는 친구 어진이 역시 입양아라는 색안경에서 벗어나 자신을 제대로 보여주기 위해 건미와 함께 노력한다. 아무도 믿지 않던 건미는 어진이를 만나고, 친구들과 부딪치며 세상과 마주한다. 그제야 외면했던 장애인 강건수가 아닌, 내 오빠 강건수가 보인다. 의무감으로 억지로 했던 오빠의 사회 적응 훈련 역시 진심으로 돕게 된다.

조금씩 낯선 가시를 하나씩 뽑는 건미의 성장은 누군가의 가족을 상상하게 한다. 미처 가늠조차 못했던 수많은 장면들을 떠올려본다. 장애인의 가족으로 살며 타인 앞에서 삼켜버렸을 많은 말들을 끈질기게 들어보려 애쓴다. 다큐멘터리와 여러 작품에서 장애인이 주인공인 삶을 어렵지 않게 만날 수 있다. 하지만 장애인의 가족으로 산다는 것, 그것도 동화로, 게다가 시대가 드러나는 남녀선호 사상과 여러 인물의 심리가 복합적으로 읽히는 책을 만나 가슴이 떨린다. 영화나 다른 매체를 통해서도 나눌 수 있지만, 책을 읽을 때가 가장 즐겁다. 각자가 떠올린 서로 다른 심상을 이야기할 때 우리가 동화 속 인물에게 건네고 싶은 수많은 대화가 기대되기 때문이다. 이 책을 만나 다행이다. 카메라가 비추고 있는 인물이 아니라 그 뒤에 가려진 사람의 얼굴과 시간의 가치를 조금이나마 짐작하며 존중하는 법을 알게 되어서. 함부로 지레짐작하며 오만하지 않는 법을 배운다. 좋은 책을 만나면 열심히 아이들 손에 쥐여준다.

📖 더하는 책들

함께하는 이야기 시리즈
함부로 동정하며 재단했던 인식이 바뀌길

앞서 소개한 『똥 싸기 힘든 날』을 비롯해, 『학교잖아요?』(김혜온 지음, 홍기한 그림, 마음이음), 『복희탕의 비밀』(김태호 지음, 정문주 그림, 마음이음), 『그냥, 은미』(정승희 지음, 윤태규 그림, 마음이음), 『내겐 소리로 인사해 줘』(안미란 지음, 심보영 그림, 마음이음)는 모두 장애 인식 개선을 위한 시리즈 동화다. 동정하고 함부로 재단했던 인식이 조금은 달라지길. 나 자신부터 먼저 제대로 바라볼 수 있게 부지런히 읽는다.

11장

나를 넘어 너를 상상하며

_다문화

문학 작품을 읽으며 얻을 수 있는 성취 가운데 하나는 배려와 공감의 성장 아닐까. 학습을 위한 독해력 신장이나, 문해력 등 여러 다른 목적도 있을 것이다. 어떤 게 우위이며, 최선이라는 건 아니다. 서로 다를 뿐, 결국 책을 권하고 싶은 마음은 마찬가지다. 올 한 해 어쩌다 재밌는 책을 만나 독서의 즐거움을 알았지만, 학원이 늘고 게임할 시간도 없을 땐 책이 떠오르기나 할까 싶다. 그러다 문득 책을 읽고 싶을 때 거부감 없이 책을 찾는 사람이길 바란다. 서점에 가는 게 어색하거나 책을 꺼내는 일 자체가 낯설까 봐 오지랖이 는다. 인생 초반, 여러 경험 가운데 사라지는 게 아닌, 평생 곁에 책을 벗으로 둘 수 있게 도움을 주는 전달자가 되고 싶다. 독서력이 천차만별인 교실 안에서 여럿이 즐거울 동화, 덜 재밌더라도 세상을 보는 시각을 키워줄 동화, 그냥 추천하고 싶은 동화 등 나누고 싶은 책들은 끝없이 쏟아진다. 같은 책을 읽으며 아이의 손을 꼭 잡고 새로운 문을 열고 싶다. 낯선 무대에서 다른 사람이 되어 마음을 짐작하며 상상하고 싶다. 상상력은 공감의 본질 아닌가. 상대의 처지를 상상할 수 있어야 공감도 가능하다. 익숙한 장소, 자주 보던 사람, 쳇바퀴 돌듯 반복되는 일상에서 느닷없이 처음 보는 낯선 이의 상황에 진심 어린 공감을 나누긴 어렵다. 부끄러운 일은 아니다. 다만 몰랐으니까, 귀찮으니까, 내 일이 아니니까, 하고 외면하는 마음이 부끄러운 일이다. 동화 속 다양한 이들을 만나며 한계를 넘어서길 기대해본다.

누구에게는 귀엽지만,
누구에게는 미울 수 있는

『럭키벌레 나가신다!』
신채연 글, 김유대 그림, 밝은미래

누구에겐 끔찍한 벌레가
누구에겐 귀여운 벌레가 되는 인식의 변화

그림만 봐도 와르르 웃음이 쏟아져 나오는 『럭키벌레 나가신다!』. 파자마 파티 친구의 줄임말 파파친의 멤버인 오봉이는 어린 동생이 걸음마를 시작하자 드디어 약속대로 자기 집에서 파자마 파티를 열기로 한다. 반 전체에서 아토피, 어린 동생, 학원 때문에 빠지는 아이들을 제외하고 모두 집에 초대했다. 아니다. 딱 한 명, 미노는 초대하지 않았다. 미노는 까만 크레파스를 칠한 것 같은 얼굴의 다문화 가정 아이다. 오봉이 옆집에 살지만 까만 피부는 냄새나고 더러울 거 같아 가까이 하지 않았다. 은근슬쩍 미노는 파자마 파티에 초대받고 싶어 하지만, 아이들은 질색을 한다. 오봉이는 그토록 기다리던 파자마 파티를 하나 싫었는데 이게 무슨 일인가! 주최자 오봉이 머리에 벌레가 생겼다니! 다시 표지를 보니 오봉이 머리카락 위를 뛰어다니는 머릿니와 도망치는 친구들, 웃고 있는 미노가 보인다. 행여나 머릿니가 옮을까 봐 아이들은 오봉이 곁을 떠나고 자연스레 파자마 파티도 취소된다. 친구가 눈병에 걸렸을 때도 옆에 남아 우정을 지켰는데! 외톨이가 된 오봉이 곁에 남은 친구는 그렇게 외면했던 미노뿐이다. "내 말이 그 말이야! 내가 뭐 이런 벌레가 생기고 싶어서 생긴 거냐고! 내 맘대로 한 게 아닌데 왜 날 벌레 취급하냐고! 내가 벌레도 아닌데! 우이씨!"(88쪽) 친구들에게 서운한 오봉이는 내내 무시했는데 자신을 챙겨주는 미노를 마주하기가 창피하다. 같은 벌레여도 바라보는 이에 따라 귀엽거나 미울 수 있다고, 이렇게 작고 귀여운 머릿니가 불쌍하다는 미노의 말에 오봉이는 미노를 바라보던 자신을 다시 생각해본다. 아이들의 시야를 이렇게 좁게 만든 건 누구일까. 피부색이 달라 따돌림 받은 미노의 가정은 어떤 배경이 숨어 있을까? 궁금증에 다문화 가정에 관한 책을 더 찾아 읽어본다.

고요한 침묵이 오히려 어울린다

『그냥 베티』
이선주 글, 신진호 그림, 책읽는곰

영혼을 나눈 친구와의 만남과 이별

『그냥 베티』의 동화책 표지를 펼치다 깜짝 놀랐다. 앞표지는 까만 피부를 가진 소녀가, 뒤표지에는 익숙한 피부색을 가진 소녀가 서 있다. 지나가는 다른 인물들의 피부색 역시 어두워 보여 책등을 중심으로 다른 나라인 건가 싶어 자세히 살펴보니 다른 이들은 그림자가 진 것일 뿐, 두 소녀의 피부색이 다시 도드라지게 눈에 띈다. 주인공은 아무래도 앞표지에 노란 티셔츠를 입고 까만 피부를 가진 아이, 이 아이가 베티인가 보다. 코피노 동화라는 사전 정보에 나름대로 표지를 보며 내용을 짐작하며 책을 읽었다. 마지막 장을 덮고 다시 표지를 펼쳐 빤히 책을 바라본다. 이 책을 읽기 전의 나는 몇십 분 후 내 모습을 상상조차 하지 못했을 것이다. 자꾸만 질문이 쏟아진다. 책 속 아이들에게 자신의 가치관이 옳다며 강요하는 어른들과 책을 읽기 전 나는 같은 부류였을까. 오랜만이다. 동화책을 덮고 한참 생각에 빠진 건 말이다.

말없이 바라보는 것만으로도 서로의 마음에 확신을 갖는 두 아이. 다른 친구들 곁에 다가갈 용기가 없어 언제나 혼자 지내던 서연이는 한국인 아빠와 필리핀 엄마 사이에 태어난 베티를 만난다. 방학 동안 한국에서 아빠를 찾으러 온 베티와 베티 엄마가 서연이네에 머무르게 된 것이다. 갑작스러운 베티의 방문에 껄끄럽지만, "나도 베티와 함께 있는 게 좋다. 베티가 좋은 아이라서가 아니라, 그냥 베티라서 좋았다. 좋다는 건 그런 거다"(117쪽) 베티에게 마음을 열어가는 서연이의 말에 행복한 결말을 예상해본다. 하지만 자신과 엄마를 버린 아빠를 찾기 싫은 베티와 아이를 위해선 더욱 친부를 찾아야 한다는 베티 엄마 사이의 갈등은 줄다리기 끝에 터져버린다. 베티와 서연이는 너덜거리며 찢어진 마음을 얼기설기 이으며 "그래, 맞아. 우린 모두 부모님에게서 태어나지만 스스로를 고쳐 나가면서 성장하잖아"(201쪽) 하고 위로한다. 언제나 동화에서 알을 깨고 자신의 세상을 찾아가는 아이들의 의지는 빛이 난다. 가장 인상 깊은 장면은 베티와 헤어진 뒤 서연이가 교실에서 발표하는 장면이다. 만약 베티를 만난 뒤 서연이가 예전과 다른 모습으로 친구들 앞에서 당당하게 발표했다면 그건 그것대로 속이 시원했겠다. 그렇지만 그랬다면 성장은 원래의 기질을 이겨내고 달라져야 한다는 결말로 다가와 서연이와 비슷한 기질의 아이에게 숙제처럼 남지 않았을까. 서연이는 친구들 앞에서 몇 분의 침묵 뒤 눈물로 끝내 말을 삼켜버린다. 영혼을 나눈 친구와의 만남과 이별은 화려한 말보다 고요한 침묵이 오히려 어울린다. 그렇기에 책장을 덮은 뒤에도 침묵 속에 파묻혀 독자는 책의 여운에 빠진다. 교실에서 이 책을 보여줄 땐 꼭 표지를 펼치고 "어때? 그냥 볼 때랑 완전 다른 이야기가 상상되지?" 하고 아이들 맘을 흔든다.

> "
>
> 언제나 동화에서 알을 깨고 자신의 세상을 찾아가는
> 아이들의 의지는 빛이 난다.
>
> "

글자를 읽는 것만이
독서가 아니다

『쿵푸 아니고 똥푸』
차영아 글, 한지선 그림, 문학동네

1학년 아이들 성화에 3번이나 다시 읽어준 동화

책 전체가 하나의 주제로 관통하는 책도 있지만 교과서 삽화에 휠체어를 탄 아이나 다문화 가정의 아이들이 자연스럽게 등장하는 것처럼, 이야기 속에 스며들어 나타나는 주제도 있다. 저학년 아이들을 만날 때 꼭 읽어주거나 소개하며 1학년 담임을 맡은 해에는 세 번이나 반복해 읽어줄 정도로 사랑받은 동화 『쿵푸 아니고 똥푸』가 그러하다. 저학년 대상으로 나온 동화라 짧은 세 개의 단편으로 이루어졌다. 어느 단편 하나 빠지지 않고 아이들의 사랑을 받았지만 표제작 「쿵푸 아니고 똥푸」는 여전히 똥 이야기를 좋아하는 아이들에게 환호를 받은 작품이다.

엄마를 닮은 피부색으로 놀림받는 탄이는 엎친 데 덮친 격으로 학교 수업 시간에 바지에 똥을 쌌다. 화장실 안에서 처리하느라 바쁜 탄이 앞에 황금빛 똥 근육에 휴지 망토를 두른 똥푸맨이 나타난다. 똥푸맨이 알려준 일급비밀 덕에 자신감이 생긴 탄이는 아이들 놀림 앞에서도 당당하게 대처하고 편식까지 고친다. 자신만만해진 탄이는 집안 사정 때문에 필리핀 외갓집 방문이 자꾸 미뤄지자 똥푸맨에게 도움을 요청한다. 과연 똥푸맨의 힘은 어디까지 뻗어갈까. 피부색이 다르다고 놀림받던 아이가 소원을 큰소리로 외치는 장면은 독자들의 마음속까지 시원하게 뚫어준다. 자존감의 성장과 더불어 이야기 속에서 벌어지는 똥들의 잔치는 1학년 아이들에게 열렬한 지지를 받으며 담임의 목소리가 안 나올 때까지 자꾸 읽게 만들었다. 다문화를 강조하지 않아도 자연스레 작품에 녹아들어간 탄이네의 사정은 아이들에게 굳이 가르치지 않고 '다름'을 알려준다. '다름'이 결국 '같음'이라는 것을 말이다.

독서는 글자를 '읽는' 것만이 아니다. 그 속에 담긴 각자의 경험을 통해 내 무의식을 만나고 살피게 한다. 어린이의 목소리로, 잃어버린 시절로 지금의 나를 되짚어보게 만든다. 아이들의 마음을 열어주는 재밌는 동화를 만나면 입이 근질근질해진다. 그래서 1학년 담임 때 선생님들과 협의 뒤 2학기 온책읽기 책으로 선정해 모든 반이 즐거움에 푹 빠졌다.

이제는 다문화 가정의 아이를 만나는 게 특별하지 않지만, 어째서인지 나는 아직 학급에서 만난 적이 없다. 그래서 더 부지런히 읽는다. 학교에서 만나는 아이들의 가정은 내가 결코 상상할 수 없는 경우도 있다고 생각한다. 우리가 만나는 모두가 그러하다. 세상의 조각들이 모여 있는 그대로를 아름답게 봐주길. 우리 반은 그렇게 각자 다른 아름다운 빛의 조각들로 가득 차 있다. 그렇게 낯선 존재 역시 이 세상 전체의 조각 일부일 뿐이다. 아이들과 함께 나눈다. 교실을 벗어나 사회에서 만날 수많은 다른 빛들을 존중할 수 있도록 말이다.

『무에타이 할아버지와 태권 손자』
김리라 글, 김유대 그림, 웅진주니어

말이 통하지 않아도 국경을 넘는 가족의 사랑

태국인 아빠와 한국인 엄마 사이에서 태어난 관우가 태국에서 온 할아버지와 쌓아가는 따뜻한 가족 이야기. 관우는 자신을 괴롭히는 동섭이에게 겁을 주려고 태국에서 온 할아버지가 무에타이 선수라고 거짓말을 한다. 하지만 집에 도착한 태국 할아버지는 무에타이 선수와는 멀어도 너무나도 멀다. 대화도 통하지 않는 할아버지가 친구들에게 들키기 전에 빨리 태국으로 돌아가면 좋겠는데. 거짓말은 점점 커져만 간다. 관우는 동섭이에게 한 거짓말이 탄로 나지 않고 무사히 상황을 모면할 수 있을까? 하루빨리 할아버지와 헤어지고 싶었던 관우가 할아버지 바지를 숨기면서까지 태국에 못 가게 하는 이유는 무엇일까? 말이 통하지 않아도 가족의 사랑은 역시 국경을 초월한다.

❝ 말이 통하지 않아도
가족의 사랑은 역시
국경을 초월한다. ❞

12장

똑같은 생명

_동물권

5학년 실과 수업을 준비하다 양계장 닭들의 환경을 고발하는 다큐멘터리 프로그램을 본 뒤 충격에 휩싸였다. 마트에서 쉽게 고른 계란이 움직이지도 못하고, 발톱과 깃털이 다 빠지고 잠도 못 자는 사육장에서 태어난 거였어? 닭에서 시작한 동물권은 돼지와 소로 이어지고, 여러 책을 읽으며 이면을 알게 되었다. 게다가 동네에서 길고양이를 무참히 괴롭히고 죽이는 일이 벌어진 뒤, 두려운 마음에 쉽게 잠들지 못했다. 가해자를 잡지 못했지만, 동네에 사는 중고등학생이란 소문이 들렸다. 심지어 가르치는 아이들이 사는 학구에서 벌어진 일이었기에 내가 만난 아이들 가운데 언젠가 저렇게 생명을 괴롭히는 사람이 나올까 봐 두려워졌다. 각자 당연하거나 옳다고 여기는 기준이 가지각색인 교실에서 혹시나 하는 마음에 생명에 대한 예의를 나눌 책을 찾기 시작했다. 몇 년 뒤, 다시 5학년 실과 동물 기르기 단원 시간에 이제껏 읽었던 책들로 동물권 수업을 진행했다. 잘 팔리는 얼굴과 털 색을 만들려고 무참히 새끼를 버리는 인간의 욕심과 사치와 위세를 드러내기 위해 잔인하게 죽어가는 동물이 담긴 그림책과 동화책을 읽자 뜨거운 침묵이 차올랐다. 동물권에 관한 여러 책들 가운데 그렇게 함께 아이들과 고민하며 읽었던 책들을 나눠본다.

돌고 돌아 일으키는
선한 영향력

『황제의 선택』
최은영 글, 배현정 그림, 바람의아이들

작은 존재라도 함께하기에 더 나은 세상을 꿈꾼다

『황제의 선택』은 1~2학년 대상으로 소개된 책이다. 똘똘해 보이는 개 한 마리가 반짝이는 눈으로 독자를 보는 표지에 '아, 황제가 이 강아지인가 보구나?' 힌트는 받았는데 선택은 대체 무얼 뜻하는 걸까?

준서는 좋아하는 혜리를 만나고 싶어 일부러 혜리와 겹치는 동선으로 황제를 데리고 산책을 나간다. 황제는 준서의 맘을 알고 있어 어떻게든 둘을 엮어주려고 하지만 그게 또 쉽게 되지는 않는다. 그날도 평소와 다름없이 혜리를 만나기 위해 공원에 가다가 배달용

"

한 존재의 선택이 돌고 돌아
일으키는 선한 영향력을
우리 아이들도 느꼈으면 좋겠다.

"

바구니에 하얀 강아지를 묶고 바닥에 끌며 달리는 오토바이를 목격한다. 황제는 뱃가죽에 빨간빛이 선명한 강아지를 구하기 위해 준서 손에서 벗어나 오토바이를 쫓는다. 강아지를 구하겠단 일념으로 정신없이 뛰다 자동차 경적소리와 "안 돼!"라고 외치는 준서의 목소리를 함께 들으며 눈을 감는 황제. 황제는 그 자리에서 죽음을 맞았고, 가족의 사랑을 받은 영혼이라 단지에 머물며 다음 생을 기다리게 된다. 단지 안에 있으면 다시 태어날 수 있지만, 황제는 오토바이를 몰던 남자를 찾아 죄를 밝히고 준서와 살 수 있는 방법을 찾기로 마음먹는다. 이미 죽어버린 황제가 새 몸을 가지려면 까다로운 조건을 통과해야만 한다. 어려운 선택지 앞에서도 황제는 다음 생을 준비할 기회를 버리고, 모든 걸 제자리로 돌리기 위한 선택을 내린다.

죽음으로 시작한 이야기는 긴박하게 전개된다. 왜 오토바이를 탄 남자는 강아지를 괴롭히며 도로를 질주한 걸까. 이 책을 소개하면 몇몇 아이들은 이미 뉴스나 동네에서 목격한 이야기를 풀어놓는다. 『황제의 선택』은 단순한 복수를 넘어 길고양이, 유기견 등 사람에게 버려져 상처받은 여러 동물의 사정을 들려준다. 한 존재의 선택이 돌고 돌아 일으키는 선한 영향력을 우리 아이들도 느꼈으면 좋겠다. 아무리 작아도 함께 있기에 더 나은 세상을 꿈꿀 수 있다. 아직 우리 아이는 두꺼운 책을 안 읽을 거 같아 고민이라면 정답은 간단하다. 같이 읽고, 소리 내 읽어주길 바란다. 그림책뿐 아니라 동화 역시 함께 읽어주자. 아이들이 귀로 듣고 상상하며 자신만의 세상을 펼치기에 더할 나위 없는 방법이다.

고라니와 멧돼지의 기적 같은 우정

『도야의 초록 리본』
박상기 글, 구자선 그림, 사계절

첫 장의 충격은 마지막 장을 덮을 때
크나큰 감동으로 부끄러운 인간의 모습을 흔든다

『도야의 초록 리본』은 사계절 출판사에서 온책읽기 수업 자료를 올렸다는 소식에 '자료가 있다면 한번 읽어보고 수업하기 좋은지 볼까나' 하고 가벼운 마음으로 구입했다. 엄마가 거실에 쌓고 있는 책탑에서 이 책을 먼저 꺼낸 큰아이는 "엄마, 내가 먼저 읽는다" "이 책에는 연두색 플래그를 붙여야지! 엄마는 다른 색으로 붙여놔" 하고 재촉했다(우리 집은 각자 플래그 색을 다르게 정해서 자신이 마음에 드는 문장에 플래그를 붙여둔다). 워낙 박상기 작가의 『바꿔!』를 재미나게 읽었던 터라 '도야는 누구고 초록 리본은 왜 나무마다 묶여 있는 거지' 하며 표지에 정답이 있는 듯 빤히 들여다본다.

어린 고라니 솔랑과 해랑은 잣나무 숲길 너머 펼쳐진 아름다운 붉은 산에 반해 고속도로를 건넌다. 주저 없이 뛰어간 솔랑과 달리 해랑도 머뭇거리다 뛰어오르지만 질주하는 자동차에 치여 죽음을 맞이한다. 해랑의 죽음에 충격받은 솔랑은 다시 고속도로를 넘을 용기를 잃고, 붉은 산으로 향한다. 하지만 그 산은 철망으로 가로막혀 들어갈 수도 없다. 한순간의 선택으로 모든 게 달라진 솔랑의 절망에서 시작하는 이야기는 큰 충격을 선사한다. 죽음에 예민한 큰 아이는 "왜 시작하자마자 죽어!" 하고 원망을 쏟아냈다. 내가 미리 알았나? 네가 먼저 꺼내갔잖아. 로드킬 당한 어린 고라니의 모습에 놀란 가슴을 진정시키며 겨우 책장을 넘긴다. 가까스로 구멍을 찾아 산속으로 들어간 솔랑은 정신없이 달리다 날이 선 동물들에게 위협을 받는다. 굶주림에 지친 솔랑은 절대 인간 마을에 들어가면 안 된다는 경고도 잊고 마을 근처로 내려간다. 배추 새싹을 먹으려고 밭에 들어갔지만, 커다란 덫에 걸려 살이 뜯긴 뒤에야 탈출한다. 겨우 돌아왔다 생각했지만 피 냄새를 맡은 들개 패거리에게 쫓기고, 도망친 굴에는 덩치가 산만 한 멧돼지가 있다. 심지어 굴 속에 있는 멧돼지는 구역의 우두머리인 도야였다. 도야는 들개 무리를 내쫓으며 솔랑을 지키고, 비상 식량이라 부르며 곁에 둔다. 그렇게 도야 곁에서 살아남는가 싶지만 사냥을 시작한 인간에게 구역을 빼앗긴 들개 무리는 다시 솔랑의 목숨을 위협한다. 유해 동물을 사냥한다는 인간을 보며 짐승들은 왜 인간에게 당하기만 하는지, 왜 이곳에서 사는 동물들이 유해 동물인지, 멧돼지 도야는 무엇 때문에 인간의 물건을 모으고 다니는지 연관성을 상상하느라 바쁘다. 책을 읽는 내내 유해 동물의 정의를 곱씹는다. 자연에서 인간의 몫을 주장한다면 유해 동물로 지정된 동물의 몫은 원래 어디 있는 걸까? 자연에게 유해한 건 동물일까, 인간일까. 작가는 실제 로드킬을 당한 동물들을 보고 글을 썼다고 한다. 어떻게 이렇게 사람 마음뿐만이 아니라 동물들의 목소리까지 실감나게 전하는 것인지. 점점 기력이 쇠해지는 도야의 모습에 슬픔이 끓어오른다. 모든 걸 사람 기준에서 바라보며 나름 동물의 길이라고 만든 생태 통로들이 정말 제대로 필요했던 것인지, 동물에 대한 죄책감을 덜어내기 위한 미봉책은 아니었는지 묻게 된다. '불가능할 것 같은 고라니와 멧돼지의 우정을 그린 이야기'란 뒤표지 문구를 빤히 쳐다본다. 고라니와 멧돼지의 기적 같은 우정과 '부끄러운 인간의 이야기'라고 한 줄 더하고 싶은 마음이다.

> ❝ 자연에서 인간의 몫을 주장한다면
> 유해 동물로 지정된 원래
> 동물의 몫은 어디 있는 걸까?
> 자연에게 유해한 건 동물일까,
> 인간일까. ❞

고양이 상조회사라니

『퍼플캣』
송은혜 글, 오승민 그림, 문학과지성사

길고양이의 죽음에 추모를 보내며

『퍼플캣』은 마해송문학상 16회 수상작인 동화다. 이렇게 상을 강조하는 까닭은 마해송문학상 수상작에 대한 신뢰가 높아 해마다 빠지지 않고 읽기 때문이다. 특히 이 책은 반 아이가 쉬는 시간 틈틈이 읽더니 내게도 꼭 읽어보라고 추천한 책이기도 하다. 고양이처럼 생긴 보름달 아래 보랏빛으로 물든 도시를 배경으로 춤추는 고양이 표지는 절로 손이 간다.

　태권도복을 입은 아이가 급하게 횡단보도를 건너다 도로 중간에 슬리퍼를 흘리자, 슬리퍼를 물어 가져다주려던 길고양이 레옹은 차에 깔려 죽음을 맞는다. 죽음 뒤에 나타난 (주)고양이 상조회사는 레옹에게 '하루 이용권'을 건넨다. 죽은 순간부터 24시간 동안 자유롭게 무엇이든 할 수 있는 이용권이다. 화려한 피로연장도 갈 수 있고, 원하는 모습으로 변신하거나, 달콤한 기억에 빠질 수도, 정어리 수프를 맘껏 마시며, 생쥐 잡기 게임을 즐기는 고양이 온천으로도 갈 수 있다. 레옹은 달콤한 기억을 떠올릴 수 있는 솜사탕 탕에서, 곁을 내주지 않았지만 결국 절친이 된 타로와 함께한 행복한 시간을 떠올린다. 상조회사에서 보낸 하얀 리무진을 타기 전 두고 온 타로가 내내 마음이 쓰이는 레옹은 기억을 지우지 않고 타로를 만나기로 결심한다. 남은 시간을 타로에게 쓰기 위해 하루 이용권을 돌려받으려 했지만 '흑묘단'이 맡겨둔 하루 이용권을 모두 훔쳐갔다. 어떻게든 타로를 만나고 싶은 레옹은 '시간 은행'을 찾아가고, 흑묘단에게 납치를 당하며 온갖 사건을 겪는다. ('흑묘단'은 인간들에게 버림받고 상처받은 고양이들이 복수를 하기 위해 만든 집단이다.) 흑묘단에 들어온 고양이들의 사연은 책을 읽는 독자를 부끄럽게 만든다. 어쩌다 사람들은 그토록 잔인해지고 동물의 고통에 무감각해졌을까.

죽음 너머 세상과 고양이 은행, 상조회사와 온천 등 새롭고 신기한 설정은 아이들의 감탄사를 쏟아내게 만들었다. 온책읽기 수업 때 즐거운 추억을 남긴 책이다. 5~6학년 권장으로 나온 동화지만 책 읽기에 어려움을 느끼지 않는 아이라면 중학년 이상부터 추천한다.

평소 무신경하던 아이들이 책을 읽은 뒤 조금씩 발표하는 내용이 변할 때가 있다. 이 책을 읽고 미술 시간, 건축물에 관한 수업을 할 때 아이들이 길고양이와 유기견을 위한 공간과 생태계를 지킬 수 있는 자재를 생각해보자고 했을 때 예감했다. 이 순간이 내게 등대 같은 빛이 되겠구나. 내가 흔들릴 때마다 그럼에도 함께 책을 읽은 의미가 되어주겠구나 싶었다. 그래서 동화를 같이 읽는 오늘이 또 지나간다.

믿기 힘든 이야기들을
담담히 말한다

『네모 돼지』
김태호 글, 손령숙 그림, 창비

동물권에 관심 있다면 무조건 읽어야 하는 필독서

이 책을 읽은 그날부터 모든 일이 시작되었다. 별생각 없이 좋아하는 김태호 작가 이름만 보고 꺼내 읽은 동화 덕에 '동물권' 수업에 관심이 생겼다. 『네모 돼지』는 아이들보다 어른들에게 더 많이 권한 책이다. 그림책 강의를 할 때도, 동아리를 진행할 때도, 동물에 관한 이야기가 나오면 "『네모 돼지』 읽어보셨어요?" 하고 물어보았다. 반 아이들에게도 "그렇게 반려동물을 아파트에서 집어 던지는 동화가 있는데" "에엑? 어떻게 그래요?" "실제로 있었던 일이야. 여기 뉴스

를 보면 말이야"하며 자주 소개했던 동화다.

7개의 단편으로 이루어진 동화는 차분한 어조로 믿기 힘든 이야기들을 담담히 말하며 읽는 이를 흔들고 무너지게 만든다. "난 이거 읽고 울었다고 말했다!" 담임의 엄한 경고에도 아이들은 오히려 도전 의식을 불태운다. "선생님은 눈물 많잖아요. 지난번에 『엄마 까투리』 그림책 읽어줄 때도 울었잖아요" "전 안 울어요. 엄마가 드라마 보고 울어도 눈물 한 방울 안 흘려요" 하던 아이들이 책을 읽다 결국 엎드린다. 담임은 조용히 휴지를 가져다줄 뿐.

첫 단편 「기다려!」는 바닷가 쪽에서 시작된 진동으로 오염물질이 퍼진 마을의 동물 이야기다. 갑작스런 사고에 사람들은 떠나고 마을에는 버림받은 개들만 남는다. 기다리고 있으란 형의 말에 배고픔도 참으며 기다린다. 먹이 위치를 알아도 쇠사슬로 묶인 목줄 때문에 갈 수도 없다. 다른 동물들이 넌 버림받았다고 말해도 믿을 수 없다. 기다리라고 해서 기다렸을 뿐인데. 다시 마을로 돌아온 형은 자신의 강아지를 데리고 돌아갈까. 첫 단편부터 묵직한 한 방을 맞은 듯 멍해졌다. 두 번째 「소풍」은 귀 끝에 달린 노란 번호표를 이름으로 알고 지낸 소들이 태어나서 처음으로 나간 나들이를 풀어낸다. '달구'란 이름이 있는 C3774는 축사에서 태어나지 않고 엄마와 함께 밭도 갈고, 수레도 끌던 소였다. 발굽을 보호하기 위해 할아버지가 만들어준 딱딱거리는 쇠 신발을 신은 달구는 이번 나들이로 헤어진 엄마를 만날 거란 희망을 품는다. 달구는 할아버지가 딸의 대학 등록금을 마련하기 위해 엄마를 팔았던 건물 앞으로 간다. 건물의 분위기가 이상하다며 도망치는 다른 소들과 달리 달구는 '혹시 엄마를 만나지 않을까, 엄마가 물려준 쇠 신발 소리는 기억하겠지?' 설렘에 들떠 "딱. 딱. 딱" 하고 힘차게 좁은 복도를 따라 들어간다. 언젠가 본 다큐멘터리에서 축사에 갇혀 살던 동물들이 처음으로 나가는 바깥 나들이가 도축장으로 가는 길이란 영상을 본 적 있다. 달구의 설렘에 찬 쇠 발굽 소리는 도축장을 울리며 마음을 때린다.

「고양이를 재활용하는 방법」은 헌옷 수거함에 갇힌 고양이와 그 앞에서 울며 도움을 요청하는 소년의 이야기다. 어른과 아이의 견해 차를 들려주며 생명의 가치를 경시하는 현실을 꼬집는다.

「나는 개」 역시 실제 뉴스에서 봤던 사건과 비슷해 "이건 다 가짜야"라고 외면하며 책장을 덮기가 어렵다. 교실에서 이 동화를 읽어주고 난 뒤 아이들의 반응 또한 예전과 사뭇 달랐다. 경악하는 아이도 있지만, '그게 어때서? 조금 심하지만 그럴 수도 있지'의 반응을 볼 때면 말없이 다른 단편들까지 끈질기게 읽어준다.

「고양이 국화」는 독거노인과 고양이의 동거 생활 일부를 보여준다. 짧은 단편이지만, 사람들 관심에서 외면당한 독거노인과 길고양이의 삶은 다른 듯 닮아 묵직한 무게로 남는다.

「어느 날 집에 호랑이가 찾아왔습니다」는 앞의 단편들과 달리 동물이 주제가 아니라 '오누이 이야기' 전래를 차용해 가족 간의 무관심을 풀어낸 단편이다. 읽는 내내 가슴 한 쪽이 철렁 내려앉으며 분노에 차오르는 건 내가 엄마라서일까, 아니면 그랬던 자녀였기 때문일까.

이 동화를 읽을 당신의 마음이 어떻게 흔들릴지 몹시 궁금하다. 불편하거나 관심이 없어 몰랐을 이 동화들이 씨앗이 되어 동물을 바라보는 시선을 작게라도 움직였으면 좋겠다. 가끔 지치고 힘들 땐 동화를 같이 읽는 게 무슨 소용이 있을까 싶은 날이 있다. 하지만 책이 아니었으면 몰랐을 누군가의 사정을 알게 된 사람은 "더 이상 쉽게 단정 지으며 돌을 던지지 않겠지. 함부로 말을 내뱉지 않겠지. 똑같이 했던 행동이라도 다음에 할 때는 마음 한쪽이 불편해지겠지" 하고 주문처럼 나를 위해 중얼거린다. 눈에 보이지 않고, 당장 성과가 드러나지 않더라도 다음에 누군가의 나쁜 행동을 막을 수 있는 지렛대가 되리라 믿는다.

❝ 이 동화를 읽을 당신의 마음이
어떻게 흔들릴지 몹시 궁금하다. **❞**

긴긴밤 너머
당신의 바다를 발견하기까지

『긴긴밤』
루리 지음, 문학동네

각자의 음악으로 다시 아름답게 기억될

당신의 숱한 밤들을 응원하게 만드는 책

5학년 아이들과 동물권을 주제로 투표했던 책 가운데 공동 1위를 한 작품이다. 책을 쓴 작가는 2020년 그림책『그들은 결국 브레멘에 가지 못했다』(루리 글, 그림, 비룡소)로 비룡소 황금도깨비상을 받았고, 다음 해 바로 동화책『긴긴밤』으로 문학동네 어린이문학상 대상을 받았다. 그림책과 동화 두 장르에 첫 작품을 내고, 그 두 권 모두가 수상작이라니. '천재인 건가?' 감탄이 절로 나온『긴긴밤』이다.

　"아니, 책은 나오자마자 사놓고 왜 안 읽어? 얼른 읽어봐" 하는 친한 언니의 재촉에 은행 대기 시간에 읽기 시작한 책은 결국 은행에서 사연 많은 사람처럼 엉엉 우는 사람으로 만들었다. 그 뒤 동화를 읽는 주변 어른들에게 권하며 책을 읽은 자만의 유대감과 친밀감을 쌓아갔다. 각자의 어두운 밤과 이별을 대입하며 읽어간 어른들과 달리 아이들은 어떻게 받아들일까 궁금해, 달마다 읽는 온책읽기 투표 결과 공동 1위 도서 가운데(『퍼플캣』과 『긴긴밤』이 공동 1위) 담임의 회유로 『긴긴밤』을 먼저 읽었다. (달마다 동화를 뽑을 때 후보 동화 4~5권을 소개한다. 아이들이 뽑은 1위를 같이 읽는다. 내가 꼭 읽어주고 싶은 책이 떨어지면 다음 달에 또 후보로 넣는다.) 이제껏 같이 읽고 나눈 책들에 비해 무게감 있고 호흡이 긴 문장을 어떻게 받아들일지 반신반의하며 책을 읽었다. 어수선하게 떠들던 교실은 이야기가 시작되면서 서서히 소리가 사라지더니 64개의 눈동자가 모두 반짝이며 책만 바라보는, 잊기 힘든 짜릿한 순간이 되었다.

코끼리 고아원에서 태어난 코뿔소 노든은 코끼리들에게 지혜를 배우며 행복하게 지냈지만, 선택의 순간에 고아원에 머물기보다 자유를 꿈꾸며 독립을 결정한다. 노든은 바람보다 빨리 달릴 수 있는 드넓은 초원에서 아내를 만나고, 딸을 낳으며 행복한 시간을 보냈지만, 그 시간은 그리 길지 못했다. 밀렵꾼의 총에 맞아 죽은 가족의 시체 옆에서 절망으로 쓰러진 노든은 구조되어 동물원에 들어간다. 동물원에서 태어나 평생 밖을 나가보지 못한 코뿔소 앙가부와 조금씩 친해지며 둘은 함께 탈출 계획을 세운다. 총에 맞아 절룩거리는 다리 때문에 치료실에 갔던 저녁, 앙가부 역시 밀렵꾼에 의해 죽음

긴긴밤 너머 당신의 바다를 발견하기까지.
각자의 음악으로 다시 아름답게 기억될
당신의 숱한 밤들을 응원하게 만드는 동화책이다.

을 맞이한다. 슬픔을 위로하며 유일하게 의지했던 앙가부의 죽음으로 노든은 깊은 절망에 빠진다. 이제 노든은 세상에 하나뿐인 흰바위코뿔소가 되었다. 분노에서 헤어나오지 못하는 노든은 전쟁으로 폭격을 맞아 무너진 동물원에서 탈출하게 된다. 동시에 누군가 버린 알을 외면하지 않고 품어온 치쿠와 웜보 펭귄 커플 역시 전쟁의 참극을 마주한다. 펭귄 치쿠는 알을 지키다 죽어가는 웜보의 뜻을 이어받아 양동이에 알을 담고 탈출한다. 노든과 치쿠는 동물원의 불길 속에서 만나 정처 없이 걷기 시작한다. "노든은 악몽을 꿀까 봐 무서워서 잠들지 못하는 날은, 밤이 더 길어진다고 말하곤 했다. 이후로도 그들에게는 긴긴밤이 계속되었다."(57쪽) 곁에 있던 모든 이들이 인간에게 죽임을 당한 노든의 악몽과 죽어가는 연인에게 인사도 제대로 건네지 못하고 알을 들고 나와야 했던 치쿠의 긴긴밤은 그렇게 이어진다. 펭귄은 바다에 가야 한다는 치쿠 말대로 무작정 목적지를 바다로 정하고 걸어가던 둘은 다시 한번 길 위에서 치쿠의 죽음을 맞이한다. 어둠이 있어야 빛이 드러나고, 죽음이 있어야 생명이 태어난다고 했던가. 치쿠가 떠난 저녁 그들이 모든 것을 걸고 지킨 알에서 '나'가 태어난다. 세상에 홀로 남은 흰바위코뿔소 노든에게 갓 태어난 새끼 펭귄은 어떤 의미였을까. 오로지 인간을 향한 복수로 생을 이어가던 노든. 복수의 순간에 모든 것을 포기하고 새끼 펭귄을 지켰을 때의 참담함을 어찌 짐작할 수 있을까.

아이들에게 긴긴밤의 의미가, 노든의 심정이 어떤 맥락으로 다가갈지 고민하며 읽을 때마다 떨리는 목소리를 다잡기 위해 힘들었던 책이다. 믿음이 부족한 담임의 예상과 달리 아이들은 자신만의 긴긴밤을 풀어내고, 밀렵꾼에 대한 분노와 이름 없는 '나'를 위해 이름을 지어주기도 했다. 이 책의 여러 매력 가운데 하나는 새끼 펭귄 '나'와 노든의 여정이 파노라마처럼 그림으로 펼쳐지는 마지막이 아닐까 싶다. '인생의 회전목마' 음악을 배경으로 담임이 그림을 넘기며 줄거리를 한두 줄로만 천천히 말하다 마지막 음악 속 박수 소리와 함께, 뒤돌아 독자를 빤히 바라보고 있는 새끼 펭귄의 눈빛을 확대해 보여주었다. 새끼 펭귄의 눈빛이 교실 텔레비전을 가득 채우고, 음악은 박수와 함께 절정을 맞이했다. 뒤돌아선 펭귄을 보며 "아, 저기 '내'가 있어요!" 외치던 아이의 목소리는 이름 없는 새끼 펭귄의 자리에 우리 각자의 모습을 대입하게 만들었다. 각자의 음악으로 다시 아름답게 기억될 당신의 숱한 밤들을 응원하게 만드는 동화책이다.

어찌 책 몇 권이 사람을 바꾸겠는가. 그만큼 오만하고 낭만적인 착각이 어디 있겠냐만은, 늘 희망을 품기에 사람은 내일의 해가 뜨는 걸 기다린다. 나는 회의론자에 가까운 사람이다. 운 좋게 무한긍정주의, 인류애가 충만한 지인이 세상이 살 만하다 긴급 수혈을 해주지만, 내가 회의론자가 된 이유는 상처받기가 두려워서다. 미리 원래 그렇다고 나쁜 일이 기본이라고 생각하면 덜 힘들기 때문이다. 이런 용기 없는 나를 자꾸 사람들 앞에서 말하게 내세우는 건 이런 동화 때문이다. 같이 읽고 무엇이라도 기대하는 걸 보면 아직도 회의론자는 멀었나 싶기도 하다.

『퓨마의 오랜 밤』
박현숙 글, 신진호 그림, 노란상상
실제 일어났던 동물원 퓨마 사살 사건이 모티브인 책

실제 2018년 가을, 동물원에서 일어난 퓨마 사살 사건을 모티브로 만들어진 동화다. 다큐멘터리 감독인 억새 아빠는 퓨마를 촬영하러 가는 길에 교통사고로 가족의 곁을 떠났다. 아빠를 그리워하는 억새는 동물원에서 퓨랑이를 보자 아빠 생각이 나 퓨랑이에게 자꾸 마음이 간다. 동화는 독특하게 억새의 입장에서 서술되는 하얀 종이와, 퓨랑이의 입장에서 진행되는 노란색 종이를 교차시키는데, 같은 상황에도 극명하게 드러나는 인간과 동물의 차이를 보여준다. 인간의 시각에서는 탈출이지만, 퓨랑이는 단지 열린 문틈으로 발자국을 떼었다 소리에 놀라 길을 잃은 것뿐이다. 새끼를 두고 탈출할 리 없는 퓨마의 기질을 모른채, 놀란 인간들 때문에 퓨랑이는 돌아갈 기회를 얻지 못하고 죽임을 당한다. 퓨랑이의 죽음을 겪으며 억새는 새로운 꿈을 정한다. 인간과 동물이 서로의 자리를 지키며 꿈을 이룰 수 있는 날이 올 수 있을까.

❝ 실제 뉴스 스크랩과 관련 기사를
모아둔 책일기장.
교사 책상 위에 두고
아이들이 자유롭게 보게 한다. ❞

『뻔뻔한 가족』
박현숙 글, 정경아 그림, 서유재

수상한 가족들과 길고양이와의 상관관계

사업을 홀딱 말아먹은 아빠 덕에 도둑처럼 몰래 들어간 할머니 집은 여섯 가구가 모여 사는 35년 된 낡은 빌라다. 할머니를 괴롭히는 뻔뻔한 불효자라며 가족을 구박하는 104호 할머니와는 사이가 금방 틀어진다. 그런데 104호 할머니의 손녀 오하얀이 느닷없이 길고양이 장례식에 나를 초대한다. 얼결에 가긴 했는데, 부조금을 강요한다. 이상하게 뻔뻔하면서 당당한 하얀이가 신경 쓰이고, 길고양이를 돌보는 아이들과 함께 어울리며 자꾸 길고양이가 신경 쓰인다. 우연히 길고양이가 자동차에 치이는 사고를 목격한 주인공과 아이들은 어떻게 사건을 해결할까. 수상한 가족 시리즈의 박현숙 작가 책이다.

『미소의 여왕』
김남중 글, 오승민 그림, 사계절

전작 읽기를 추천하는 작가의 단편

김남중 작가의 글은 목소리를 한껏 꾸깃거리다 시원하게 내지르게 만든다. 충격적인 반전, 메시지가 선명해 꾸준히 찾아 읽는 작가다. 이 동화책에는 네 개의 단편이 들어 있는데 그중 「어둠 속의 푸른 눈」을 추천한다. 울음소리와 먹이를 찾아 쓰레기봉투를 찢는 행동에 피해를 입은 병민이가 새총과 전동 총, 덫까지 동원해 길고양이를 내쫓는 이야기다. 가책 없이 총을 쏘며 즐거워하는 인물에 불쾌한 감정이 앞서고 책장을 넘기는 게 힘들었다. 무엇이 이렇게 화가 나고 힘들었는지 곰곰이 생각하게 하는 힘을 가진 동화다.

『늑대를 지키는 밤』

하네스 크루그 지음, 전은경 옮김, 푸른숲주니어

인간 중심의 사고가 얼마나 잔혹한지,
늑대의 시선으로 바라보는 인간 사회

청소년 소설로 분류되지만, 고학년 아이들과 함께 읽고 싶다. 책을 읽는 내내 뛰어난 문장력 덕분에 머릿속에서 하나의 영상처럼 밤의 풍경들이 펼쳐진다. 남다른 걸 자랑하고픈 호사가에게 불법으로 유통되어 학대받던 늑대가 탈출해 도망치다가, 친구들의 따돌림에 혼자를 택한 소년을 만난다. 늑대에게 단숨에 맘을 빼앗긴 소년은 늑대를 지키려 하지만, 늑대는 인간을 습격했다는 누명을 쓰고 야생 공원 검역소 우리에 갇히고 만다. 서식지가 분명하지 않은 야생 동물은 안락사를 당한다는 말에 늑대를 살리려는 소년의 고군분투가 담겼다. 모든 생명 위에 인간이 최고라는 기준과 논리에 의문을 제시한다. 지인들에게 추천했더니 왜 동물 책들마다 밤이 제목에 들어가냐는 질문을 받았다. "동물들이 그나마 숨통을 트일 때는 인간이 사라지는 밤이라 그런 게 아닐까" 하고 답한 뒤 책 제목에 적힌 '밤'을 한참 들여다보았다. 함께 공존할 수 있는 길은 여전히 까마득한 걸까. 아니라고 믿고 싶다.

❝ 함께 공존할 수 있는 길은
여전히 까마득한 걸까.
아니라고 믿고 싶다. ❞

『악당의 무게』

이현 글, 오윤화 그림, 휴먼어린이

말도 다르고 생김새가 다를 뿐 동물이나 사람이나 목숨은 하나

존재감 없는 전학생 수용이는 친구들과 어울리고 싶지만, 친구를 사귀긴 쉽지 않다. 우연히 동네 뒷산의 들개를 보고도 겁먹지 않는 모습을 본 반 친구들이 수용이의 배포를 인정하고 같이 어울린다. 당당하면서 존재감 있는 들개 모습에 '악당'이라 이름을 붙이고 서로의 존재에 적응하던 때, 갑자기 악당이 동네 주민의 목을 물어뜯는 사건이 터진다. 사람을 공격하는 들개는 안락사를 시켜야 한다며 뉴스까지 나오자, 경찰은 마취총을 들고 수색을 벌인다. 악당이 그럴 리 없다며 악당의 사정도 알아봐야 한다는 수용이와 친구들의 목소리는 어른에게 닿지 않는다. "나도 안다. 악당은 개다. 사람과 개는 다르다. 우리는 생김새도 다르고, 사는 방법도 다르고, 말도 통하지 않는다. 단지 그렇게 다를 뿐이다. 개에게도 목숨은 하나밖에 없다. 죽고 싶지 않을 거다. 만약 죽게 된다면, 몹시 두렵고 아프고 또 슬플 거다. 그런 건 개나 사람이나 다름없다. 내 생각은 그렇다."(101쪽) 수용이의 목소리는 안일하게 동물의 목숨을 뒤로 밀어놓은 우리에게 일침을 가한다. 사건의 진실을 알고 있으면서 입을 다문 부모와 어쩔 수 없다는 어른들 속에서 수용이는 악당을 구하기로 결심한다. 하지만 수용이의 계획은 실패로 돌아가고, 악당은 경찰이 쏜 총에 맞아서 죽게 된다. 이 책을 다 읽고 반납하러 온 한 학생이 말한 게 잊히지 않는다. "영어 쌤이 연애 책 추천 전문가라더니 진짜네요. 저 선생님 덕에 세상의 모든 생명들과 사랑에 빠질 것 같아요. 고맙습니다."

『애니캔』
은경 글, 유시연 그림, 별숲

언젠가 동물의 생명도, 생김새도 주문만 하면 만들 수 있을까

반려동물의 성격, 생김새, 건강까지 선택해 고를 수 있는 가게, 애니캔이 동네에 생겼다. 삐걱거리는 가족들을 이어줄 사랑스럽고 밝은 강아지를 원했던 새롬이는 애니캔에서 별이를 만난다. 애니캔에서 만난 동물들은 애니캔에서 정한 사료만 먹어야 건강하게 살 수 있다. 새롬이가 여행으로 집을 비운 사이, 사료가 아닌 음식을 먹은 별이는 병에 걸려 회복하지 못한다. 별이를 구하기 위해 새롬이와 친구들은 애니캔의 비밀에 접근한다. 이 과정에서 인간의 욕심으로 얼룩진 동물들의 현실과 동물의 생명을 장난감처럼 여기는 사회가 적나라하게 드러난다. 동면 기술과 특별한 수액으로 반려동물을 캔에 담아 파는 독특한 설정은 한낙원과학소설상을 받았던 우미옥 작가의 「동식이 사육 키트」(『운동장의 등뼈』 수록 단편)를 떠올리게 한다. SF 소재에 관심 있다면 『하늘은 무섭지 않아』(고호관, 이민진, 임태운, 우미옥, 김명완 글, 조승연 그림, 사계절)와 다른 단편을 더해 나온 『운동장의 등뼈』(우미옥 글, 박진아 그림, 창비)도 추천한다. 원래 책은 읽다 보면 꼬리에 꼬리를 무는 법이니까.

❝ 선생님 덕에
세상의 모든 생명들과
사랑에 빠질 것 같아요.
고맙습니다. ❞

4부

장
르
의
재
미

13장

모른 척한다고
사라지지 않는다, 공포

왜 인간은 무서운 이야기에 끌리는 걸까? 무기력해진 아이들을 깨울 수 있는 건 무엇일까? 나는 이럴 때 공포 동화를 꺼낸다. 열지 말라면 열고, 읽지 말라면 꼭 읽는 게 사람이다. 그렇게 읽지 말라는 책들은 책등이 닳도록 돌려 읽는다. 눈을 감으면 아침이 안 올 것 같던 시절부터 각자의 원인을 가진 공포가 점점 자란다. 두려움을 쌓기만 하고 풀어낼 줄 모르는 아이들에게 '너만 그런 게 아니야' '이런 방법도 있으니 한 번 더 생각해볼래?' 하고 예방주사 놓듯 미리 겪어보게 하고, 감정의 해방을 선사하는 게 바로 공포 동화다.

"기괴한 표지에다 흥미 위주에 문학성도 낮을 것 같고, 교훈도 없을 것 같은 책을 왜 굳이 권해야 할까?" 지금부터 소개하는 책은 이런 의문을 들게 할지도 모른다. 하지만 그런 질문을 품은 이가 있다면 두 손 들고 환영한다. 왜 자신의 무의식에서 거부감이 드는지,

장르 동화는 문학성이 낮다고 생각하는 이유가 뭔지, SF나 판타지 클래식들이 다양한 매체로 만들어지며 세대를 이어 반복되고 사랑받는 이유는 무엇인지, 들여다보는 기회가 됐으면 좋겠다. 한계 없이 인간의 본능을 자극하는 재미는 시대를 초월해 언제나 호기심을 불러일으킨다. 시간이 흘러도 사라지지 않는 이야기엔 중요한 지혜가 숨어 있다. 형제간의 우애를 얘기하기도 하고, 인간관계의 위험을 경고하기도 한다. 때로 그것은 공포의 옷을 입기도, SF와 판타지의 형식을 빌려 사람들 곁에서 숨을 쉬며 이어져 온다.

우리는 어른이기에, 이미 읽은 책이라고 모두 안다고 착각한다. 하지만 해마다 아이들을 만나며 다시 읽을 때마다 새롭게 배우는 점이 많다. "먼저 읽어보시라. 읽어보고 판단하시길." 그런 다음 아이와 함께 나누었으면 좋겠다. 내가 진짜 무서운 건 갑자기 구미호가 나타나고, 귀신이 내 머리카락을 빗으며 중얼거리거나, 동생이 귀신에 홀려 호수 한가운데 들어가는 것보다 어린이의 불안과 걱정을 덮어두고 모른 척 하는 거다. 아이의 질문을 막는다고, 두려움을 무시한다고 사라지지 않는다. 더 크게 부풀어 올라 터지길 기다릴 뿐이다. 그거야말로 진정 공포다. 더 좋은 위로와 치유법도 있겠지만 내가 좋아하고 잘하는 건 같이 책을 읽으며 행간 사이에 숨은 목소리를 끄집어 나누는 것이다. 아이들은 책을 읽으며 돌멩이처럼 걸리는 지점에서 속마음을 나눌 때 주저함이 없다. 우리 반 공포 책장과 내 아이에게도 읽어줬던 책들을 추천한다. 이 글이 끝날 때쯤 당신 마음에 읽고 싶은 책 목록이 한 권쯤은 늘어나 있길 바란다.

짧아서 강하고, 강해서 깊다

『외딴 집 외딴 다락방에서』
필리파 피어스 글, 앤서니 루이스 그림,
햇살과나무꾼 옮김, 논장

공포 장르의 마중물, 저학년과 함께 읽을 수 있는 책

『외딴 집 외딴 다락방에서』는 작가 이름만으로 무한 신뢰가 생기는 책이다. 공포 장르의 문 앞에서 망설이는 분들께 마중물 책으로 강력 추천한다. 번역서 『외딴 집 외딴 다락방에서』라는 제목은 사건이 벌어지는 공간을 강조하고 있지만, 원서 제목은 『The Ghost in Annie's Room』으로 공간과 더불어 인물과 사건도 내세운다. 책 표지 역시 출판사에 따라 다르지만 번역서는 이불을 꼭 잡고 독자 너머 무언가를 빤히 바라보는 여자아이가 있는 표지가 채택되었다. (번역서를 읽을 때 아이와 함께 원서 제목을 찾은 뒤 나라와 출판사마다 다른 표지를 보며 각자의 맥락과 의도를 상상하는 걸 즐긴다. 나라면 어느 출판사의 표지가 더 좋은지, 자신만의 표지를 찾거나 만드는 것도 주체적인 책 읽기의 방법이다.) '외딴 집 외딴 다락방에서'와 '애니의 방에 있는 유령' 중 어떤 제목이 독자의 눈길을 사로잡는지는 해마다 아이들의 반응이 달라 무엇이 더 뛰어나다 겨룰 수 없다. 하지만 한 끗 차이로 달라지는 번역의 세계는 알수록 신기하다.

이야기는 가족들과 바닷가에 있는 이모할머니 댁에 간 첫날부터 시작한다. 에마는 방이 모자라 이모할머니의 딸 애니가 쓰던 꼭대기층 다락방으로 안내받는다. 그 방에 들어서자 한숨을 쉬며 애니가 보고 싶다는 이모할머니, 오래전 애니 이모 이야기를 그리운 듯 이야기하는 엄마, 부모님의 대화를 몰래 듣고 누나가 자는 다락방에서 유령이 나온다는 남동생까지. 아슬아슬한 복선이 깔린다. 남동생이 위안이라고 해주는 말은 "해코지는 안 하는 유령이래!"다. 남동생의 얄미움은 전 세계 공통일까. 천둥 번개가 치는 밤 무서움에 떠는 에마 곁에 고양이 한 마리가 나타난다. 에마를 위로하듯 발치에 앉아 잠든 고양이를 보며 푹 자고 일어난 에마는 엄마에게 아침에 사라진 고양이 이야기를 한다. 그리고 엄마는 에마에게 말한다. 내내 긴장하며 읽다 마음을 놓는 순간 절묘하게 끊어내는 한 문장에 함께 책을 읽던 아이와 동시에 "진짜?" 소리를 외쳤다. 이모할머니네 다락방에서 사흘 밤 동안 일어나는 사건을 56쪽으로 묵직하게 날리는 내공이라니. 짧아서 강하고, 강해서 깊은 단편을 좋아하는 독자로서 이 책을 처음 읽었을 때의 놀라움이 아직도 선명하다. "역시 천재구나! 필리파 피어스는!" 최소한의 장치로 독자에게 강렬한 인상을 남기는 이 책은 잠들기 전 아이에게 읽어주길 추천한다. 이불 속에서 이야기를 들으며 귀를 막으며 소리 지르는 아이의 모습을 볼 수 있다.

> **❝** 짧아서 강하고, 강해서 깊은 단편을
> 좋아하는 독자로 이 책을 처음 읽었을 때
> 받은 감탄은 아직도 선명하다. **❞**

책 속 이야기가
현실로 확장되는 짜릿함

『한밤중 스르르 이야기 대회』
황종금 글, 김한나 그림, 웅진주니어

에어컨 바람보다 서늘한 이야기가 필요한 밤에 읽는 책

기나긴 밤, 여전히 아이들은 부모를 붙들고 이야기를 해달라고 조른다. 『한밤중 스르르 이야기 대회』는 이야기를 졸라대는 아이들에게 하루에 한 개씩 읽어주기 좋은 책이다. 여름 방학 동안 외할머니 집에 머물던 민담이는 마실 나간 할머니를 기다리다 갑작스러운 정전으로 집 안이 깜깜해지자 밖으로 나선다. 당산나무에서 들리는 소리에 가까이 갔다가 네 명의 아이들을 만난다. 스스럼없이 무리에 끼워준 여자아이 덕에 민담이는 왕눈이, 마빡이, 이대팔, 통배와 인사를 나누고 이야기 놀이를 시작한다. 한밤중 길을 가르쳐달라는 군인을 따라가다 어떤 할아버지 호통에 겨우 정신 차려 돌아왔다는 아이, 분명 우리 할머니는 오륜 고개라 부르는데 야시 고개가 맞다며 그 고개에서 불여우를 만났다는 아이, 부엉산 호랑이를 타고 저승에 있는 엄마를 만나고 왔다는 아이까지. 무엇이 현실이고 꿈인지 흐릿한 경계에서 이야기를 듣다 아이들과 헤어지고, 방학이 끝날 무렵에야 다시 아이들과 만난다. 작가가 풀어내는 이야기를 듣다 지명이 익숙하다 싶어 찾아보니 부산에 실제 존재하는 지명이었다. 내가 다니는 골목에서, 버스에 적힌 마을에 진짜 이런 일이 있었을까 상상하며 읽는다면 얼마나 짜릿할까. 책 속 환상이 현실로 확장되는 귀한 경험일 것이다. "너같이 심심해하는 애들을 잡아다가 밤새 이야기보따리를 주절주절 풀어놓는단다. 조심해야 돼. 귀신은 그렇게 사람을 홀리는 거여."(94쪽) 외할머니 말씀에 당산나무에서 만난 아이들이 나를 홀리는 귀신인지, 심심한 여름 방학을 잊지 못할 추억으로 남겨준 친구인지는 독자의 판단에 맡긴다. 하룻밤 하나씩 읽어주며 다른 이야기도 슬금슬금 풀어놓다 보면 이 지루하고 더운 여름밤도 어느새 끝나지 않을까. 에어컨 바람보다 서늘한 이야기가 필요한 날이 있다.

그래서 수련회마다
공포 체험을 시키는 건가?

『귀신새 우는 밤』
오시은 글, 오윤화 그림, 문학동네

담임도 공포 체험은 싫다

『귀신새 우는 밤』의 주인공 4학년 3반 아이들 넷은 수련회 담력 훈련 조 편성 때 어디에도 끼지 못한 아이들로 이뤄져 있다. 범생이 승민이, 삐딱이 나영이, 투명인간 창수, 왕따 영호. 이 넷은 산에서 길을 잃는다. 어두운 숲에서 희망을 잃어갈 때 하얀 옷을 입고 쪽진 머리에 비녀를 꽂은 할머니를 만난다. 한밤중 소복 입은 할머니도 무섭지만 산에서 영영 길을 못 찾을까 봐 겁나는 건 마찬가지다. 껌껌한 산속, 초 앞에서 손을 모아 절을 하는 할머니를 기다리며 이런 곳에선 귀신이 나올 것 같다는 말에 아이들은 각자 겪은 귀신 체험을 풀어놓는다. '안 돼! 하지 말라고! 귀신 이야기하면 귀신이 나타난단 말이야!' 말리고 싶지만, 아이들은 장르의 법칙처럼 이야기를 시작한다.

친구 사귀는 게 힘들어 외톨이로 자란 창수는 인적이 드문 계곡으로 간 가족 여행에서 만난 물귀신 이야기를 한다. 모두가 무서워서 피할 물귀신도 사실 나처럼 외로워서 슬픈 존재일 뿐이라는 창수의 이야기는 친구들의 마음을 두드린다. 창수의 얘기에 모범생 승민이는 실제로 그런 일이 있겠냐며 윽박지른다. 이어지는 이야기 역시 친구 관계가 어려운 영호가 겪은 학교 괴담이다. 돼지라 놀림받으며 따돌림 당하는 영호는 유일한 친구가 귀신이란 걸 인정하고 싶지 않다. 귀신이라도 친구면 좋겠다는 영호 얘기에 창수는 자신과 닮은 마음을 안고 있는 영호에게 손을 내민다. 마음이 힘들 때 가까운 이보다 어쩌면 한 걸음 떨어진 낯선 이에게 고민을 털어놓는 게 도움이 될 때가 많다.

나영이 역시 어색한 친구들 앞에서 이야기를 하다 지금 자신에게 가장 필요한 일을 스스로 깨닫는다. 아이들이 겪은 귀신은 무서운 존재가 아닌, 자신을 갉아먹는 고통에 찬물을 끼얹으며 현재를 직시하게 하는 계기로 등장한다. 각자의 마음속 그림자는 다르지만, 함께 얘기하며 해소하는 경험을 통해 아이들은 서로의 고통을 공감해주고 그 속에서 용기를 얻는다.

이야기가 끝나고, 아이들을 캠프에 데려다주는 할머니는 "근심

" 나뿐만이 아니라 다른 이 역시
비슷하게 힘들었다는 사실은
출구를 몰라 헤매는 존재에게
크나큰 위로가 된다. "

과 걱정은 너희 몫이 아니다. 세상에 재미나고 신나는 일이 얼마나 많으냐. 그런 것을 쫓아야 하는 거다. 알았냐?"(142쪽) 하고 말한다. 작가가 어린이 독자에게 해주고픈 당부가 아니었을까. 서로의 외로움을 듣고 손을 내민 것처럼 공포란 누군가를 두렵게 하는 게 전부가 아니다. 친구 관계 속 문제, 죽음과 이별 등 고민을 나누며 평소 꺼내기 힘든 솔직한 모습을 보이는 기회가 되기도 한다. 나뿐만이 아니라 다른 이 역시 비슷하게 힘들었다는 사실은 출구를 몰라 헤매는 존재에게 크나큰 위로가 된다. 아, 그래서 그렇게 수련회 때마다 공포 체험을 시켰던 걸까? 흔들다리 위에서 만난 이성에게 호감이 더 생기는 것처럼 서로 의지하며 신뢰감을 쌓고 과제를 해냈다는 성취감을 주기 위해? 이 책도 그렇게 공포 체험을 하러 가다 길을 잃은 것에서 시작하니까 말이다. 아이들만 공포 체험이 무서운 게 아니다. 교사에게 깜깜한 산속에서 소복을 입고 대기하라면? 상상만 해도 등골이 오싹한다. 교사도 공포 체험은 그냥 책으로만 하고 싶다. 그나저나 모범생 승민이는 끝까지 귀신을 믿지 않았을까? 아니면 오늘이 귀신을 만나는 첫날이 될까?

고학년일수록 아이들은 "강한 거! 찐한 거! 더 센 거!"를 요구한다. 매운맛 신기록 대결도 아니고, 강한 자극이 넘치는 영상과 이미지에 익숙한 탓에 책을 고르는 아이들의 기준도 비슷해진다. "에이, 쌤! 우리를 몇 살로 보는 거예요? 이거 말고 더! 더! 무섭고 센 거요!" 소리를 지르는 아이들을 보면 막막하다. "무조건 무서운 것보다 읽고 나서 등 뒤가 오싹하고, 손톱 옆 거스러미처럼 맘에 걸려서 자

꾸 생각나는 책들이 있는데 어때? 너무 무서운 건 혼자 엘리베이터
도 못 타고, 밤에 잠도 못 자게 한다니까? 이왕 읽을 거 재미도 있고
여운도 길게 남는 책이 있는데." 자꾸 핵불맛을 원하는 아이들에게
추천한다.

각자의 불안과 두려움을 바탕으로

『금이 간 거울』
방미진 글, 정문주 그림, 창비

오싹함이 길게 남는 공포 이야기

고학년 친구들에게 처음 공포 장르 책을 추천할 때 가장 먼저 언급하는 작가는 방미진 작가다. 책을 읽었을 때 목구멍을 막는 머리카락 뭉치가 생생하게 느껴질 정도로 오싹함이 길게 남아 신간 알람 설정을 하고 늘 챙겨 읽는 작가다. 그래서 방미진 작가 책에서 아이들이 좋아하는 3권을 연이어 소개한다. 내 마음을 빼앗아간 작가의 첫 책『금이 간 거울』에는 단편 다섯 개가 들어 있다. 표제작인 「금이 간 거울」과 「기다란 머리카락」은 가족과 친구들 사이에서 아이가

겪는 양심의 고통과 갈등이 잘 드러나 여러 아이들에게 사랑을 받았다. 수현이는 잘난 동생과 친구들 사이에서 존재감이 희미하다. 도둑질하면 누군가가 관심을 보일 거라 생각하지만, 도둑질을 해도 아무도 수현이에게 관심을 보이지 않는다. 대신 수현이에게는 물건을 훔칠 때마다 금이 가는 거울이 있다. 버릴 때마다 되돌아오고, 훔칠 때마다 금이 늘어나는 거울을 보며 다신 도둑질을 하지 않겠다고 다짐한다. 하지만 소외감에 불안한 아이는 결국 원점으로 돌아간다. 너무 커진 죄의식에 잡아먹힌 아이는 선악의 기준조차 흐려지고 잘못을 반복한다. 수현이는 자신을 알아달라고 호소하는 대신 도둑질로 얻는 짜릿함과 해방감을 즐기게 된다. 자꾸 되돌아오는 금이 간 거울은 수현이의 내면처럼 더 이상 깨질 곳 없이 망가져간다.

「기다란 머리카락」에서는 각자 삶에 바빠 소통이 단절된 가족의 외로움과 원망이 머리카락으로 등장한다. 집 안을 온통 뒤덮은 긴 머리카락들은 바로 외면해온 가족들의 속마음이다. 어둠 속에서 끝없이 집 안을 기어 다니며 압박해오는 머리카락. 시간이 갈수록 예민해지고 날카로워지는 가족들은 머리카락이 집 안을 에워싸자 뒤늦게 담아둔 원망과 분노를 쏟아낸다. 이 가족들은 어떻게 해결책을 찾을 수 있을까. 우리가 겪는 공포는 각자의 불안과 두려움을 바탕으로 생긴다는 것을, 그 내면의 원인을 찾아내 함께 나눈다면 비극이 끝난다는 것을 알려준다. 깊이 있는 작가의 시선은 두려움을 넘어 타인의 감정을 이해하고 성숙해지는 과정을 담아낸다. 아이들에게 이 책을 읽고 난 뒤 함께 이야기를 나눠보면 고개를 돌리기도 하고, '그냥 좋았어요' 하며 머쓱하게 웃기도 한다. 하지만 아이들이 이 책에 가득 붙여놓은 플래그를 보면 말하지 않아도 마음이 마구 흔들렸구나 싶어 더는 묻지 않는다. "그럼 방미진 작가님 다음 책 읽어볼래?" 은근 슬쩍 절호의 기회를 놓치지 않고 교실 책장에서 책을 꺼내준다.

> 66 우리 반 학급 문고에는
> 늘 책날개에 플래그를 붙여둔다.
> 아이들은 자기가 좋아하는 문장에
> 자기 번호나 이름을 쓴 플래그를 붙인다.
> 나와 같거나 다른 곳에 붙은 플래그를
> 보는 것만으로도 이미 충분한 소통이다. 99

두려움을 몰고 오는 낯선 존재

『인형의 냄새』 방미진 글, 오윤화 그림, 별숲
『비누 인간』 방미진 글, 조원희 그림, 위즈덤하우스

인간다움에 대해 질문하는 공포 동화

방미진 작가의 『인형의 냄새』와 『비누 인간』은 인간이 인간답게 산다는 게 무엇인가를 공포의 맛으로 버무려 담은 책이다.

　『인형의 냄새』는 엄마가 돈이 떨어지자 인연을 끊고 산 외할머니 집에 보내진 열한 살 미미 이야기다. 미미는 손녀보다 밀랍 인형을 더 사랑하는 외할머니에게 자신을 봐달라고 말하기보다 스스로 자신을 괴롭히는 쪽을 택한다. '인형 지원이처럼 예쁘게 생겼다면 나도 사랑받을까? 엄마가 나를 버리지 않았을까?' 낮은 자존감과 절망으로 가득 찬 환경에서 미미는 인형이 언젠가 자신의 몸을 빼앗을 것이란 환상에 시달린다. 작가는 공포 소재로 자주 쓰이는 인형을 애정을 갈구하며 다른 이가 원하는 대로 살아갈 수밖에 없는 아이의 모습으로 사용한다. 어른들의 요구와 기대에 맞춰 사는 아이들이 밀랍 인형과 다른 게 뭘까. 인형처럼 살던 아이는 어떤 어른이 될까.

『비누 인간』은 이웃으로 이사 온 가일이네의 비밀을 알게 되면서 마을에서 벌어지는 사건을 다룬다. 한 폭의 그림처럼 아름다운 가족들은 사실 음식도 안 먹고, 칼로 살을 깎아내며, 실제 혈연관계도 아닌 사이다. 음식이 아닌 비누를 먹는 이질적인 존재라는 걸 알게 된 마을 사람들은 그들을 두려워하며 제거하기로 한다. 대화와 이해보다 폭력으로 낯선 존재를 없애고자 한 것.

아이들과 함께 읽으며, 사람의 정의를 묻는 등장인물의 질문에 어른인 나도 쉽게 답하지 못했다. 개인의 내면 또는 관계에서 겪는 불안과 두려움을 다루는 책들 속에서 『비누 인간』은 다른 차원의 질문을 던진다. '너는 그 상황에서 어떤 결정을 내렸을 거 같아? 다를 거 같아? 모두 다 같은 답을 외칠 때 너 스스로 생각하고 다른 판단을 내리는 게 가능할까?' 낯선 존재에 당황하며 전염병처럼 번지는 폭력과 공포 속에서 너와 내가 무엇이 다른지, 진짜 사람의 정의가 무언지 자꾸만 질문을 던지는 책이다.

이 책은 5학년 반 아이들의 사랑을 듬뿍 받았다. 특히 조원희 작가의 표지를 따라 그리거나 따로 책을 구입해 들고 다닌 아이들이 많았다. "뭐가 그렇게 마음에 들었어?" 하는 질문에 "무섭지 않은 것 같은데 가만히 생각하면 무서워요. 가장 무서운 건 진짜 지금 어디선가 일어났다 해도 가능할 것 같아요." 아이 답변에 팔뚝에 소름이 돋았다.

> **❝** 낯선 존재에 당황하며
> 전염병처럼 번지는 폭력과 공포 속에서
> 너와 내가 무엇이 다른지,
> 진짜 사람의 정의가 무언지
> 자꾸만 질문을 던지는 책이다. **❞**

여자아이들의 우정과 질투

『빨간 우산』
조영서 글, 조원희 그림, 별숲

친구에 대한 기묘한 집착의 끝을 보여주는 책

별숲 출판사의 공포 책장 시리즈로 나온 『빨간 우산』과 『마지막 가족 여행』(이창숙 글, 박지윤 그림, 별숲) 역시 아이들이 좋아하는 책이다.

특히 『빨간 우산』은 죽어서도 친구를 향한 집착을 버리지 못하는 아이의 마음이 담긴 이야기다. 고학년 여자아이들이 가장 고민하는 친구 관계를 이렇게 풀어내다니! 감탄이 절로 나왔다. 아이들이 빌려간 책을 돌려주며 "시원하면서도 오싹했어요. 그런데 그렇게 집착한 맘을 알 것 같아요" 말할 때는 마음속 응어리가 풀렸구나 싶어

"난 6학년 때 이런 일이 있었는데" 하며 묻지도 않는 내 상처를 꺼내기도 했다. 평소라면 시작할 생각조차 못할 감정을 책 한 권으로 기꺼이 나눌 수 있다니. 나이를 떠나 삶이 연결되는 책을 만나는 날에는 가슴이 간질간질, 다른 친구에게도 같이 읽자고 말하고 싶어 입이 근질근질하다. 아이들에게 이 책을 소개할 때 늘 언급하는 조원희 그림 작가의 소개 글을 옮겨본다. "전부터 여자아이들 사이에는 어딘가 공포스러운 부분이 있다고 생각해왔는데, 이 책에서 그런 부분을 그림으로 표현해보고 싶었습니다." 아우. 작가님 그 말씀에 찰떡 공감합니다! 어딘가라뇨. 저는 그 공포스러운 부분을 교실에서 실시간으로 보는걸요!

66 평소라면 시작할 생각조차 못할 감정을
책 한 권으로 기꺼이 나눌 수 있다니. 99

다른 차원에서 넘어온
무서운 이야기

『쉿! 안개초등학교 1~3』
보린 글, 센개 그림, 창비

숨 쉬는 걸 잊으면서 몰입하게 되는, 무서워도 넘길 수밖에 없는 책

센개 작가의 그림과 어우러진 보린 작가의 흡입력 강한 글은 자꾸만 수많은 상상을 불러일으킨다. 집 여기저기 쌓아둔 책탑에서 이 책만 몰래 들고 가 먼저 읽은 아이는 "엄마, 안개초등학교는 읽으면서 자꾸만 옆을 힐끔힐끔 봐. 그리고 자꾸 숨 쉬는 걸 잊게 만들어! 놀래서 다시 숨을 쉬게 한다?"라며 뛰어난 한 줄 평을 남겼다. 보린 작가는 『귀서각』(보린 글, 오정택 그림, 문학동네), 『고양이 가장의 기묘한 돈벌이 1~3』(보린 글, 버드폴더 그림, 문학동네)에서 민간 설화와 옛이

야기 속에서 잊힌 우리나라 고유의 귀신들과 소재들을 맛깔나게 풀어놓고, "아니, 이 단편은 도대체 뭐야?" 놀라게 한『컵 고양이 후루룩』(보린 글, 한지선 그림, 낮은산)에서는 외로움과 컵 고양이라는 충격적인 소재를 끌어와 독자의 마음을 사로잡는다. 그 뒤로 신간만 기다리다 보린 작가의 책『쉿! 안개초등학교 1』을 들고 다니며 읽어보라고 부르짖던 어른은 조마구의 정체와 묘지은이 겪게 될 수많은 이야기를 상상하며 후속을 애타게 기다렸다.

반쪽이로 태어난 묘지은의 성장과 더불어 같은 반 아이들의 불안을 드러내며 이어지는 이야기에 '진짜 작가님이 다른 차원에서 넘어온 것인가?' 하는 궁금증이 들 정도였다.

공포 장르의 책들이 두려움을 달래며 예방주사를 놓기만 하는 것은 아니다. 순수한 공포 자체의 짜릿함을 위한 책들도 있다. 중학년부터는 무리없다 싶지만 염려가 된다면 같이 읽어보시길.『쉿! 안개초등학교 1~3』에서는 무서운 장면 전에 친절한 주의가 있어 어른들의 불안을 다독여준다. (이 책은 아니지만, 어느 책에 대해 아이들에게 "나는 너무 공포만 강조해서 읽고 나서 기분이 찜찜했어"라고 말했더니, 5학년 아이들로부터 "뭐가 무서워요? 쌤은 유튜브를 너무 안 봐서 그래요. 아무것도 아니던데요"라는 조언을 들었다. 유튜브도 좀 봐야지 아이들을 따라가겠구나.)

왜 무서운 이야기를 들어야 하는가

『어린 여우를 위한 무서운 이야기』
크리스천 맥케이 하이디커 지음, 이원경 옮김, 밝은미래

끝까지 남은 자만이 달빛 아래 새로운 길을 찾을 수 있다

2020년 뉴베리 아너상 수상작 『어린 여우를 위한 무서운 이야기』 역시 맘에 드는 글귀가 넘쳐 옮겨 적기 바빴던 책이다. 책일기장에 "삶의 굴곡과 틈새로 스며드는 절망과 불안에 맞서, 싸워갈 힘을 주는 건 결국 누군가의 극복기이거나 금기를 이겨낸 역경기이겠지!" 적어둔 한 줄은 여전히 생생한 기억으로 기록되어 있다. 책장을 펼치자마자 시작되는 '왜 무서운 이야기를 듣고 자라야 할까?' 질문에 답하는 부분은 휘몰아치는 감동에 절로 모든 구절을 옮겨 적고 반복해서

읽을 수밖에 없었다. 매끄럽게 들어와 마음을 흔드는 책 속 구절을 옮겨본다.

"모든 무서운 이야기는 두 가지 면을 갖고 있다." 이야기꾼이 말했다. "달의 밝은 면과 어두운 면처럼 말이지. 너희가 끝까지 들을 만큼 용감하고 슬기롭다면, 그 이야기는 세상의 좋은 모습을 밝혀줄 거야. 너희를 바른 길로 인도해 주고, 너희가 살아남을 수 있게 도와주겠지."

이윽고 구름이 달을 벗어나자 동굴 주위로 그림자들이 늘어졌다. 달빛 아래 사슴뿔 숲은 더욱 어두워 보였다.

"하지만 말이야." 이야기꾼의 말이 이어졌다. "너희가 귀 기울여 듣지 않으면……, 무서워서 끝까지 듣지 않고 꽁무니를 뺀다면, 이야기의 어둠이 모든 희망을 집어삼킬 수 있다. 두려움에 사로잡힌 너희는 두 번 다시 굴 밖으로 나오지 못할 것이야. 엄마 곁을 떠나지 못하고 영원히 젖내를 풍기며 삶을 허비하게 되겠지."(12~13쪽)

사랑하는 아이를 감싸 안고 모든 걸 막아줄 수 없다는 걸 우리는 알고 있다. 스스로 터득하고 자랄 아이들을 믿지만, 여전히 어른은 불안하다. 아이들 각자가 품은 어둠과 불안이 자신만의 것이 아닌, 함께 자라며 겪는 성장통임을 알았으면 좋겠다. 자신의 두려움을 직면하면서 건강히 자라길 한껏 응원하고 싶다. 엄마 곁을 떠나지 못하고 젖내를 풍기며 삶을 허비하는 그런 어른이 되지 않길 바라니까. (2022년 4월 후속작 『어린 여우를 위한 무서운 도시 이야기』도 나왔다.)

<u>더하는 책들</u>

출판사마다 여러 갈래로 나오고 있는 시리즈들 가운데 공포 장르를 꾸준히 내는
곳들이 있다. 신간이 나올 때마다 챙겨 보는 시리즈를 소개한다.

위즈덤하우스 | 검은달

『한밤중 시골에서』, 『미스 테리 가게』, 『귀신 샴푸』 등이 있다. (2022년 7월 기준)
판타지와 적절히 섞인 공포 동화로 역시나 아이들 내면의 불안을 다룬다. 표지가
주는 강렬함에 깜짝 놀라기도 한다.

별숲 | 공포 책장

『인형의 냄새』, 『마지막 가족 여행』, 『빨간 우산』이 있다. 내용은 앞서 소개했다.
(2022년 7월 기준)

소원나무 | **소원잼잼장르**

『오싹한 경고장』, 『고스트슛 게임』, 『공포 탐정 이동찬과 괴담 클럽』이 있다. (2022년 7월 기준) 아이들이 쉽게 쓰는 스마트폰 등 일상의 문제를 끌어와 문제를 해결하거나 도시 괴담을 다룬다.

보물창고 | **매리 다우닝 한**

절판이라 자세히 소개하지 않지만, 구할 수 있다면 유령 이야기의 대가로 불리는 '매리 다우닝 한'의 작품 역시 추천한다. 클래식 외국 동화를 좋아하는 분이라면 백발백중 당신의 취향이다. 자매의 애증, 오해로 죽음을 맞이한 소녀의 집착, 미숙한 실수를 평생 끌어안고 살다 유령으로 다시 만나 극적으로 이루어지는 화해. 공포 동화의 원형으로 지금까지도 반복되고 변형되는 고전 작품이다. 눈앞에 펼쳐지듯 아름답고 강렬한 이미지를 선사하는 문장과 '고전은 역시 고전이구나' 감탄이 절로 나오는 인물들의 생동감은 한껏 독서의 재미를 끌어올려준다. 국내에는 『헬렌이 올 때까지 기다려』(매리 다우닝 한 지음, 최지현 옮김, 보물창고), 『죽은 소녀의 인형』(매리 다우닝 한 지음, 한지윤 옮김, 보물창고) 두 권만 번역되었다.

웅진주니어 | **스토리블랙**

『새빨간 구슬』, 『낯선 발소리』, 『사각사각』(2022년 7월 기준)이 있다. 여우 구슬과 야광귀 설화 등을 현대적으로 해석한 동화다. 온라인 서점 북트레일러를 보다가 '이 출판사 진심이구나' 싶었다. 그림 작가의 그림이 아닌, 책 속 장면을 배우가 등장하는 짧은 영상으로 찍었는데, 아찔하고 으스스해 깜짝 놀랐다. 고학년 반 아이들과 함께 여름날 보기를 추천한다.

❝ 감탄이 절로 나오는 인물들의 생동감은
한껏 독서의 재미를 끌어올려준다. **❞**

14장

역사 동화의 매력,
혹은 마력

"올해 어떤 과목이 가장 어려울 거 같아요?" 5학년 초 아이들에게 질문할 때 가장 많이 언급되는 과목은 바로 '사회'다. 2학기에 배우기 시작하는 역사 덕에 아이들의 걱정은 3월 학기 초부터 시작한다. 물론 걱정한다고 공부를 열심히 하는 건 아니다. 한 학기 동안 선사시대부터 현대사까지 쉴 틈 없이 내달린다. 후삼국 시대쯤은 가볍게 넘기고, 통일신라의 천년 역사 또한 압축해서 배우는 경이로운 시간. 아이들은 띄엄띄엄 진도에 맞춰 축약된 역사를 배우며 낯설고 거대한 사건들과 생소한 이름을 외워야 한다는 압박감에 시달린다. (물론 6학년 역사도 비슷한 반응이다.) "역사가 왜 싫다는 거야?" "외울 게 너무 많잖아요!" "시험 문제를 내는 사람이 나인데, 내가 외워서 푸는 문제는 안 낸다니까? 흐름을 알고 사건이 일어난 원인과 결과를 파악하는 게 우선이라니까?" "엄마가 선생님이 괜찮다고 했다고 해

279

도 외우라고 한단 말이에요!" 한발 물러섰다. "그럼 내가 재미난 드라마처럼 풀어서 쭉 수업하고, 정리용으로 교과서를 훑고, 역사 공책 쓰면서 해보자. 그리고 내가 시대에 맞는 동화책을 추천해줄게." "아우! 외우는 것도 힘든데 책까지 역사로 읽으라고요?" 자기주장 강한 아이들을 붙잡고 역사 동화의 매력을 설득한다.

이런저런 고민에 역사 동화를 고르면 고학년 친구들과 읽고 싶은 책들이 계속 늘어난다. 중학년 대상의 역사 동화는 인물의 양가적인 심리를 파고들거나, 시대적 배경을 상세하게 보여주기보다는 주제 하나에 핵심적으로 다가가는 게 대부분이다. 물론 그렇기에 역사 동화를 처음 접하는 친구들이 읽기엔 좋지만, 취향이란 게 어쩔수 없다. 자꾸만 사건이 터지고, 반전에 반전을 더하고, 나쁜 녀석인줄 알았는데 사연 없는 악당은 없다고 내 이야기 같아 마음이 가는, 내가 이 시대에 태어났다면 달랐을 거라 당당히 말하기엔 마음이 무거워지는 책들이 자꾸만 눈에 들어온다. 그렇게 한 권의 책을 읽고 나면 교과서에서 몇 줄로 끝났던 사건 뒤에 수많은 사람이 있었다는 사실을 깨닫는다. 무작정 외우는 사건과 전쟁이 아니라, 목숨을 걸고 싸운 사람이 있고, 가족과 헤어지면서까지 신념을 지킨 이들이, 떠난 이를 원망하며 방황하던 숨겨진 사람이 있었다는 걸 알게 된다. 아이들이 역사를 배우는 까닭은 무얼까. 긴 세월 동안 반복하는 삶 속에서 실수를 깨닫고, 지혜를 얻는 것 아닐까. 무지에서 앎의 세계로 나가는 시기에 역사 속 통찰력과 배움은 끝이 없다.

역사 동화는 작가의 의도에 따라 기록의 일부만 선택하거나 창조하는 허구의 이야기다. 역사 드라마를 볼 때 성인들은 당연히 각색된 세계인 걸 알지만 아이들은 그렇지 않다. 온라인에 떠도는 웃긴 동영상이 사실인 줄 알고, 왕의 이름을 묻는 시험지에 왕 역할을 한 배우 이름을 적는 게 교실 모습이다. 고려 건국을 가르칠 때 "누구인가? 누가 기침 소리를 내었는가 말이야!" 온 힘을 기울인 연기에 아이들은 왕건의 업적에 "관심법을 쓰지 않는다, 관심법을 싫어한다"라고 답을 써 후고구려 궁예를 실감나게 열연한 담임을 반성케 했다. 대부분 학교에서 처음으로 역사를 배우는 아이들이기에 역사 동화를 추천할 때는 주의하는 게 있다. 사건을 바라보는 관점이나 시선이 지금의 흐름과 맞는지 꼭 미리 읽어본다. 권수와 사건으로 따지자면 조선처럼 매력 넘치는 시대가 없지만, 아이들에게 가장 강렬하게 기억되고 몰입도가 높은 시대는 일제강점기다.

과거의 모든 일을 다 알 수 없기에 역사는 작가의 상상력과 가치관에 따라 해석이 달라진다. 하지만 일제강점기는 해석이 달라지기엔 변수가 적은 편이고, 아이들이 흥분하며 관심 갖는 시기이기도 하다. 그래서 오히려 어디서 어디까지 어떻게 나눌까 고민도 많다. 고문과 탄압이 잔혹해 외면하고 싶은 사건도 있고, 분노에 차올라 심호흡이 가빠지는 사건과 아직도 모르는 인물도 있다. 그 가운데 유의미하게 일부라도 전할 수 있을까에 중점을 두고 고른 책을 소개한다. 반 아이들에게 소개할 때는 한 권씩 대략의 줄거리를 소개하고, 책에서 강조된 토론 거리가 있다면 미리 안내한다.

감추고 싶거나 인정하고 싶지 않은 역사도 지금 우리를 있게 한

양분이다. 과거를 어떻게 받아들여 살아갈지에 따라 앞으로 기록될 역사가 달라진다. 그렇게 믿고 아이들에게 '잊지 말아줘, 이런 일이 있음을 너희가 기억해줘야 해' 하며 자꾸만 역사 동화를 권한다.

어린이의 결심과 각오를
존중하는 시선

『어린 만세꾼』
정명섭 글, 김준영 그림, 사계절

밀양소년단의 그날이 궁금하다면

역사와 추리, SF를 넘나들며 다양한 작품을 쓰는 정명섭 작가의 작품이다. 예전엔 역사 동화의 주인공이 우리가 잘 아는 위인이나 어른이 대부분이었지만 최근 역사 동화의 주인공들은 어린이들이다. 이 책에서 작가는 끈기 있는 조사와 풍부한 상상력으로 한 줄 기록에 남아 있던 존재를 설득력 있게 제시한다. "1919년에 어린이들이 만세 시위를 벌이다가 체포되어서 재판을 받았다."(160쪽) 이 각주 한 줄에서 시작한 동화 『어린 만세꾼』은 큰 사건 안에서 외부인이자 주변인으로 밀려났던 어린이들을 찾아내 주인공으로 내세운다. 어른들의 역사로 기록된 사건에서 어린이의 결심과 각오를 존중하며 드러내는 시선이 특별하다. 정명섭 작가가 쓴 역사 동화는 주로 추리를 기반으로 풀어가는 책이 많은데, 이 책은 "왜 보통학교를 다니던 어린이들이 만세 운동을 시작했을까?"란 작가의 질문에서 시작한다. 우리말과 글을 쓰면서 신고 당할까 봐 서로를 의심하며 우리의 모든 문화와 뿌리를 거부하는 게 당연한 때가 있었다. 어두운 시기 속에서도 아이들은 역사를 왜곡해서 가르치는 일본인 교사가 아니라 올바른 역사를 알려줄 어른을 스스로 찾아다니며 방법을 구한다. 지금은 당연한 것들이 당연하지 않았고, 일본의 감시를 받으며 이유 없이 괴롭힘을 당했다. 아무 까닭도 없이 조선인이라는 이유만으로 시달림 당하던 당시 어린이의 생활이 고스란히 드러난다. 특히 일본 앞잡이 노릇을 하던 인물이 친구들의 의지에 감동받아 새로운 길로 나서는 장면은 아이들과 '나라면 어떤 선택을 했을까?'란 주제로 나눠보고 싶은 지점이다.

세계사에서도 중요한 3.1운동

『그날 아이가 있었다』
윤숙희 글, 홍하나 그림, 아이앤북

3·1운동 뒤 어떤 일이 있었을까

밀양소년단의 만세 운동 뒤 전국 곳곳으로 퍼진 뜨거운 움직임이 궁금하다면 『그날 아이가 있었다』를 추천한다. 3·1만세 운동 100주년 기념으로 나온 동화로 목숨을 건 어린이들의 목소리가 어떻게 불씨가 되어 전달되는지 생생하게 담겨 있다.

『그날 아이가 있었다』는 순사의 눈을 피해 만세운동선언서를 인쇄하는 할아버지와 만세 운동에 필요한 태극기를 만드는 누나, 그리고 세 살 때 고향을 떠난 아버지 때문에 할아버지와 사는 소년 재경

" 어린이에게 더 이상 이런 순간이 오지 않기를. **"**

이가 등장한다. 만세 운동을 위해 모든 걸 바친 가족들은 서대문 형무소에 잡혀가고, 순사를 피해 고향에 내려온 재경이는 그곳에서 사라진 아빠가 독립운동가였다는 사실을 알게 된다. 열두 살 재경이는 고향 천안에서 아버지의 뜻을 이어 잡혀간 가족들 몫까지 다해 3·1만세 운동을 일으킨다. 재경이의 시선을 따라 만세 운동이 퍼져간 경로와 더불어 그 시절의 간절함을 상기시켜본다. 유치장에 갇혀서도 만세를 부르던 재경이는 너무 어리다는 까닭으로 혼자 풀려난다. 아빠의 뒤를 따라 독립군이 되기 위해 만주로 떠나는 재경이의 뒷모습에 어떤 말을 건넬 수 있을까. 섣불리 가벼운 응원을 건네기엔 입이 떨어지지 않아 아이의 등만 하염없이 바라본다.

'우리'보다 '나'를 위한 선택을 하는 게 더 똑똑하다는 이들도 있고, 도덕성이 높아야 결국은 성공을 한다는 다큐멘터리도 있다. 누구의 말이 맞는지 알 수 없지만, 당장 우리 교실에서는 내가 하지 않으면 누군가는 피해를 입는다는 것을 아이들은 안다. '나 하나쯤이야'로 모두가 불편해진다는 것을 말이다. '누군가 대신 하겠지'보다 "여럿이 함께"를 가치로 교실에 붙여두고 사는 나는 이런 동화를 읽고 나면 슬프고 미안하다. 어린이에게 어른이 짊어져야 할 문제를 안겼던 시대가 슬프다. 아이들에겐 특수한 상황과 시대이기에 이랬던 선택이었음을, 이런 마음이 모여 지금 우리가 대한민국에서 산다고 이야기한다. 어린이에게 더 이상 이런 시대가 오지 않기를 바란다. 더불어 그 시절 실제로 목숨을 걸고 만세 운동을 했던 어린이들이, 젊은 학생들이 있었음을 잊지 않아야겠다.

읽다 보면 공부가 된다고?

『우리 반 홍범도』
정명섭 글, 정용환 그림, 리틀씨앤톡

홍범도 장군이 다시 살아나 독립된 나라에 돌아온다면?

정명섭 작가의 동화를 읽다 보면 '역사 공부를 하는 건가' 싶은 생각
이 들 때가 있다. 역사를 교묘하게 바꿔 일본이 조선을 지배하는 게
당연하다는 게 어떤 근거인지, 일본이 행한 여러 사실을 다양한 각
도에서 어린이 눈높이에 맞춰 풀어내는 작품들이 많다. 뛰어난 조상
의 업적을 남의 눈을 피해 몰래 배우고, 억울한 일을 당해도 오히려
벌을 받아야 했던 부조리한 모습이 작품 곳곳에서 생생하게 전달된
다. 역사 속 인물들이 살아생전 못다 이룬 꿈이나 걱정 때문에 죽음

을 앞두고 망설일 때 저승의 뱃사공 카론을 만나 현대 우리 반에 오게 된다는 '우리 반 시리즈'. 그 가운데 『우리 반 홍범도』는 봉오동 전투의 홍범도 장군이 주인공이다. 아직 죽을 때가 아닌데 착오로 이른 죽음을 맞이한 홍범도 장군은 해방된 조국의 모습을 보고 싶다는 소원을 빌어 독립운동가의 후손인 열두 살 김범도의 몸으로 학교에 오게 된다. 학교에서는 일제강점기를 주제로 역사 토론 배틀이 열리고, 김범도 역시 참여한다. 불공정 협약으로 나라를 빼앗기고 셀 수 없는 핍박과 고통 속에서 독립이 당연하다 외치는 김범도와 일제강점기가 있었기에 지금의 빠른 성장이 가능했다고 주장하는 학교의 인기남 남우혁의 역사 토론 배틀은 긴박하게 이어진다. 한 치의 양보도 없는 토론 속에서 친일파가 주장하는 식민사관의 논리와 그에 맞선 인물과 잘 몰랐던 역사까지 자세히 알려준다. 읽다 보면 공부가 되는 동화라니. 매끄럽게 이어지는 설정과 반전, 몰입이 빠른 작가의 특징이 잘 살아 있어 아이들 역시 재밌게 읽는다. 주로 남자아이들이 좋아했고, 동화를 읽고 가족과 함께 〈봉오동 전투〉 영화까지 이어 봤다는 후기에 뿌듯했다. (영화 〈봉오동 전투〉는 15세 관람가로, 부모의 지도하에 봐야 하는 영화다.)

내 가족이 독립군이 된다면

『독립군의 아들, 홍이』
조경숙 글, 이용규 그림, 국민서관

목이 아프게 읽어주더라도 그럴 가치가 있는 책

지금까지 소개한 책들 속 어린이들은 가족이 독립운동을 하면 돕거나, 그 뜻을 잇는 인물이었다. 여기 『독립군의 아들, 홍이』에는 다른 어린이가 등장한다. 이 동화는 2011년에 나온 『굳게 다짐합니다』의 개정판으로 제목과 표지가 바뀌어 나온 책이다.

독립군 활동을 하다 죽은 아버지 소식에 어머니는 충격을 받고 돌아가신다. 고아가 된 홍이를 돌봐주던 할머니까지 독립군을 쫓던 일본군에게 무참히 죽임을 당한다. 혼자가 된 홍이를 독립군 김포수

아저씨가 거둬주지만, 홍이는 독립군이라면 쳐다보기도 싫다. "당신 같은 사람들에게 가족은 아무것도 아니니까요. 언젠가 아들을 만나거든 한번 물어보세요. 무얼 먹고 사는지요. 어떻게 살아가는지요." "이 세상 어느 누구도 나에게 뭐라 할 수 없어요. 당신 같은 사람들은 더더욱이요!"(42쪽) 독립군에 대한 분노를 터뜨린다. 독립운동을 하기 위해 군사 훈련을 하는 또래 소년들을 미쳤다고 생각하며 모두의 배려를 무시한다. 열세 살 홍이는 독립군의 수장인 황장군을 죽여 복수하겠다는 계획을 세운다. "결국 아버지는 총을 23발이나 맞고 죽었어! 아버지가 죽고 어머니는 살기 위해 몸부림쳤어. 하지만 영양실조와 추위 때문에 길에서 죽었어. 먹을 것을 구해 오겠다고 나갔다가 뻣뻣하게 언 채로 돌아왔어. 아버지의 시체가 집에 온 지 열흘 만이었어. 내가 거지라면 나를 거지로 만든 건 저 황장군이라고. 알겠어?"(84쪽) 가족들을 모두 죽게 만든 독립군과 같이 있을 수 없던 홍이는 홀로 근처 마을로 떠난다. 우여곡절 끝에 도착한 마을에서 홍이는 독립군을 속이려는 거대한 작전을 알게 된다. 아이는 과연 자신의 목숨을 걸고 독립군을 도울까? 아니면 모른 척 복수를 이루려고 할까? 평범하게 살고자 했던 꿈은커녕 졸지에 고아가 되어 사건 한가운데 내몰린 아이의 갈등은 독자에게 어떤 선택을 할지 묻는다. "당신이라면 가족들을 두고 독립운동을 하겠는가?" "내 가족이 독립군이 된다면 떠나는 길을 응원하겠는가?" 당연히 나라를 위해서, 내 자녀에게 더 나은 세상을 주기 위해서 대의를 택하는 이들도 있겠지만, 망설임 없이 바로 대의를 선택하는 사람이 얼마나 되겠는가. 가진 것이 없어도 신념을 지키는 자와 더 가지기 위해 신념을 바꾸는 자, 그리고 전쟁에 끌려 나온 일본 소년 병사의 이야기까지, 그 시대를 살았던 다양한 이들의 처절한 목소리와 갈등을 보여주는 동화책이다. 현재와 과거를 연결해 수많은 질문을 던지는 이런 동화책은 정말 소중하다.

" 그 시대를 살았던
다양한 이들의 처절한 목소리와
갈등을 보여주는 동화책이다. **"**

치밀하게 오랫동안 준비해온 계획

『비밀 지도』
조경숙 글, 안재선 그림, 샘터

하룻밤 만에 나라를 빼앗긴 게 아니었다

정신없이 흘러가는 사회 시간, 흥선대원군의 통상 수교 거부 정책과 병인양요, 신미양요를 거쳐 운요호 사건까지 갈 때면 처음 듣는 낯선 한자와 쉴 새 없이 터지는 전쟁에 아이들의 눈빛이 점점 흐려진다. '아이들이 여기서 흐름을 놓치면 인과관계를 잘 모른단 말이야! 안 돼. 정신 차리게 해야 해!' 다급한 마음으로 아이들에게 보여주는 사진이 있다. 바로 강화도 광성보에서 어재연 장군 부대가 사용한 수자기 사진이다. 수자기는 강화도전쟁박물관에 있는 가로세로 각

> 아빠를 잃어 집안의 가장이 된 소년의 현실을
> 시대의 흐름에 녹여 치밀하게 엮어낸다.

각 4.5미터의 거대한 군기다. 멀리 있는 군사들에게까지 대장의 명령을 전달하는 깃발이기 때문에 크기가 클 수밖에 없다. 대장의 명령을 즉각 이해하고 전쟁 한가운데서 거대한 깃발을 자유자재로 흔들며 신호를 전달했던 사람. 전쟁에서 끝까지 도망치지 않고 수자기를 가슴에 품고 죽은 군인과 그 정신을 그대로 받은 아들의 이야기를 사진과 더불어 소개하면 아이들의 눈빛이 다시 초롱초롱해진다.

『비밀 지도』는 그렇게 아빠를 잃어 집안의 가장이 된 소년의 현실을 시대의 흐름에 녹여 치밀하게 엮어낸다. 재동이는 길눈이 밝고 눈치가 빨라 일본에서 온 약장수를 도와 한양에서 인천까지 길 안내를 하기로 한다. 그런데 약 파는 데는 관심 없고, 망원경으로 사방을 관찰하는 약장수 이소바야시가 수상하다. 의심의 끈을 놓지 않던 재동이는 이소바야시가 만드는 게 우리나라 지도임을 깨닫는다. 실제 이소바야시 신조는 첩보원으로, 임진강 일대부터 중부 지방 전역을 측량하고 지도를 제작한 실존 인물이다. 다시 운요호 사건부터 강화도 조약까지 동화와 엮어 차분히 말한다. 어쩔 수 없이 나라가 약해서, 신하들끼리 싸우느라 일본의 침략에 대비를 못한 게 전부가 아니다. 실제 일본이 사전 제작한 지도가 얼마나 유용하게 쓰였는지, 제대로 막지 못했던 역사에서 우리가 지금 배울 점이 무엇인지에 대해 얘기해준다. 역사는 지금을 사는 우리에게 후회를 줄일 수 있는 방법을 알려주는 가장 지혜로운 조언자다. 아이들이 교과의 성취도에 시달려 지혜를 멀리하기 전 역사의 소중함을 재미와 함께 전하기 위해 역사 동화를 알려준다.

『내 이름은 이강산』
신현수 글, 이준선 그림, 꿈초

일제강점기 창씨개명을 소재로 한 이야기

중학년부터 같이 읽기 좋다. 일제강점기 창씨개명을 소재로 한 동화다. 황국신민
선사를 외우며 일본어로 공부를 배우는 강산이는 창씨개명을 하지 않으면 학교
를 다닐 수 없다는 말에 할아버지에게 이름을 바꿔달라 조른다. 하지만 눈에 흙
이 들어가기 전에는 절대 일본 이름으로 바꿀 수 없다는 강경한 할아버지 때문에
강산이는 창씨개명을 하지 못한다. 학교에서는 창씨개명을 하지 않은 아이들에
게 처벌을 가하고, 창씨개명을 하지 않으면 정신대와 북간도로 끌려간다는 협박
을 받는다. 그 당시 이름을 바꾼다는 게 어떤 의미였는지, 닉네임과 영어 이름으
로 손쉽게 이름을 바꾸는 요즘 아이들에게 전달하기 딱 좋은 동화다.

**❝그 당시 이름을 바꾼다는 게
어떤 의미였는지 아이들에게
전달하기 딱 좋은 동화다. ❞**

『유물 도둑을 찾아라!』
고수산나 글, 김준영 그림, 청어람주니어

정말로 집 앞 마당만 파도 유물이 나왔다고?
심지어 일제강점기 때?

일제강점기 시대 전시장에서 사라진 금관총 유물을 찾는 역사 추리 동화다. 실제 일제강점기였던 1921년, 경주에서 주막집을 수리하려고 쌓아놓은 흙더미 속에서 아이들이 갖고 놀던 초록색 구슬을 시작으로 금관총이 발굴된다. 금관총 금관 등 뛰어난 유물이 출토되고, 신라사 연구에 큰 획을 긋는 무덤은 고작 나흘 만에 발굴 작업이 끝난다. 아이들은 제대로 조사도 이루어지지 않은 채 일본인들이 맘대로 유물을 가져가는 걸 두고 볼 수 없다. 심지어 금관까지 도난당하자 아이들은 범인을 찾기로 마음먹는다. 실제로 신라 시대의 대표 문화재로 알려진 금관은 수난을 많이 겪었다. 도난당한 것도 있고, 어떤 유물들은 몇 개월 만에 겨우 되찾았다. 이런 사연과 더불어 아직까지도 밝혀지지 않은 범인에 대한 추리는 책을 읽는 내내 독자를 즐거운 상상으로 초대한다. (다 읽고 관련 영상을 찾아보길 추천한다.)

『마사코의 질문』
손연자 글, 김재홍 그림, 푸른책들

꼭 함께 읽고 나눠야 할 책

널리 알려진 동화라 안 읽은 분이 없지 않을까 싶지만, 추천한다. 일제강점기 시대의 삶을 담은 아홉 개의 단편들은 한국인이라면 급격하게 감정에 휩쓸릴 관동 대지진, 정신대 등 고통스럽고 슬픈 역사를 담고 있다. 광복 직전 1944년에 태어난 작가가 직접 들은 이야기들은 일상에 매몰돼 잊고 지낸, 잊어서는 안 될 역사를 눈앞에 생생하게 끌어온다.

15장

취향대로 즐기는 추리 동화

"선생님, 이 책 재밌다고 해서 시작은 했는데 중간에 멈췄어요." "아, 그래? 나랑 좋아하는 책이 겹쳐서 이번 책도 좋아할 줄 알았는데." "취향이 아니더라구요." "취향이 아니라는 건 어떤 부분에서 아니라는 거야? 주인공이? 그림이? 시대가? 내용이?" "추리요. 전 추리가 별로예요. 그냥 우리가 사는 이야기, 내가 겪을 것 같은 이야기가 좋아요." 한참 아이와 교실 책장 앞에서 이야기를 나누는데 다른 아이가 끼어든다. "야! 어떻게 추리가 취향이 아니냐? 추리 싫다는 사람 처음 본다!" "뭐래, 좋아할 수도 있고 싫어할 수도 있지. 네가 뭔 상관이야!" "아니 쌤, 어떻게 추리를 싫어할 수 있어요? 네가 이상한 거지!" 흥분한 아이에게 "그럼 너는 왜 추리가 좋아?" 하고 질문을 던진다. "이유야 많죠. 일단 재밌고, 뭐냐 금방 읽고, 범인 생각하는 게 얼마나 재밌고, 또 아, 몰라요, 그냥 좋아요. 그냥! 네가 재미난 거 안 읽어서 그래!" 서로의 취향을 자랑하기 바쁜 아이들 틈에서 은근슬쩍 '그럼 현실이 배경인 추리 동화로 권해볼까' 하며 추천 책들을 하나씩 꺼내둔다.

내게 추리 동화는 못 읽는 장르다. 없어서 못 읽는 장르. 시험을 잘 보면 해문출판사의 팬더 추리 걸작 시리즈를 한 권씩 사주신 부모님 덕에 추리물은 언제나 갈망의 대상이었다. 서점 계산대 너머 책장 속 책들을 보며 '이집트 십자가의 비밀은 뭐지? 뤼팽과 기암성이라니, 기암성은 뭐야?' 궁금해했다. 깨금발로 훔쳐보던 시절을 지나 성인이 되자 그때의 한을 풀 듯 추리 동화만 보면 사들이고, 권하고 다닌다. 취향이 아니라는 건 언제나 존중한다. 내가 좋다고 타인에게 강요해서는 안 되니까. 굳이 이 책이 아니어도 단 한 권이라도 책 읽기의 즐거움을 일깨워준다면 상관없다. 책을 빌려주거나 권할 땐 언제든지 읽다가 재미없으면 덮어도 된다고 말한다. 그러다 어쩌다 친구들 이야기에 '어? 그 책이 그렇게 재밌어? 난 읽다 말았는데. 다시 읽어볼까' 하는 날도 오게 마련이니까. 어딘가에서 추리물만 찾아 읽는 아이들과 어른을 위해, 이제 막 추리 동화에 발을 담그기로 한 누군가를 위해 그날 책장에서 뽑아놓은 책들을 옮겨본다.

소소한 단서들을 꿰어가며

『헛다리 너 형사』
장수민 글, 정가애 그림, 창비

책 읽기 싫어하는 저학년 아이들도 좋아했던 책

1학년 아이들과 한 해를 보낼 땐 주로 그림책을 읽지만 2학기가 되면 얇고 재미난 동화책을 추천하거나 읽어주기 시작한다. 어떨 땐 같은 동화를 자꾸 읽어달라고 해 연이어 세 번을 읽어준 적도 있고, "선생님! 동화는 글 많고 재미없는 줄 알았는데 이거 너무 재밌어요!" 하며 엄마를 졸라 사 온 동화를 가슴에 안고 자랑하던 아이도 있다. 『헛다리 너 형사』 역시 그렇게 아이들에게 권하는 동화다.

이 책은 털 자랑 대회를 앞둔 모모시 이야기로 시작한다. 대회 준비로 바쁜 시기에 탐스러운 털이 자랑인 붉은 여우 미오가 전설의 여우 빗을 도둑맞고, 갑작스러운 전염병이 돌며 동물들의 털이 빠지기 시작한다. 지난번에 딸기 도둑을 놓치고 내내 놀림거리였던 너 형사는 이번에야말로 도둑을 잡겠다고 다짐한다. 구슬을 엮듯 소소한 단서들을 꿰어 도둑을 찾는 과정은 어린 독자를 순식간에 몰입하게 한다. 여우 빗의 도둑과 지난해 놓쳤던 킹왕짱 딸기 사건의 범인까지 찾는 너 형사의 활약을 보며 속 시원하게 책장을 덮는다. 96쪽의 짧은 저학년 동화로 과연 배경과 인물, 증거의 설정이 치밀할 수 있을까 싶었는데 구성뿐 아니라 자존감에 대한 메시지까지 꽉꽉 찬 재미난 책이었다. 한참 내 아이가 학교생활에 어려움을 겪을 때, 이 책을 읽어줬던 밤이 떠오른다. 처음 추리 동화를 읽는 어린이들에게, 또는 잠자리에서 읽어줄 재미난 동화를 찾는 이들에게 추천하고 싶다. 단점이라면 잠자리에서 읽다 보면 아이가 범인을 찾느라 도중에 끊을 수가 없다는 거?

두덕 씨는 어떻게
왕도둑을 잡았을까

『멍청한 두덕 씨와 왕도둑』
김기정 글, 허구 그림, 미세기

저학년 추리 동화 시리즈 책 가운데 강추

단서를 찾는 재미를 살짝 맛본 아이들에게 학년 구분 없이 소개하는 탐정 시리즈가 있다. 고학년 추천으로는 무리인가 싶어도 "추리를 좋아하십니까? 그렇다면 동생 분에게 이런 책은 어떠십니까? 형님 담임 추천이라고 전해주십쇼" 능글맞게 오지랖을 펼치며 "심심하면 형님이 먼저 읽어보십쇼" 하고 중학년 아이들에게도 권한다. 『멍청한 두덕 씨와 왕도둑』부터 시작해 『탐정 두덕 씨와 보물창고』, 『명탐정 두덕 씨와 탈옥수』 등으로 이어지는 두더지 탐정 이야기는 재믾고 의미도 담긴 저학년 시리즈를 찾던 나에게 한줄기 빛과 같았다. 일단 제목에서부터 인물의 성장이 보인다! 멍청하다더니 탐정이 되고, 더 나아가 명탐정이 된다. 게다가 왕도둑이 잡혔다가 보물창고를 발견하고, 나중에는 탈옥까지 하는구나! 내용이 짐작되는 제목은 저학년 아이들에게 책에 대한 기대감을 품게 한다.

평소 두덕 씨는 동네 주민들에게 멍청하고, 겁쟁이에 답답하다는 소리를 듣는다. 온 동네를 뒤집은 도둑 소식도 모르다 아끼는 번데기 통조림이 사라진 뒤에야 관심을 둔다. 없어진 통조림을 찾아달라는 두덕 씨의 애타는 소리에 관심도 없는 경찰 대신 자신이 직접 도둑을 찾겠다고 나선다. 맙소사, 그는 모두의 예상을 깨고 왕도둑을 잡는다! 2편에서는 출소일을 앞둔 왕도둑이 숨긴 보물창고를 찾으며 명탐정으로 인정받는 활약이, 3편에서는 명탐정 두덕 씨와 왕도둑의 긴장감 넘치는 대결이 펼쳐진다. 처음 동화를 읽는 아이들에게 그림책이나 만화에서 동화로 넘어가는 징검다리이자, 스스로 단서를 찾는 주도성에 빠져 독서의 즐거움을 알려주는 시리즈다. 이 시리즈를 아끼는 까닭은 말랑하고 부드러운 맛에 저학년 아이들과 읽기 좋다는 점과 말이 느려 답답하다고 생각한 아이들의 더딘 속도가 꼼꼼한 장점이 될 수 있다는 격려를 전하기 때문이다. 두덕 씨의 성장에 내 어린 시절의 서투른 모습을 떠올리며 아이들의 실수에도 너그러워진다. 부디 오래오래 독자의 손에 살아남길. (2022년 5월, 10년 만에 『두덕호와 팽이의 동전』(4권)과 『두덕탐정단과 보물섬 대탈출』(5권)이 나왔다.)

뿔코 형사와 탐정 몽구리의 대결

『초원의 명탐정 몽구리』
양자현 글, 손지희 그림, 천개의바람

동화처럼 모두가 더 나은 삶을 살기 위해선

어떻게 살아야 할까 묻는 책

『초원의 명탐정 몽구리』는 탐정이 들어가는 동화는 지나치지 못하다 '오, 손지희 그림 작가잖아? 그럼 일단 취향이겠군' 하며 뽑은 책이다.

당시 책일기장에는 "친근하고 안전한 동물 주인공은 생태 조건과 습성에 기초한 특색 있는 캐릭터들이다. 악한 자가 없는 선한 이들의 세상. 강한 자가 약자를 지키며 서로를 보호하는 평화로운 세계관이 저학년 아이들에게 딱이다. 1학년 아이들에게 소리 내 읽어줘야지. 112쪽이라 1학년은 혼자 읽기 어려워도 같이 읽기엔 재미날 듯 싶다. 중학년이 읽기엔 캐릭터의 입체감이 아쉽지만 그건 또 각자의 읽기 능력이 다르니 소개하면 분명 좋아할 친구도 있겠다. 중학년과 함께 읽으려면 좀 더 극적이고 인물의 악한 모습이 더 부각되면 좋지 않을까 싶은데 그럼 전체적인 분위기가 깨지니까 지금 이 상태가 더할 나위 없이 좋다. 심바코피 마을, 미라클봉봉 등 이름이 재미나다"라고 기록되어 있다. 컴퓨터로 타자를 쳐서 기록하는 온라인 기록장이 아니라 손으로 쓰는 일기장에 이토록 깨알같이 적었다는 건 정말 마음에 들었던 동화라는 증거다.

여러 동물이 모여 사는 초원 심바코피 마을에는 신비한 열매가 있다. 모두가 반하는 맛에 하나만 먹어도 배가 부르는 이 열매는 초원 전체에 다섯 그루밖에 없는 미라클봉봉 나무에만 열린다. 탐정이 나타나려면 사건이 생겨야 하는 법. 이 귀한 열매가 도둑맞는다. 무작정 의심 가는 동물 실바를 잡아 자백을 강요하는 뿔코 형사와 단서를 기초로 추리하는 탐정 몽구리는 사사건건 대립한다. 탐정 몽구리는 실바의 누명을 벗기지 못하면 마을을 떠나겠다고 약속한다. 내내 귀찮았던 몽구리를 쫓아낼 수 있단 생각에 냉큼 제안을 받아들인 뿔코 형사와 꼭 진짜 도둑을 잡겠다는 의지에 불타는 몽구리의 대결이 흥미롭다. 손쉽게 눈앞의 단서만 보는 형사와 원인과 배경을 따지며 하나씩 추론해가는 탐정을 비교하며 범인을 잡는 것도 재미나고, 서로 다른 인물의 갈등은 사건에 긴장감을 부여한다. 결국 범인은 잡히고, 동화 속 동물들은 잘못을 뉘우치는 친구에게 다시 살아갈 기회를 열어준다. 동화라서 아름다운 결말인 건가? 동화처럼 모두가 더 나은 삶을 살기 위해선 어떤 방법이 있을까? 공정하다고 말하는 법과 규칙들에서 우리가 놓치는 사람은 정녕 없는 걸까? 사회까지 멀리 가지 않더라도 잘못을 한 아이들에게 어른이 어떻게 대하면 좋을지 작가가 전하는 메시지도 놓치지 않았으면 좋겠다. 읽어주는 내내 다음 편은 없냐는 아이들을 위해 후속이 꼭 나왔으면 하는 동화다.

66 사회까지 멀리 가지 않더라도
잘못을 한 아이들에게 어른이 어떻게 대하면 좋을지
작가가 전하는 메시지도 놓치지 않았으면 좋겠다. 99

하다못해 이제 질소까지

『OK슈퍼 과자 질소 도난 사건』
송라음 글, 최민지 그림, 창비

과자에서 질소가 사라지면 더 좋은 거 아닌가

『OK슈퍼 과자 질소 도난 사건』은 제목을 듣자마자 '과자에서 질소가 도난당한다고?' '그럼 질소 대신 과자로 꽉 찬 건가?' '아니, 이제 하다 하다 질소까지 훔친다고?' 하고 질문이 쏟아진다.

　폭염과 일사병이 치닫는 여름, 미용실에 간 엄마 대신 에어컨도 없는 동네 슈퍼를 지키는 슈퍼 집 아들 맑음이는 급하게 화장실을 간다. 어떤 사건이든 인물이 자리를 비운 사이에 터지는 게 법칙이지. 화장실을 다녀온 사이 과자 서른네 봉지에 구멍이 나고 질소가 빠진 과자들은 납작해졌다. 무려 17일치 간식을 살 수 있는 돈이 질소와 함께 날아갔다. 대체 누가 무슨 까닭으로 돈통도 그대로, 봉지 안 과자도 그대로인데 질소만 빼놓았을까? 엄마가 돌아오기 전에 맑음이는 이 사태를 수습할 수 있을까? 어떻게든 해결하려는 노력과 달리 꼬이기만 하는 사건 속에서 독자 역시 맑음이를 응원하며 범인을 찾기 위해 몰두한다. 맑음이는 증거 인멸을 위해 질소가 사라진 과자 봉지를 반값에 팔기 시작한다. 누가 사갈까 싶지만 납작한 과자는 가방이 작은 어린이들과 등산객에게 인기를 끈다. 제한된 시간 안에서 익숙한 집 앞 동네 슈퍼를 중심으로 벌어지는 추리 사건은 의외의 범인에 도달한다. 범인을 찾는 과정에서 귀 기울여 듣지 않았던 이웃의 목소리를 찾아내고, 형제의 좌충우돌 부딪히는 모습까지 공감했다가 덩달아 마음을 졸인다. 최민지 작가의 재미난 그림 역시 책을 읽는 즐거움에 힘을 보탠다.

아이들은 사건 속에서 담임 전용 플래그를 붙여놓은 문장을 보더니 갑자기 말이 늘어난다. (담임은 반 아이들과 다른 긴 줄 플래그를 붙여 차별성을 둔다.) "하지만 더는 못 참겠다. 형이고 뭐고, 오늘로 다 끝이다. 나는 형을 똑바로 노려보았다."(121쪽) 이 문장에 플래그를 붙여뒀는데 "선생님, 선생님도 형 있어요? 아니 오빠이겠구나? 선생님도 이 부분 너무 좋아서 붙인 거죠?" "응? 어, 공감이 가서." "아니 진짜 우리 형은 말이죠. 진짜 얼마나 짜증나는지 알아요?" 한 아이가 몸을 한껏 내밀고는 한 맺힌 랩을 하기 시작한다. "아니, 공감은 가는데 나는 첫째라…." 내뱉지 못한 말을 꿀꺽 삼킨다.

어림짐작이라도
할 수 있어 다행이다

『조선특별수사대 1~2』
김해등 글, 이지은 그림, 비룡소

사건을 추리하며 생생하게 살아나는 과거 속 사람들

고학년 추리 동화 가운데 역사 사건을 추리 구조에 따라 진행하는 동화가 많은지라 추리 동화와 역사 동화를 정확히 구분 짓기는 어렵다. 추리를 풀어가는 과정의 비중이 높으면 추리 동화, 역사의 비중이 더 높으면 역사 동화로 분류할 수 있지만, 그건 필요에 의한 구분일 뿐 다른 이들에게 책을 권할 때는 크게 상관하지 않는 기준이기도 하다. 일단 재밌고 마음이 흔들리고, 타인의 감정을 배워가며 무엇이든 앎의 과정에 있으면 되지 싶다. 가장 큰 건 재미 아닌가.

『조선특별수사대 1: 비밀의 책 목민심서』, 『조선특별수사대 2: 완성된 문양의 비밀』은 정약용의 목민심서를 바탕으로 사건을 파헤치는 추리수사물 형식의 동화다. "수렴청정이 막 끝나자마자 왕비의 안동 김씨 가문이 세도정치를 일삼기 시작했다. (…) 엎친 데 덮친다고 세자빈의 풍양 조씨 가문까지 나서는 바람에 조정은 하루하루 바람 잘 날이 없었다."(11쪽) 세도 정치에 풍양 조씨가 세자빈이라면 순조겠구나, 11세에 즉위한 어린 순조의 수렴청정은 정순왕후가 했겠고, 그 당시 시작된 안동 김씨와 풍양 조씨의 대립과 노론벽파의 득세! 탐관오리들에게 수탈받는 백성들에게 일어난 홍경래의 난! 정리한다. 늘 순서를 헷갈리고, 툭 하면 제멋대로 이름을 만들어내는 사람이 그나마 역사를 알고, 어떤 사건에 분노할 수 있는 건 꾸준히 읽어온 역사 동화 덕이다. 연표대로 외울 수는 없지만, 그 당시 사람들의 처지에서 어땠을지, 그 일로 인한 결과를 어림짐작이라도 할 수 있게 된 건 오로지 동화 덕이다.

고리대금업자의 괴롭힘에 하나둘씩 사라지는 사람들이 있다. 실종을 조사하러 떠난 암행어사 역시 의문의 죽임을 당한다. 그 뒤로 떠도는 잠채(금광을 개발해 몰래 캐는 행위) 소문에 엄교리는 임금의 명을 받아 청도 고을의 사또로 임명된다. 상대를 속이기 위해 어수룩한 탐관오리 행세를 하며 하나씩 단서를 찾아가는 엄사또와 그를 따르는 무진, 고리대금업자에게 모든 걸 뺏기고 관아에 진 빚으로 노비가 된 오복이까지, 각자 복수와 정의 실현 등을 위해 뭉친 셋이 정감록을 이용해 천지개벽을 꿈꾸는 일당을 잡기까지의 과정이 치

❝ 꼬리에 꼬리를 무는 질문과 함께 작가가
곳곳에 흘려놓은 단서를 쫓아 조선 시대 탐정으로
초대받는 건 이 책을 읽는 독자가 받는 즐거운 선물이다. **❞**

밀하게 펼쳐진다.

반역 일당을 잡는 사건만 담긴 것이 아니라 어째서 그런 일이 일어났는지, 그럴 수밖에 없었던 배경은 무엇인지에 대해 생각하게 만든다. 어떤 기준이 정의롭고, 옳은 일인지 질문을 던진다. 백성을 괴롭히는 이들을 쫓아내고 정의로운 나라를 세우려고 한 것이 잘못일까? 그 목적을 이루기 위해 소수의 다른 이들이 수단으로 희생되어도 마땅한가? 임금은 어찌하여 이 모든 것을 바로잡지 못했는가? 꼬리에 꼬리를 무는 질문과 함께 작가가 곳곳에 흘려놓은 단서를 쫓아 조선 시대 탐정으로 초대받는 건 이 책을 읽는 독자가 받는 즐거운 선물이다. 게다가 가벼운 마음으로 '1권만 읽어볼까' 하고 책을 펼쳤다가 칼을 맞고 쓰러지는 절체절명의 순간에 끝나는 1권에 "2권! 2권이 필요해!" 외치게 될 테니 2권을 미리 준비하고 읽길 바란다.

게다가 그림책을 읽고 자란 어린이 독자라면 그림 작가의 이름을 확인하는 순간 소름이 돋을 테다. 후후. 책을 소개한 다음 "이 작가의 그림 어쩐지 익숙하지 않니? 부드러우면서도 따뜻하고." 워낙 인기작이 많지만 『팥빙수의 전설』(이지은 지음, 웅진주니어)만 이야기해도 모두 깜짝 놀란다.

그래서 동화를 읽는다

『댕기머리 탐정 김영서』 정은숙 글, 이영림 그림, 뜨인돌어린이
『명탐견 오드리 추리는 코끝에서부터』 정은숙 글, 이주희 그림, 사계절

탄탄한 구조와 치밀한 설정

『어쩌면 나도 명탐정』(정은숙 글, 김민준 그림, 창비)과 『댕기머리 탐정 김영서』는 모두 정은숙 작가의 책으로 고학년 아이들과 읽기 좋지만, 중학년 아이들에게도 인기 있는 책이다. 담임이 좋아하며 읽는 걸 본 3학년 아이가 자신도 읽겠다며 도서관에서 빌려왔다고 자랑하는 걸 듣고 "재미나게 읽길 바랄게" 하고 응원했다. 학년과 상관없이 아이가 읽겠다면, 폭력성이 짙거나 연령에 맞지 않는 성적 표현이 있는 책을 제외하고는 굳이 말리지 않는다. 책에서 읽은 어려운

문장들은 음악처럼 어린이 독자 곁에 고여 있다 어느 날 문득 떠오를 테니까.

정은숙 작가의 추리 동화들은 눈 위에 찍힌 발자국을 따라 걷다 문득 고개를 들어 돌아보면 너무 멀어진 출발지에 놀라듯 순식간에 책에 빠져들게 만든다. 탄탄한 구조와 치밀한 설정으로『명탐견 오드리 추리는 코끝에서부터』로 시작해『봉봉 초콜릿의 비밀』(정은숙 지음, 푸른책들)에서 유괴 사건과 보석 도난 사건을 해결하는 소녀 탐정 설홍주의 이야기를 따라『명탐정 설홍주, 어둠 속 목소리를 찾아라』(정은숙 글, 푸른책들)를 만나 유설록과 명세라의 사건일지『어쩌면 나도 명탐정』로 치달아간다.『댕기머리 탐정 김영서』에서는 강력한 매력을 가진 인물이 독자를 맞이한다. 청소년문학으로 넘어가면 더 읽을 책 목록이 늘어나 행복한 비명이 절로 나온다. 재미를 보장하는 작가의 작품 가운데 아직 못 읽은 책이 있다는 건 즐거움이자 축복이다. '다행이야. 아직 남아 있어' 하는 안도감이 든다.

정은숙 작가의 책을 처음 만나건『명탐견 오드리 추리는 코끝에서부터』로 복간된『명탐견 오드리』부터다. 개가 주인공인 추리 동화라니? 암행어사의 수행 견을 조상으로 둔 오드리가 펼치는 활약을 읽다 보면 '이 녀석, 나보다 낫잖아?' 하고 감탄하게 된다. 학습만화만 읽는 중학년 아이들에게 "동화도 읽어보면 재밌어~!" 하고 설득할 때 종종 꺼내는 책이다. 물론 그 과정이 순탄치 않지만, 교실에 앉혀놓고 도망치지 못하는 수업에 읽어주면 강제로 듣다가 책에 빠지는 아이들을 만나게 된다. 그 과정 역시 이 직업의 보람 아닐까.

『어쩌면 나도 명탐정』에서는 5학년 어린이 탐정들이 학교와 동네에서 일어나는 사건을 해결하는 과정이 잘 나온다. 이야기의 즐거움도 있지만, 과학적 추론과 분석, 탐정에게 꼭 필요한 수사 방법까지 소개하는 친절한 퀴즈 덕에 독자 또한 책 속 인물이 되어 사건을 쫓느라 바쁘다. 한 사건이 해결 될 때마다 나오는 추리 문제와 정답을 푸느라 다음 장으로 못 나가고 한참 책에 코를 박고 있는 아이들도 있다. 사건 속에 감춰진 어린이들의 불안과 외로움의 목소리를 번뜩이는 재치로 풀어내며 유쾌하게 해결하는 성장기가 담긴 동화다.

『댕기머리 탐정 김영서』는 역사 추리 동화로 고학년 친구들을 만나거나 온책읽기 추천 도서를 요청받을 때 빠지지 않는 동화다. 일제강점기 시대 배경도 흥미롭지만, 그 당시 주목받지 못했던 여성, 그 가운데서도 여자아이가 주인공이 되어 누명을 쓴 아버지를 구하는 모습이 인상 깊다. 정은숙 작가의 작품 속 주인공 대부분은 어린이나 여성이 주체가 되어 사건을 해결한다. 특히 이 책은 잘 드러나지 않던 여성과 어린이를 전면에 내세워 풀어가는 작가의 역량이 솜씨 좋게 발휘되는 책이다. 잊히고 몰랐던 사람들을 찾아내 독자에게 시대 속 인물의 당위성을 설득하는 작가의 의지가 두드러진다. 일제의 탄압이 극악해지던 1940년, 빚을 갚지 않으려고 사람을 공격했던 누명을 쓴 아버지를 구하기 위해 영서는 사건에 적극적으로 뛰어든다. 절대 아버지는 범인이 아니라고 믿지만, 미행을 하며 맞닥뜨린 정황 증거들은 아버지를 범인이라 지목한다. 평범하다고 믿은 이웃들의 속사정엔 일제강점기 시대에서 고군분투하며 살아가는 사연이

보인다. 민족말살 정책에 따라 일본인으로 살아야만 목숨을 유지하는 세상에서 출판사를 운영하며 독립운동을 하는 아버지는 영서의 자랑이다. 하지만 그 아버지는 집안이 정해준 부인인 어머니를 두고 같이 공부하던 신여성과 가정을 차려 배다른 동생을 낳은 아버지이기도 하다. 아버지에 대한 애정과 분노 속에서 두 어머니의 선택을 보며 여성으로 살아가는 삶에 질문을 던지는 영서의 모습 또한 묵직하게 다가온다. 시대가 강요하는 모습과 주체성의 혼란 앞에서도 묵묵히 걸음을 내딛는 영서의 모습은 우리 모두에게 깊은 인상을 남긴다. 이불 속 굽이굽이 사연이 한 가득 접혀 있을 듯한 인물의 이야기는 순식간에 우리를 그 시대로 초대한다. 자꾸만 질문을 던지는 책을 빤히 바라본다. 당신에게 그동안 질문을 던지는 책들은 어떤 책이었는가. 내가 얻은 질문을 아이와 함께 나눌 수 있다면 얼마나 새로운 세상이겠는가. 그래서 자꾸만 동화를 읽는다. 아이의 세상에 질문을 던지고 초대받을 순간을 위해.

이 책에 소개하는 모든 책은 온전히 내 취향으로 아이들과 만난 책들이다. 속는 셈 치고 읽다가 실패도 하며 자신의 취향을 찾으면 좋겠다. 담임이 그렇게 목이 쉬게 소개한 책을 거들떠보지도 않다가 훗날 슬그머니 와서 말한다. "취향은 아닌데 재미는 있어요." 아니, 그게 무슨 차이인데? 우리 집 형제도 그렇다. 재미있다는 엄마의 말에 대꾸도 없다 조용히 책을 꺼내 몰래 이불 속에서 읽는다. 아니, 왜 그래들? (2022년 7월, 후속 『명탐견 오드리 수사는 발끝에서부터』가 출간되었다.)

『훈민정음 해례본을 찾아라!』
정명섭 글, 이영림 그림, 한솔수북

조선어학회, 훈민정음 해례본, 기암성까지 절로 배우는 책

온책읽기 수업을 위해 여러 권의 역사 동화 후보를 두고 살펴볼 때 열두 살 아이들이 가장 궁금해했던 책이다. 중학년 이상 같이 읽기 좋고, 조선어학회와 훈민정음 해례본의 의미, 훈민정음의 우수성 등 읽다 보면 지식이 늘어난다. 과거와 현재 시점을 넘나들며 단서를 좇아 사라진 해례본을 찾는 추리 과정 역시 흥미진진하다. 아이들에게 "이 책은 역사로 소개할까? 추리로 소개할까?" 물었더니 "역사추리요!"라고 답한다. 마지막 반전에 놀라는 아이들을 보며 추리를 사랑하는 담임은 요즘 초등학생은 뤼팽의 기암성도 모르냐며 열변을 토하게 만든 책이다.

❝과거와 현재 시점을 넘나들며
단서를 좇아 사라진 해례본을 찾는
추리 과정 역시 흥미진진하다.❞

『4학년 2반 뽀뽀 사건』

정주영 글, 국민지 그림, 현북스

편견과 오해 속에서 점점 커지는 소문에서 진실을 찾아라

제목만 보고 어라, 연애 이야기인가 했다가 표지에서 외치는 추리물의 냄새에 촉이 온다. 교실 책상 위에 올려두었더니 제목만 보고도 "어우~. 뽀뽀래! 이거 재밌어요?" 하며 아이들이 호기심을 보였다. 한참 예민한 나이에 퍼진 소문과 거짓말에도 움츠러들지 않고 친구들과 소문의 진원지를 찾아내며 문제를 해결하는 어린이들의 주도성이 돋보인다. 평소 짧은 치마를 입고 다니니 그런 소문의 주인공이 되었다는 어른들의 편견에 대해, 말이 말을 낳고 거짓이 또 다른 거짓을 만들어내는 말 한마디의 무게에 대해 생각할 지점을 던지는 동화다. 어른들의 도움 없이도 스스로 해결해가는 아이들의 성장 속도에 놀라울 따름이다.

『연동동의 비밀』

이현 글, 오승민 그림, 창비

사건은 꼭 머나먼 곳에서만 일어나지 않는다,
우리 동네에서 벌어지는 미스터리

엄마를 따라 캐나다가 아닌, 연동동 할머니 댁을 택한 정효는 이사를 오자마자 연달아 사건을 맞닥뜨린다. 방화와 도난, 따돌림, 동물 학대 등 사건을 겪으며 자연스레 만나게 된 친구들과 동네 사람들은 다양한 색을 띤다. 휠체어를 탄 채 등장하거나, 낯선 이름을 가진 다문화 가정 아이이거나, 육아 휴직을 하며 아이를 돌보는 아빠 등 여러 상황 속 입체감 있는 인물들이 흘러넘친다. 다정한 사람들과 사건을 따라 아무도 알려주지 않았던, 그날 아빠의 사건까지 도달하는 정효의 성장을 응원하게 된다.

16장

질문하고 생각하는 힘, SF

몇 년 전, '잠깐 유행인가?' 싶을 정도로 쏟아졌던 SF 장르 동화는 이 제는 큰 흐름이 되었다. 게다가 요즘은 SF에 이어 판타지 장르도 연 달아 나오는 중이라 어떤 책이 나왔는지 파악하기도 힘들다.

SF와 판타지, 장르 개념을 간단히 풀어보면 둘 다 가상의 시공간 에서 일어나는 이야기다. 하지만 SF는 현실의 법칙으로 가능할 만한 세계, 또는 미지의 세계에서 과학적인 바탕 위에 서사가 진행되지만, 판타지는 현재의 법칙으로는 일어날 수 없는 일들이 벌어진다. 타임 머신을 타고 떠나는 시간 여행이나 외계인을 만나는 스타워즈는 언 젠가 일어날 수 있는 SF이지만, 옷장을 열어 다른 세계로 가거나 마 법을 쓰는 해리 포터 이야기는 판타지다.

어릴 때 읽었던 SF 동화는 디스토피아, 미치광이 과학자, 로봇과 의 전쟁 등 비관적인 미래 이야기가 많았다. 하지만 최근의 작품들은 관습에서 벗어나 어린이들의 생활 속에서 생기는 사건으로 미래의 다양한 가능성을 예측하거나, 윤리적 상상력을 더한 질문을 던진다. 좋은 책은 읽는 동안 내면 깊숙이 파고들어 책이 끝난 뒤에도 여전히 마음을 움직인다. 특히 장르 동화는 개인의 취향과 밀접하게 맞닿아 있어 집요하게 독자의 무의식에 흔적을 남긴다. 단지 재미만을 위한 책 읽기도 좋다. 하지만 책을 읽으며 변화와 성장의 기회를 얻길 바라기에 자꾸만 더 좋은 책을 찾고, 함께 읽는 아이들에게 책을 읽다 문득 질문을 던지기도 한다. 혼자 읽기보다 함께 읽을 때, 고여 있던 생각들은 질문을 통해 확장되면서 적극적으로 책에 몰입하도록 만든다. 특히 SF 동화는 지금은 아니지만 언젠가는 만날 세상에서 내 선택의 방향을 묻는 장르다. 여러분은 마음에 선택의 질문을 품을 준비가 되었는가? 되었다면 아직 한 번도 만나지 못한 미지의 세계로 떠나보자.

맘껏 놀고 좋을 것만 같았는데

『학교가 사라진 날』
고정욱 글, 허구 그림, 한솔수북

이 세상에서 학교가 사라진다면! 노는 게 제일 좋아! 소원 성취!

고정욱 작가의 『학교가 사라진 날』은 한솔수북에서 펴내는 저학년 읽기대장 시리즈 가운데 한 편이다. 시리즈 내내 민지와 상민이는 외계인들이 쳐들어와 책을 빼앗거나, 엄마가 사라지거나, 돈이 사라지는 등 기상천외한 상황을 겪는다. 이번에는 인공지능의 발달로 변한 미래 사회가 등장한다. 지식이 필요한 일들은 인공지능에게 모두 맡기고, 인간은 예술과 휴식, 오락만을 즐기는 세상이라니. 공부가 필요 없는 시대가 되자 모든 나라는 4월 4일에 학교를 없애기로 결정하고 학교를 무너뜨린다. 학교 없는 세상이라니, 날마다 방학이라니!! 아이들에게 소개하는 순간 환호성이 터진다. 얘들아, 그러면 나는 실직자란 말이야?

그러나 맘껏 놀고 좋을 것만 같았던 날들은 실상 인공지능에게 통제당하고 허가 없이는 맘대로 밖으로 나갈 수도 없는 세상으로 변한다. 하지만 언제나 새로운 변화를 찾아내는 건 어린이들이다. 민지와 상민이 역시 친구들과 함께 자유를 돌려받을 방법을 찾아내고 세상을 변화시킨다. 노는 게 제일 좋은 우리 아이들과 함께 읽으면서 듣기 좋은 달콤한 말 너머 어떤 어둠이 숨겨져 있을지, 나라면 어떤 선택을 할지 툭 건네기 좋은 책이다.

초록 책에 적힌 새로운 이야기

『패티의 초록 책』
질 페이턴 월시 글, 박형동 그림,
햇살과나무꾼 옮김, 사계절

우주 여행에 단 한 권의 책만 챙길 수 있다면

큰아이에게 SF의 진수를 맛보게 해준 첫 책으로 한동안 표지 속 소녀처럼 책을 끌어안고 다녔다. 물론 이 글을 쓰려고 다시 읽고선 "또 읽어도 좋다"며 감탄하는 나도 정말 사랑하는 책이다.

이 책은 한마디로 지구 종말을 앞두고 새로운 행성을 찾아 떠나는 사람들의 정착기다. 우주선 탑승 시 최소한의 짐만 가져갈 수 있는데, 책은 한 사람 앞에 한 권씩만 챙길 수 있다. 가족들은 각자의 책을 챙겼고, 서로의 책을 빌려 읽기로 한다. 막내 패티가 가져온 책은 진한 초록색 비단 표지에 금박으로 된 장식과 우윳빛 비단 책끈, 흰 꽃무늬가 있는 예쁜 갈색 면지, 그리고 내.용.이.없.는. 비망록용 책이었다. 지구에서 가져올 수 있는 책은 오로지 한 사람당 한 권뿐이었거늘. 속이 빈 책을 가져온 패티를 보며 모두 허탈해한다. 새로운 행성 샤인에 도착한 뒤 신기한 모험을 하고, 우여곡절 끝에 정착에 성공한 사람들은 기록을 남기기 위해 패티의 초록 책을 찾는다. 당연히 빈 책이라 생각한 초록 책은 예상과 달리 비뚤비뚤 커다란 글씨로 가득 차 있다. 찬찬히 초록 책을 읽은 아빠는 패티가 이곳에서 겪은 이야기를 썼다는 걸 알게 되고, 사람들의 요청에 책을 읽는다. "아빠가 말했다. '아주 조금밖에 못 가져간단다.'……" 마지막 문장을 읽고 소름이 오소소 돋으며 감탄이 나온다. 그 까닭은 이 책의 첫 문장 때문이다. "아빠가 말했다. '아주 조금밖에 못 가져간단다.'……." 그렇다. 이 『패티의 초록 책』은 말 그대로 패티가 샤인에서 적은 초록 책이다. 원서 제목은 'The Green Book'이다. 끝까지 책을 읽고 난 뒤 독자가 책을 덮으며 표지를 바라보다 '하, 그러니까 이 동화책이 패티가 우주선에 가져간 그 책이란 말이지!' 하고 직관적으로 이해할 수 있다. 어쩌면 지구는 패티가 도착한 샤인이었을지도 모른다. 부디 많은 독자들이 이 책을 읽어서 언젠가 특별판으로 패티가 서술한 것처럼 초록색 비단 표지에 금박으로 된 장식, 우윳빛 비단 책끈, 흰 꽃무늬가 있는 예쁜 갈색 면지의 책으로 만나고 싶다.

중학년부터 추천하지만 책 읽기 좋아하는 2학년이라면, 초록 책을 내내 안고 다닌 우리 집 2학년과 같지 않을까. 나 역시 책일기장에 다음과 같이 적어두었다. "안전한 기반 위에 탄탄하게 쌓여가는 사건들이 좋다. 주인공은 어린 패티지만 전지적 작가 시점에서 흘러가 집중이 잘 된다. 어린이의 시각에선 정착기와 탐험이 자세히 설명되긴 어렵지 않았을까. 패티의 책이지만 3인칭 시점으로 진행을 택한 게 신의 한 수일 듯. 매번 위기의 순간이 어린이들로 해결되는 것도 좋았다. 사랑스러운 책." 독자들에게 오래오래 사랑받는 책이길 바란다. 글을 마무리하던 찰나 이 책을 사랑했던 큰아이가 언제 같이 놀 거냐고 왔길래 와락 껴안고 "패티의 초록 책 한 줄 평 부탁해" 하고 졸랐다. 엄마 품에서 비비적거리던 아들이 툭 던진 한 줄 평에 쓰러진다. 아들! 네가 나보다 낫다!!

"가까이서 보면 재밌는 이야기이지만, 멀리서 보면 우리 인류의 미래일 수 있어 두렵기도 하다."

— 11세 남아(2021년)

2025년 9월 7일을 기다리며

『우주로 가는 계단』
전수경 글, 소윤경 그림, 창비

SF의 매력을 고학년에게 전하고 싶을 때

미국의 사진작가 사울레이터가 한 말이 있다. "신비로운 일들은 익숙한 장소에서 벌어진다. 늘 지구 반대편으로 떠날 필요는 없다." 이 말을 듣자마자 떠오른 동화책이 있다. 바로 『우주로 가는 계단』이다. 지인들에게 "우리나라 SF 동화책의 미래가 이토록 밝다!" 하며 추천하고 다니며 아이들에게도 소개했다. 2018년부터 국내, 국외에서 쏟아지는 SF 동화를 읽으며 시간 여행, 상대성 이론, AI에 흠뻑 빠져 있을 때 등장한 책이다.

창비 '좋은 어린이책' 대상작인『우주로 가는 계단』은 독자를 자기도 모르는 새 평행 우주 이론으로 초대한다. 물리학을 좋아하며, 자기 생각이 뚜렷한 소녀 지수는 같은 아파트에 사는 오수미 할머니가 궁금하다. 정체를 알 수 없는 할머니와 이야기를 하다 보면 어느새 온갖 과학 법칙에 빠져 있다. 생전 잘 알지도 못했던 과학자들의 생일과 사망일까지 알게 되고 평소 몰랐던 과학자의 재미난 우연에 놀라기도 한다. 어려운 과학 법칙이 술술 읽히는 것도 신기한데 월드 아파트에서 사라진 오수미 할머니를 찾는 추리까지 더해져 쉴 틈 없이 책장을 넘기게 만든다. 아이들에게 조금 어렵지 않을까 염려한 것은 흥미로운 추적을 따라가다 모두 날아가버린다. 바다에서 가족을 잃은 상처를 가진 지수가 할머니 실종 사건을 풀어내고 평행 우주에 관한 어마어마한 비밀을 밝혀내는 순간 박수가 절로 나온다. 행복한 가족만 봐도 트라우마로 힘들던 지수가 할머니의 실종 사건에서 도망치지 않고, 원상처의 슬픔까지 회복하는 모습은 가슴을 벅차오르게 한다.

특히 익숙한 일상의 풍경이 평행 우주 공간과 섞이며 내 하루의 한 귀퉁이에도 어쩌면 '놀라운 세계가 숨겨져 있지 않을까' 하는 상상에 읽는 내내 즐거웠다. 이 책을 빌려간 아이들에게 아파트 계단의 비상등을 찾아갔느냐고 묻고 싶다. 아직 엄마의 유혹에 넘어오지 않은 우리 집 형제에게 어떻게 권할까 연구 중이다. '읽고 나서 평행 우주 이론이 나오는 드라마를 같이 보는 것도 좋겠지? 아인슈타인과 스티븐 호킹 영화를 찾아볼까?' 설렘에 열심히 목록을 적어보았다. 책일기장에는 그네의 진자운동을 보며 슬픔을 위로받는 장면에서 떠오른, 천계영 작가의 만화 『언플러그드 보이』에서 "난… 슬플 땐 힙합을 춰" 장면을 찾아 붙여두었다. 그네에 앉아 자신을 달래는 방법처럼 책에서 작가가 독자에게 건네는 작은 다독임을 찾을 때마다 위로를 받곤 한다. 2025년 9월 7일 지수와 오수미 할머니가 케임브리지에서 월식을 같이 보기로 한 그날, 영국은 못 가겠지만 한국에서 아이들과 월식을 보며 이 책 이야기를 해야지! 미리 큰 계획을 그려본다.

66 아니 더 놀라운 세계가
숨겨졌을지도 모른다는 상상에
읽는 내내 나만의 새로운 세상을
만드는 재미에 푹 빠진다. 99

내가 진짜 외계인이라고?

『별빛 전사 소은하』
전수경 글, 센개 그림, 창비

이미 표지에서 아이들은 반해버렸다,

게임 속 가상 세계라니? 내용은 더 재밌다

이쯤 되면 아마 느꼈을 거다. '한 권의 책이 맘에 들면 그 작가 신작이 나오자마자 다 읽는구나!'라고. 어린이책은 물론 성인책까지 한 작가를 따라 쭉 읽기 좋아하는 독자이자, 아이들에게 독서의 즐거움을 일깨워주는 교사로서, '전작 읽기'는 종종 추천하는 독서 방법이다. 작가가 책을 낸 순서대로 읽는 것도, 만약 시리즈나 같은 등장인물이 반복된다면 등장인물의 나이나 성장순으로 읽어가는 것도 작가의 세계관에 가까이 다가가는 방법 중 하나다. 그래서 『우주로 가

❝ 게임 속 가벼운 재미에서 시작해
진지한 삶의 자세까지 쭉 이어지는
작가의 내공은 역시 감탄을 불렀다.**❞**

는 계단』의 전수경 작가의 신작 『별빛 전사 소은하』를 발견하는 순간 심장이 빠르게 뛰었다. 외계인에다 게임 이야기까지 더했다니. 뭐지, 이 책은? 일단 표지에서부터 아이들의 많은 관심을 받았다. 네이버 웹툰으로 익숙한 센개 작가의 그림은 꽤 강렬한 인상을 남겼는지, 그 뒤로 보린 작가의 『쉿! 안개초등학교 1~3』, 위즈덤하우스에서 나온 단편집 『레벨 업 5학년』(김혜진, 전여울, 박현경, 최상아, 이송현, 정연철 글, 센개 그림, 위즈덤하우스)까지, 반 아이들은 센개 작가가 그림을 그렸다면 무조건 읽는 열렬한 지지를 보냈다. 센개 작가의 그림은 아이들에게 글이 이미지로 춤추는 경험을 선사한다. 생동감 넘치는 장면과 더불어 아이들의 취향을 저격하는 작가다.

『우주로 가는 계단』에서 평행 우주로 떠나는 경험을 했던지라 이 책에서는 무한한 우주 여행을 기대했다. 제목도 별빛 전사 아닌가. 그런데 아니었다. 게임 속 가상 세계 '유니콘피아'에서 '별빛 전사 소은하'로 활동하는 이야기라니! 게임 세계와 현실을 오가는 것이 상상이 아닌 현실에서 실제로 이루어지고, 심지어 반에서 독특하다며 외계인으로 불리던 '나'가 진짜 외계인이라고? 충격과 혼란에 다음 할 일조차 잊고 책이 끝날 때까지 집중할 수밖에 없었다. 게임 속 가벼운 재미에서 시작해 진지한 삶의 자세까지 쭉 이어지는 작가의 내공은 역시 감탄을 불렀다.

소은하의 엄마는 지구를 점령하려는 우월주의 외계인을 막기 위해 외계에서 파견된 특수부대 대장이다. 엄마의 부상으로 얼결에 엄마 자리를 맡은 별빛 전사 소은하의 활약은 모두의 심장을 뛰게 만든다. 문득 게임에 빠져 지내는 반 아이들 얼굴이 떠올랐다. 이제 게임이란 소재가 더는 우울과 가정 폭력의 반작용으로 드러나는 소재가 아님에 시대가 빠르게 바뀌고 있구나 싶다. 이 책은 구매하자마자 집에 있던 아이가 먼저 빼앗아 읽은 책으로 아이가 고른 한 줄과 내가 고른 한 줄의 메시지가 확연히 달라 더 흥미로웠다. 나는 게임 속 매너가 현실 삶의 태도로 이어진다는 부분에서, 아이는 엄마의 부재로 인한 슬픔에서 한 줄을 골랐다. 반 아이들은 친구와 갈등 상황에서 당당하게 자신을 지키는 은하의 말에 많은 플래그를 붙이며, 왜 이 책을 아직도 안 읽었냐며 온라인 독서기록장에 강력 추천하는 글들을 올렸다. (학급문고에 플래그도 붙이고 패들렛 프로그램을 이용해 온라인 독서기록장을 운영했다. 고학년이라 가능하다. 책 속에서 맘에 드는 문장과 간단한 느낌을 남겼다.) 한 친구의 글을 옮기자면 이렇다. "왜 안 읽어?? 아니 재미, 감동, 흥미 등등 모든 게 완벽한 이 책을! 별: 별처럼 빛: 빛나는 전: 전사이자 사: 사람인 소: 소확행을 누리고 있는 은: 은하는 하: 하루종일 지구를 지키느라 바빠." 자발적인 7행시까지 올리는 찐팬을 확보한 동화다.

이제 게임은
성장의 기회가 되는 세상

『마지막 레벨 업』
윤영주 글, 안성호 그림, 창비

더는 게임이 나쁘다고 말할 수 없다,

또 다른 성장의 촉매제인 게임 세상

가상현실 게임 '판타지아'에서 친구를 만나 성장하는 이야기를 담은 책이다. 『마지막 레벨업』에서 선우는 학교가 끝나면 가상현실 게임방에서 답답한 현실에서 벗어나 드래곤과 유니콘을 타며 친구와 함께 몬스터와 맞서 싸운다. 선우는 가상현실 게임에서 둘도 없는 친구의 비밀을 알게 된 뒤, 중요한 선택 앞에 놓인다. 무엇이든 내 맘대로 할 수 있는 가상현실 게임 판타지아에서 절친과 살 건지, 친구들에게 괴롭힘을 당하는 현실에 남을 건지 말이다. 읽는 내내 선우가 어떤 선택을 할지 아이들에게 물었다가 현실이 아닌 게임 속 세상을 택할까 봐 겁이 났다.

　게임으로 인한 폭력과 욕설, 상처가 주제였던 동화에서 이젠 게임 속 세계를 '성장'으로 풀어내는 책들이 등장해 반갑다. 아이들의 삶에서 떼려야 뗄 수 없는 게임을 무작정 부정하기보다 능동적으로 삶의 기회로 삼는 독특하고 조화로운 세계관에 마음이 놓인다. 특히 『마지막 레벨 업』은 게임에서 만난 친구 원지의 비밀이 밝혀진 순간부터 '무엇이 사람을 사람답게 만드는 것인가'라는 질문을 독자에게 던진다. 게임 속 세상에서 아이템에 따라 달라지는 등급과 새로운 경험에 빠져 무엇이 현실인지 자꾸 잊는 아이들에게 권한다. 읽을 때마다 인간의 존재와 가치, 선택의 책임과 가족의 의미 등 묵직한 주제가 새롭게 읽힌다. 특히 아름다운 판타지아 속 풍경을 그려낸 삽화가 인상 깊어 반 아이들과 함께 '이런 게임 속이라면 마음이 흔들릴 만하겠다'라며 베스트 장면을 뽑기 힘들 정도였다.

숨소리조차 내지 않았다

『나무가 된 아이』
남유하 글, 황수빈 그림, 사계절

책을 읽는 내내 아이들을 집중하게 만든 단편집

『나무가 된 아이』는 5학년 아이들과 온책읽기 수업도 하고, 좋은 기회로 작가님께 직접 반 아이들 질문을 전하기도 한, 유독 마음에 흔적이 진하게 남은 책이다. 온책읽기를 할 때는 여러 후보의 동화를 소개하고 투표를 통해 달마다 아이들과 읽을 책을 고른다. 특히 이 책과 같은 단편집을 읽을 때는 어떤 단편을 먼저 읽을지도 투표로 뽑는데 아이들의 첫 번째 선택은 표제작인 「나무가 된 아이」였다. 「나무가 된 아이」는 학교 폭력으로 나무가 되어버린 아이를 중심으로 가해자와 방관자, 피해자의 목소리가 실감 나게 담겨, 읽는 내내 아이들은 "화가 난다, 이해할 수 없다, 어쩌면 이해할 수 있다" 등 격한 논쟁을 일으켰다. 동화라 할지라도 학교 폭력으로 고통받는 아이들을 보면 속에서 피눈물이 나는 담임의 처지를 떠나, 아이들과 함께 내가 어떤 인물에 가까운지, 내 선택은 어땠을지, 그럴 수밖에 없는 인물의 사정이 있었는지 등을 이해해보려 노력했다. 단편의 특징상 일부를 확대해 강렬하게 전달하는 내용이라 생략된 앞, 뒷이야기를 맘껏 상상해 펼치는 아이들을 보며 적극적으로 책을 읽고 소화하는 모습에 다행히 내 맘속 피눈물이 멈췄다. 그래서 단편은 매력 있다. 작가가 알려주지 않은 인물의 사정을 어떻게든 알아내고자 아이들과 끊임없이 우리만의 이야기를 써내려간다. 그래서 교실에서 단편을 읽는 걸 더 좋아한다.

책 속에는 여섯 개의 단편이 들어 있는데, 그중 SF로 소개할 수 있는 이야기는 「온쪽이」, 「뇌 엄마」 이 두 개의 단편이다. 「온쪽이」는 몸이 절반만 있는 게 당연한 세상에서 양쪽 몸을 가지고 태어난 수오가 '정상'이 되기 위해 몸의 절반을 잘라내는 수술을 앞둔 상황이 펼쳐진다. 아이들은 기발한 설정에 놀라워했다. 당연한 것이 당연하지 않은 세상에서 내가 가진 것에 대해 생각하게 한다. 전래 동화 '반쪽이' 생각과 더불어, 진짜 나를 위한 선택의 기준은 무엇인지 재차 묻게 만든다. 또한 양육자이자 보호자로 내 아이를 타인의 시선과 분리해 온전하게 있는 그대로 받아들일 수 있는가,라는 질문에 쉽게 대답하기 어려웠다.

「뇌 엄마」는 어릴 때 읽었던 공상과학소설을 떠올리게 한다. 사랑의 형태와 방법, 가족의 의미에 대해 생각하게 만드는 단편이다. 사고로 죽어가는 엄마 몸에서 뇌를 분리해 뇌만 남은 엄마와 살아가는 가족이 있다. 원통에 담겨 있는 뇌 엄마의 그림에 아이들은 흠칫 놀랐지만, 뇌 엄마와 아이가 서로 소통하며 춤을 추는 아름다운 그림에 강렬한 인상을 받는다. "뇌만 있어도 엄마로 인정할 수 있을까?" "몸은 있지만 마음은 떠난 사람과 사랑을 할 수 있을까?" "가족을 구성하는 조건은 무얼까?" 하는 물음에 아이들은 사랑의 형태와 개인의 자유에 대해 각자의 답을 내놓았다. 당장 답을 찾아내기 힘들지라도 다 같은 책을 읽고 서로 다른 생각을 들으며 답을 찾아가는 시간은 오래도록 잊히지 않는다. 아이들의 반응이 좋아 끝내 여섯 개의 단편을 모두 읽었는데 책을 읽는 내내 서른 명이 넘는 아이들이 숨소리조차 내지 않았다. 집중하던 표정이 이야기의 반전에 깨지고 강하게 흔들리는 걸 보며 나 역시 깊은 인상을 받았다. 혼자 있는 시간이 많았던 아이, 읽는 것보다 상상하는 걸 더 좋아했던 아이가 작가가 되어 이제껏 아무에게도 말하지 않고 쌓아온 상상의 세계를 펼쳐 독자에게 선사한다. 남유하 작가의 세상으로 당신을 초대한다.

서로에게 질문하는 시간을 즐기길

『고조를 찾아서』
이지은, 이필원, 이지아, 은정 글, 유경화 그림, 사계절

곧 다가올 가까운 미래에서 보내는 질문, 넌 어떤 선택을 할래?

SF를 읽고 싶은데 막상 어떤 책을 찾아야 할지 고민된다면 한낙원 과학소설상 작품집을 추천한다. 한낙원과학소설상은 1950년대부터 어린이와 청소년을 대상으로 SF를 써온 한낙원 작가를 기리는 문학 상으로, 2014년부터 어린이와 청소년을 대상으로 쓴 SF문학 작품에 상을 주고 있다. 그중 초등 대상은 2회 수상 작품집인 『하늘은 무섭 지 않아』(고호관, 이민진, 임태운, 우미옥, 김명완 글, 조승연 그림, 사계절) 와 6회 수상 작품집인 『고조를 찾아서』이다. 그 당시 기록했던 책일기장을 보면 "SF와 판타지 장르 구분을 확실히 알고 싶은데 가르쳐 주는 곳도 없어 답답한 마음에 한낙원과학소설 작품집을 읽기 시작한다. 과학적인 요소도 중요하지만 이와 상관없이 이야기는 이야기의 힘 자체만으로 강해야 한다고 생각한다. 서사를 이끄는 힘이 강한 SF 동화들이 좋다"라고 기준을 적어두었다. 역사 동화를 사랑하는 어른으로서, 학습용 타임머신을 타고 수학여행을 떠나는 시대란 설정의 표제작「고조를 찾아서」는 단박에 내 시선을 사로잡았다.

'영원히 미궁에 빠진 역사 사건들을 직접 내 눈으로 보고, 독립의 순간으로 돌아가 다 같이 만세를 부를 수 있어! 아니, 그전으로 돌아가 공룡도 만날 수 있겠지! 실제 공룡색은 어떨까? 학습용 타임머신이라니! 책에서는 2022년이 배경인데 어째서 그해를 살고 있는 나는 여전히 버스를 타고 놀이 공원을 가는 것인가!' 온갖 탄식을 뱉어내다 1942년 종로의 어느 날로 수학여행을 간 윤서의 고민에 덩달아 심각해진다. 수많은 독립운동가와 친일파 이야기를 들었지만, 막상 내 조상이 독립운동가였길 바랐지 한 번도 친일파라고 생각해본 적이 없는데 아뿔싸, 윤서의 고조할아버지는 친일파였다. 심지어 독립운동가인 같은 반 아이의 고조할아버지를 괴롭히는 친일파라니. 시간 여행 중 밖에 나가면 시간의 늪에 빠져버리고 부작용으로 갑자기 늙거나 영영 못 돌아올 수도 있다. 하지만 윤서는 이대로 할아버지의 친일 행적을 두고 볼 수만은 없다. 아이들과 함께 조상 중 누군가가 친일파라면 용기를 내 말려볼 것인지, 그대로 할아버지가 일본에서 쌓아갈 부를 지켜볼 것인지 서로 묻고 답하다 마지막에 드러나는 반전의 재미에 푹 빠져, 격렬하게 치고받았던 질문조차 잊어버렸다. 결말은 중요하지 않았다. 우리는 단지 시간 여행과 내 조상이 친일파일 수도 있다는 설정 자체에 충격을 받았다!

「고조를 찾아서」를 쓴 이지은 작가의 다른 단편, 아름다움은 권력이지만 어리기 때문에 성형이 힘든 아이들에게 얼굴에 장착 가능한 마스크를 파는 이야기, '아'름다운 '아'이돌 '마'스크 줄여서 부르는 「아아마」 역시 이 책에 실려 있다. 외모지상주의가 문제라고 하지만, 실제로 상상이 현실이 되는 세상이 온다면 어떻게 될까? 순간 대답을 멈칫하게 만드는 이 단편은 어린이뿐 아니라 어른 독자에게도 깊은 인상을 남긴다.

그 외에도 「구름 사이로 비치는」, 「우주의 우편배달부 지모도」, 「시험은 어려워」를 통해 외계 생명체의 자유 문제에서부터, 토성에 있는 학교를 다니며 명왕성으로 봉사 활동을 떠나는 미래, 가상현실을 이용해 자신의 가치관을 확인하는 도덕 시험까지, 지금을 살아가는 독자에게 가상의 미래를 끌어와 당신의 가치관과 윤리의식은 어떤지 동화는 재차 묻는다.

현실의 한계가 사라진다면 그럼에도 소신을 지킬 수 있을지, 제약 없는 세상에서 어떤 가치 판단을 내릴 것인지 마음속 빗장을 풀고 맘껏 이야기를 나눌 수 있다. SF는 이래서 재밌다. 현실에서 생각도 못했지만 언젠가는 겪어볼 순간을 지금을 사는 내 기준으로 생각해보게 만든다. 그러다 미래의 가치관은 어떻게 변할지 상상하며 최악과 최선을 짐작하고 앞으로 살아갈 태도를 마음먹게 한다.

『순재와 키완』
오하림 글, 애슝 그림, 문학동네

친구를 살리기 위해 타임머신과
완벽한 로봇을 설계한 박사의 어린 시절

이야기를 쓴 작가는 1월 1일에 자신을 찾아온 시간 여행자가 들려준 이야기를 비밀로 하겠다고 약속했지만, 그 약속을 어기며 살을 덧대고 조금씩 거짓을 섞은 비밀 이야기를 독자에게 풀어낸다. 먼 미래에 로봇 공학자가 되어 친구의 죽음을 막기 위해 과거로 완벽한 로봇을 보낸 아이. 그리고 자신의 죽음을 모른 채 누군가에게 감시당한다는 생각에 불안해하는 아이. 그 모든 걸 관찰하는 '나'라는 화자와 중간에 느닷없이 불쑥 튀어나와 이야기를 끌어가는 작가. 시점이 바뀌며 엉킨 실타래를 풀어가며 흐르는 이야기다. 처음에는 아리송했던 부분들이 책을 다 읽고 나면 다시 앞장으로 돌아가는 수고까지도 마다하지 않을 만큼 재밌다. 6학년 아이들에게 추천하며 마지막에 오르골이 다시 소리가 나는 까닭에 대해 열띤 토론을 벌린 추억이 있다. 부제처럼 붙어 있는, 두 아이가 만난 괴물의 주인공은 누구일까. 순재와 키완이 두 아이일까, 순재와 필립이 두 아이가 될 수 있을까. 독자의 판단에 맡긴다.

『엄마 사용법』
김성진 글, 김중석 그림, 창비
생명장난감으로 진짜 마음을 전할 수 있을까

중학년 아이들을 비롯해, 고학년 아이들에게도 사랑받는 책. 16회 창비 좋은 어린이책 대상 수상작이기도 하다. 엄마가 없는 현수는 아빠를 졸라 '생명장난감' 엄마를 구매한다. 엄마 사용법을 보며 '엄마'를 만들어보려 하지만 뜻대로 잘 되지 않는다. 할아버지 조언을 듣고 좋아하는 것을 같이 겪으며 '진짜' 엄마를 만들어가는 이야기는 정말 이런 세상이 올까 싶어 두렵다가도 엄마를 그리워하는 아이의 간절함에 애틋해진다. "현수는 이제 자기도 엄마를 가질 나이가 되었다고 생각했어."(7쪽) 시작하는 첫 문장은 '지금 나는 아이에게 어떤 엄마일까' 하는 질문을 던진다. 재미와 감동과 함께 생명장난감의 윤리적 문제까지 같이 나누기 좋은 책이다.

『내 여자 친구의 다리』
정재은 글, 모예진 그림, 창비
미래에 사는 아이들의 모습은 과연 어떨까

이 책의 표지는 이질적인 단어의 조합과 우주에서 점프를 하는 소녀의 그림으로 호기심을 불러일으킨다. 표제작을 포함한 여섯 개의 단편이 실렸다. 3D 홀로그램 아바타가 나 대신 학교를 가거나(「아바타 학교」), 사고로 다리를 잃은 연이가 로봇 다리를 달고 발레리나가 되는 꿈에 도전한다.(「내 여자 친구의 다리」) 메타버스처럼 거실에 가상 정원을 설치하는 모습(「이 멋진 자연」) 등은 미래를 살아가는 어린이들이 맺는 관계와 현실과 인공의 경계 등을 두루 생각하게 한다.

『알렙이 알렙에게』

최영희 글, PJ.KIM 그림, 해와나무

어린이들에게 새로운 우주를 소개하고 싶을 때 추천하는 책

지구 너머의 다른 행성, 테라를 배경으로 하는 책이다. 전쟁과 핵폭발로 파괴된 지구에서 테라로 이주한 인류는 인공지능 마마가 관리하는 마마돔 안에서 출생과 죽음까지 통제받으며 '안전하게' 살아간다. 합법적으로 마마돔 밖으로 나갈 수 있는 '사냥조'가 된 소녀 알렙은 돔 밖에서 겪은 일로 이제껏 살아온 모든 게 뒤집히고 만다. 게다가 자신이 약속의 노래에 나오는 '빛의 딸 알렙'을 만나 모두에게 진실을 알려줄 임무를 가진 사람임을 깨닫는다. 알렙은 인공지능 마마와 룩스의 갈등으로 인류의 진실이 감춰졌다는 걸 알아내고, 비밀을 추적하기 시작한다. 인간의 이기적인 폭력의 역사부터 생명윤리의 질문까지, 어린이들에게 새로운 우주를 소개하고 싶을 때 꼭 챙겨가는 동화다.

『우주에서 온 통조림』

사토 사토루 글, 오카모토 준 그림, 김정화 옮김, 논장

1960년대의 SF가 궁금하다면

이 책은 SF 동화를 읽다 내가 어릴 때 읽었던 SF 동화가 떠올라 찾아본 책이다. 이 신기한 통조림은 대체 뭐란 말이지? 어릴 적 한 번쯤 상상한 신기한 이야기들이 책상 서랍 속 먼지를 털고 나온 기분이었다. 마트에서 산 신기한 통조림 안에서 우주인을 만나고, 그 우주인이 들려주는 믿을 수 없는 신기한 이야기들이 무려 1960년대에 나왔다는 사실에 놀란다. 이야기의 매력은 시간이 지나도 변하지 않는구나.

『핑스』

이유리 글, 김미진 그림, 비룡소

숨 막히는 모험을 따라 온 우주를 여행하고 싶을 때

6회 스토리킹 수상작으로, 사고로 식물인간이 된 동생의 신약을 사기 위해 소년이 우주 여행을 떠나는 것에서 시작한다. 소년은 우주 여행 중 동생이 들어 있는 냉동 캡슐이 납치되는 줄 알고 악당을 쫓다 덩달아 납치당한다. 목숨을 걸고 따라간 냉동 캡슐엔 동생이 아닌 외계인 론타가 있었다. 악당은 론타를 이용해 어떤 병이든 고칠 수 있는 신비한 새 핑스를 사냥하려고 한다. 낯선 행성에서 론타와 함께 핑스를 구하며 악당에게서도 살아남아야 하는 숨 막히는 추격전이 펼쳐진다. 어린이 심사위원이 뽑은 스토리킹 수상작답게 정신없이 빠져들게 만든다.

『써드』

최영희 글, 도화 그림, 동아시아사이언스

로봇이 인간보다 더 뛰어난 세상에서 인간은 어떻게 살게 될까

호모사피엔스와 인공지능의 뒤를 이을 세 번째 지성체 "써드." 로봇이 인간을 추방하고 도시와 문명을 차지한 미래에서 사고로 언니를 잃은 인간 '요릿'과 인간과 가깝게 설계된 로봇 조사관 '리처드', 뱀의 몸통에 늑대 머리를 한 6미터의 괴생물체까지, 온갖 사연과 이슈들이 담긴 책이다. 인간과 로봇의 구분은 무엇이며, 효율성만을 따지는 사회에서 인간은 어떻게 살아야 할까. 존재가 규정되지 않은 괴물의 "나는 누구인가?"에 대한 고민까지 풍성하게 읽히는 동화다.

『녹색 인간』

신양진 글, 국민지 그림, 별숲

빈부의 차이로 생존 방식까지 갈라지는 잔인한 미래

2055년, 지구에는 식량 대란이 일어난다. 유전자 조작기술로 스스로 광합성을 하는 인간이 나타나며 인류는 식량 위기로부터 벗어난다. 광합성으로 포도당을 만들어 곡식을 먹지 않아도 살 수 있는 녹색 인간이 등장한 것이다. 하지만 모든 사람이 녹색 인간이 될 수는 없다. 녹색 인간이 사는 그린필드와 녹색 인간이 되지 못한 이들이 사는 오리진필드. 오리진필드 사람들은 농사를 짓고 살아보려 하지만, 한 번도 농사에 성공한 적이 없다. 결국 그린필드의 원조에 기대어 살며 녹색 인간들이 먹는 단백질을 생산하기 위해 애벌레 사육장에서 일한다. 빈부의 차이로 생존 방식까지 달라지는 세상은 SF일까, 현실일까. 그린필드에 들어가려면 허가증인 '레드서클'이 있어야 한다. 우연히 길에서 죽어가는 녹색 인간에게 레드서클을 받은 서린은 꿈에 그리던 그린필드에 입장한다. 그린필드에서 일어나는 음모와 사건을 겪으며 유전자 조작뿐 아니라 기술의 발전에 따른 빈부의 차, 생명의 소중함과 꿈, 더 나아가 품종 보전의 중요성까지 말한다.

❝ 빈부의 차이로
생존 방식까지 달라지는 세상은
SF일까, 현실일까. ❞

17장

무엇을 상상하든
그 이상의 세계, 판타지

판타지 동화 하면 흔히 해외의 『나니아 나라 이야기』 시리즈나 『해리 포터』 시리즈를 떠올리곤 한다. 하지만 최근 판타지 동화는 아이들 생활에서, 시공간을 초월해서, 우리의 옛이야기와 민담에서 길어온 다양한 문제의식을 보여준다. 부쩍 괴물이나 소원 등 판타지적 요소가 두드러진 동화가 자주 보인다. 이런 흐름이 잠시일까, 아니면 꾸준히 강세를 보일까 궁금하다.

무엇이든 지금 아이들의 목소리를 담고, 아이들의 생활을 들여다보며 상처를 돌보고 치유하는 책이면 좋겠다. 책을 읽으며 자꾸 생각하고 질문을 던지는 시간을 갖는다면, 어떤 장르든 좋다. 물론 내면의 벽이 깨지고 새로운 길을 보여주는 좋은 책을 찾아야지만 말이다.

책일기장을 넘기다 발견한 2019년의 기록이 있다. "아이들이 여전히 이야기를 좋아한다는 사실을 다시 깨달았다. 아이들은 책을 싫어하지 않는다. 다만 들어가는 길을 아직 못 찾았을 뿐이다." 무엇을 상상하든 그 이상의 세계로 가는 판타지 동화의 초대장을 떠워본다. 그 초대장을 따라 즐거운 시간을 보내길 바란다. 솔직히 말하자면, 지금 나는 무척 신난다. 내가 좋아하는 걸 마구마구 자랑할 수 있다니.

혼자가 되었을 때
판타지는 시작한다

『한밤중 톰의 정원에서』
필리파 피어스 글, 수잔 아인칙 그림, 김석희 옮김, 시공주니어
필리파 피어스 글, 강상훈 그림, 햇살과나무꾼 옮김, 창비

처음에 책장을 덮었다면 절대 알 수 없는 소름 돋는 결말

『한밤중 톰의 정원에서』는 판타지의 고전 중의 고전이며 걸작 중의
걸작이다. 표현이 상투적이라 쓰지 않고 싶지만 걸작이라고 표현할
수밖에 없다.

이 책은 시공주니어와 창비에서 번역자를 달리해 출간되었는데,
제이그림책포럼 카페의 동그라미 북클럽을 통해 함께 읽어보았다.
각자 소장하거나 구할 수 있는 출판사의 책을 자유롭게 골랐기에 세
세하게 번역이 다르거나, 암호를 제시하는 방법에 차이를 발견하고,

종결어미가 달라 책의 분위기가 변하는 것을 나누었다.

어떤 출판사 책이 취향인지 얘기를 나누다가, 북클럽 책이 아니면 초반에 덮었을 거란 흥미진진한 반응들도 접했다. 어떻게든 읽고 나니 아이와 함께 읽고 싶다는 후기도 있었다. '역시 천재 필리파 피어스!' 하고 안도하다가(앞서 공포 장르에서 극찬한 『외딴 집 외딴 다락방에서』의 작가다), 왜 그렇게 초반이 힘들었는지 북클럽 회원들에게 물어본 뒤에야 깨달았다. 많이들 초반에 사건이 터지고 인물들이 나타나 해결하는 요즘의 동화에 익숙해, 컬러 그림 하나 없이 아름다운 정원을 묘사하기 위해 초반 내내 등장하는 수많은 꽃과 나무의 낯선 이름에 방황했던 것이었다. 심지어 어떤 분은 책 읽는 동안 반복되는 정원의 묘사에 머릿속으로 그림이 그려지지 않아 인터넷 검색으로 꽃과 나무를 다 찾아 프린트해놓고 읽었다고 푸념했다. 이렇게 책 읽는 방식이 다를 수 있다니. 흥미롭게도 다른 누군가는 정원이 주는 낭만적인 분위기에 이끌려 끝까지 수월하게 읽어나갔다고 했다.

독서 방법과 습관에 정답은 없다. 완전히 이해가 돼야 책장을 넘기는 이와 대강의 분위기로 책을 넘기는 이의 차이일 뿐. 하지만 고전을 읽을 때 어디선가 유명하다고 해서, 다들 최고라고 추천해서 읽었는데 집중력이 흩어진다면 이 말을 한 번만 떠올려주길 바란다. "일단 60쪽까지는 읽어주세요." 물론 반 아이들은 60쪽까지 겨우 읽고 매정하게 책장을 덮어버릴 때가 많아서 담임 속을 끓이지만 가끔은 60쪽을 넘겨 읽어주는 아이들을 보면서 위안을 삼는다. 그래, 한

명이라도 읽어준다면 그것만으로도 다행이지!

이야기는, 애타게 기다린 방학인데 홍역에 걸린 동생 때문에 홀로 이모네로 떠난 톰의 답답한 심정으로 시작한다. 어떤 이야기든 무리에서 떨어져 혼자가 되었을 때 사건은 시작되고 위험이 닥쳐온다. 판타지 역시 비슷하다. 어린이들이 보호자와 떨어질 때 환상의 모험이 시작된다. 『사자왕 형제의 모험』도 그러했고, 『한밤중 톰의 정원에서』 역시 마찬가지다. 어쩌면 책을 읽는 행위 자체도 누군가와 떨어져 혼자서 낯선 세상에 떨어지는 판타지가 아닐까.

정원이 없는 다세대 주택에서 방학 내내 놀 거리를 걱정하던 톰은 한밤중 모두가 잠들었을 때 오래된 괘종시계가 치는 열세 번의 종소리를 듣는다. 절대 돌아다니지 않겠다는 이모부와의 약속은 13시의 호기심에 지고 만다. 결국 아래층으로 내려간 톰이 뒷문을 열자 손바닥만 했던 뒤뜰은 아름다운 정원으로 바뀌어 있다. 그렇게 한밤중에만 나타나는 정원에서 톰은 해티를 만나 우정과 추억을 쌓는다. 종소리가 열세 번 울릴 때마다 열리는 정원 속 소녀 해티는 톰을 만날 때마다 나이가 다르다. 톰에게는 방학 동안의 짧은 시간이지만, 해티에게 톰은 어린 시절부터 어른까지 불쑥 나타나는 신비한 존재다. 세월을 거슬러 톰과 해티가 만나는 장면은 초반에 혼란에 빠진 것을 잊을 정도로 강렬하고 아름답다. 어쩌면 모든 게 꿈일지도 모르지만, 그저 꿈 이야기였다면 이렇게 오랜 세월 동안 사랑받는 고전이 될 수 있을까.

오빠들에게 따돌림 당하며 외롭던 해티와 홍역에 걸린 동생을 피해 홀로 이모 집으로 온 톰. 이 둘의 영혼이 맞닿아 불안과 외로움을 나누는 과정이 섬세한 문장으로 살아난다. 그렇게 해티와 톰처럼 마음속에 지닌 자신만의 비밀 정원을 꺼내 북클럽 회원들과 함께 묻고 답했다. 각자의 정원이지만 우리의 정원으로 함께 넓혀간 그날의 시간 덕분에 이 책의 감동이 더욱 두터워졌다.

해마다 아이들에게 권하지만 성공률은 낮다. 하지만 한 번 읽은 친구들은 극찬을 하는 책인데, 이럴 때는 다른 방법이 없다. 아쉬운 사람이 60쪽 넘게 읽어줄 수밖에. 내 목이 쉬어도 충분히 그럴 만한 가치가 있다. 가끔 듣기도 싫다는 아이에겐 슬그머니 그래픽노블로 나온 『한밤중 톰의 정원에서』(필리파 피어스 글, 에디트 그림, 길벗어린이)를 건넨다. 그러고는 옆에서 한 마디씩 흘린다. "아니 그게 마지막 결말이 나름 반전이던데 빠졌더라고." "아, 그 사건에 뒷이야기가 있는데 없는 거 같아." "충분히 그래픽노블로도 재밌는데, 책은 얼마나 더 재밌을까?" 한 명이라도 걸려라 하며 오늘도 덫을 놓고 다닌다. "한 번만 읽어봐. 선생님이 잘해줄게." 애걸하는 담임을 보고 한숨을 쉬더니 책을 꺼내간다. 결국 점심시간 내내 책만 읽고 있다. 거봐, 내가 거짓말은 안 한다고.

이모할머니는 마귀할멈?

『짜증방』
소중애 글, 방새미 그림, 거북이북스

제3자의 시선으로 보는 나

판타지 하면 몽환적이고 아름다운 세상과 손에 땀을 쥐게 하는 모험, 성장 등을 떠올리기 쉽다. 하지만 그런 책들은 어린 친구들과 읽기에는 분량이나 서사 구조, 시공간의 이해에 어려움이 있다. 물론 잠자리 책으로 쭉 읽어주며 대화하면 소화할 수 있지만, 1~3학년 아이들에게 혼자 읽어보라고 소개하기는 어렵다. 1학년 때부터 어려워도 자신만의 방법으로 읽는 아이들도 있지만, 대부분 학교에서 만나는 아이들은 그렇지 않다.

저학년 친구들이 재밌어하는 동화 대부분에는 일상생활에서 도깨비를 만나거나, 다른 세상으로 떠나는 판타지 요소가 자주 등장한다. 『짜증방』 또한 마찬가지다. 모든 게 맘에 안 들어 짜증이 많은 도도는 그 정도가 지나쳐 주위의 모든 이들을 힘들게 한다. 어느 날 듣도 보도 못한 엄마의 이모할머니가 올라오셔서 같이 지내게 되자 짜증이 나는데, 설상가상으로 중국에 출장을 간 아빠의 사고로 이모할머니와 단둘이 집에 남는다. 도도는 이상한 약을 만들고, 주름이 사라졌다 나타나는 이모할머니가 마귀할멈이라고 확신한다. 자신의 방을 절대 들여다보지 말라는 할머니의 경고를 도도가 지킬까? 이상한 열쇠로 문을 연 이모할머니 방에는 방문이 여러 개인 신기한 광장이 나타나고, 도도가 방문을 열 때마다 어린 시절부터 최근의 모습까지 짜증을 내며 다른 이들을 괴롭히는 예전의 '나'를 만나게 된다. 짜증방 덕분에 도도는 자신의 잘못을 뉘우치게 되고, 이모할머니는 아무 말 없이 사라진다. 우연히 길에서 다시 만난 이모할머니는 짜증을 내는 어느 아이의 할머니가 되어 있다.

평소라면 생각하지 못할 계기를 판타지로 해결하며, 짜증을 내는 도도의 모습이 내 모습 같다며 멋쩍어하던 2학년이 떠오른다. 훈계나 협박이 아닌 내 모습을 객관적으로 보며 나로 인한 가족의 어려움을 거울을 통해 비춰주는 심리 치료 같은 이야기라 저학년 아이들과 종종 읽었다. 2학년 수학 시험에 도도가 이모할머니의 방문 열쇠를 찾는 방법을 연산 문제에 응용해냈다가 아이들의 원망을 들은 기억이 난다. 아니, 왜? 난 재미있는데.

나쁜 기억도 있어야
내가 된다

『한밤중 달빛 식당』
이분희 글, 윤태규 그림, 비룡소

판타지의 매력이 돋보이는, 아이들과 질문을 주고받게 만드는 책

현실 생활에 자연스럽게 판타지 요소를 녹여내는 저학년 동화들은
아직 시공간 개념이 뚜렷하지 않는 아이들이 읽기에 적합하다. 그림
책과 멀어지는 시기이자, 어떤 동화를 만나느냐에 따라 앞으로 독서
생활이 판가름 나는 시기가 저, 중학년인지라, 이 시기 어린이들과
함께 읽기 좋은 동화를 눈을 크게 뜨고 항상 찾는다.

　판타지 소재로 아이들의 맘을 유혹하고 어른 독자도 몰입하게
만드는 책들 가운데 꼭 등장하는 책이 바로 이분희 작가 책이다. 이

분희 작가 책에서 저학년을 대상으로 나온 대표작은 바로 『한밤중 달빛 식당』이다. 제목 그대로 달빛 식당은 밤에만 나타나는 식당이며, 사람이 아닌 속눈썹여우와 걸걸여우가 운영하는 식당이다. 이 식당에서 음식 값은 돈이 아닌 나쁜 기억이다. 맛난 음식을 먹고 나쁜 기억과 교환할 수 있다. 엄마의 죽음 이후 학교에서, 일상에서도 엇나가는 연우는 한밤중 달빛 식당에서 자신의 나쁜 기억을 판다. 결국 마지막에 연우가 음식 값으로 내놓게 될 나쁜 기억이 무엇일지 어른 독자는 어렵지 않게 예상할 수 있다. 나쁜 기억을 없애면 무조건 행복해질까? 피하고 잊는다고 상처가 사라지는 걸까? 1학년 아이들에게 읽어주며 질문을 던졌을 때 처음엔 무조건 나쁜 기억을 팔겠다며 각자의 나쁜 기억을 재잘대며 꺼냈는데, 책을 읽을수록 아이들의 답변이 달라지기 시작했다.

판타지의 매력은 이럴 때 더욱 드러난다. 모든 가능성을 열어두고 질문을 주고받게 해주며, 내가 가야 할 방향에 불빛을 밝혀준다. 잊고 싶은 부끄러운 기억조차 존재해야 결국 내가 완성된다. 나쁜 기억이라도 그 기억의 총합으로 내가 있고, 그 기억이 있기에 다시 실수하지 않고 또 살아갈 배움을 얻는다.

여덟 살들과 함께 칠판에 크게 적었다. "나쁜 것도 부끄러운 것도 모두 다 사랑하는 나다."

이 도깨비들을 어쩌지?

『사라진 물건의 비밀』
이분희 글, 이덕화 그림, 비룡소
『신통방통 홈쇼핑』
이분희 글, 이명애 그림, 비룡소

사려 깊은 인물의 선함을 보여주는 작가의 신작

『사라진 물건의 비밀』은 저학년 대상으로 나온 생활 판타지이지만 중학년까지 읽어도, 어른 독자가 읽어도 웃다가 맘 졸이며 읽을 동화다. 이분희 작가의 책 중에서는 세 번째로 나온 책인데, 책을 다 읽고 나서 '앞으로 더 기대된다!'라는 생각에 마음이 설렜다.

수시로 물건을 잃어버리는 기찬이를 도저히 두고 볼 수 없던 엄마는 최후의 수단으로 모든 물건에 번호표를 붙여준다. 엄마는 이번에도 물건을 잃어버리면 일주일 동안 컴퓨터 금지령을 내린다고 한다. 일주일이나!! 컴퓨터 사용 시간을 사수하려고 최선을 다하는데도 자꾸만 물건이 사라진다. 자기 전 책상에 번호순으로 물건을 늘여놓고 자도 일어나면 감쪽같이 물건이 사라진다. 이쯤 되면 범인은 내가 아니라 다른 누군가다. 기찬이는 물건에 잉크를 묻히거나, 온 방에 밀가루를 뿌려 발자국을 찾아내는 등 각고의 노력 끝에 드디어 도둑을 만난다. 『한밤중 달빛 식당』에서는 여우가, 『신통방통 홈쇼핑』에서는 도깨비감투에 초소형 구미호 꼬리가 나오더니, 이번에는 듣도 보도 못한 물도깨비가 등장한다. 아이들의 평범한 생활 속 사건을 옛이야기의 소재로 자연스럽게 풀어내는 작가의 필력은 가히 감탄할 만하다. 더불어 선하고 사려 깊은 인물들을 보여주는 작가의 시선이 다정하다. 어쩜 재미도 놓치지 않는지.

고학년 대상으로 나온 『신통방통 홈쇼핑』 역시 낯선 시골에서 살게 된 소년이 도깨비가 쇼호스트로 등장하는 홈쇼핑 방송을 보면서 생기는 왁자지껄 이야기를 담고 있다. 일상과 환상을 자유자재로 넘나들며, 외면한 문제를 환상을 통해 치유하는 과정을 따뜻하게 풀어낸다. 기회가 되면 아이와 함께 찬찬히 작가의 작품들을 읽어보며 다음 책을 기다려보는 설렘도 가져보시길.

우리 속에 섞여 사는
천진난만한 도깨비

『도개울이 어때서!』
황지영 글, 애슝 그림, 사계절

성장에 필요한 비밀, 내 편, 가치관 모두가 잘 녹아 있는 책

책일기장에 적어둔 문장 일부를 그대로 옮겨본다. "장애나 편견에
관한 책이라 생각했는데 느닷없는 도깨비! 우리 속에 섞여 사는 도
깨비의 천진난만한 모습에 '우리 반 아이들도 혹시 도깨비가 아닐
까?'란 생각이 들었다."

어느 날 전학을 온 아이가 도깨비라는 설정에 놀라고, 도깨비 방
망이가 만능이 아니란 사실도 재미나고, 도깨비 섬에 갇히게 될지라
도 사람을 구하는 데 주저 없는 개울이도 인상 깊은 책이다.

"개울이랑 같이 다니더니 수아까지 이상해졌나 봐."

누군가 말했다. 나는 선생님이랑 반 아이들에게 말하고 싶었다. 개울이가 얼마나 많은 사람들을 구했는지, 우리 반을 얼마나 좋아했는지 말이다. 하지만 말할 수가 없었다."(102~103쪽)

이 한 줄을 뽑은 건 모두가 말썽꾸러기라고 생각한 개울이가 우리에게 보여지지 않는 다른 면이 있다는 걸, 내가 만나는 어린이들 모두가 그러하다는 걸 잊지 않으려고 했기 때문이다. 내가 생각하는 게 전부라고 자만했던 학교 안 아이들도 개울이랑 수아와 같은 비밀을 품고 있을지 누가 알까. 게다가 우리가 흔히 떠오르는 전형적인 도깨비가 아닌, 새로운 도깨비의 모습이라 반 아이들과도 같이 나누고 싶었다. 아이가 성장하는 데 필요한 '비밀', '내 편', '가치관' 모두가 잘 녹아난 책이다.

❝ 우리 속에 섞여 사는
도깨비의 천진난만한 모습에
'우리 반 아이들도 혹시 도깨비가
아닐까?'란 생각이 들었다. **❞**

있는 그대로 나 자신을 사랑하는 법

『위풍당당 여우 꼬리 1~2』 손원평 글, 만물상 그림, 창비

좋아하는 내 모습과 싫어하는 내 모습

아이들의 당당한 목소리가 넘치는 책

『아몬드』의 손원평 작가가 어린이 문학을 썼다고? 게다가 구미호 피를 물려받은 소녀의 고민이라고? 평범한 4학년 소녀 단미에게 어느 날 갑자기 꼬리가 돋아난다. 구미호의 피를 물려받았다는 충격도 혼란스러운데, 새롭게 생겨난 구미호 자아는 자신의 존재를 잊지 말라는 듯 아무 때나 꼬리를 꺼낸다. 모든 걸 부정하고 싶은 상황에서 친구들과 함께 캠프 미션까지 해내야 하는 단미의 좌충우돌 성장기다. 2권에서는 첫 번째 꼬리에 이어 두 번째 '우정의 꼬리'가 나타나며

엉켜버린 친구 관계를 풀어가는 이야기다. 꼬리가 하나씩 나올 때마다 아이들이 중요하게 생각하는 고민과 문제가 등장할 것 같으니 다음 권 역시 흥미롭게 기다리게 된다. 웹툰으로 이미 눈도장을 찍었던 만물상 작가의 따뜻하고 어여쁜 그림과 더불어 마지막에 독자에게 보내는 단미의 편지가 인상적이다.

" 꼬리가 하나씩 나올 때마다
아이들이 중요하게 생각하는 고민과 문제가
등장할 것 같으니 다음 권 역시 흥미롭게 기다리게 된다. **"**

마법의 묘약 같은 이야기

『베서니와 괴물의 묘약』, 『베서니와 괴물의 복수』
잭 메기트-필립스 글, 이사벨 폴라트 그림, 김선희 옮김, 요요

괴물의 먹이로 베서니를 바칠 것인가
순순히 당할 수만은 없었던 괴물의 복수

한 학기 내내 어떤 책을 권해도 시큰둥하던 남학생이 이 책을 읽고
난 뒤 갑자기 책이 재밌단다. 덕분에 내게는 은혜 갚는 까치처럼 고
마운 책이다. 책은 무엇이든 원하는 걸 내뱉어주는 괴물과 그 괴물
덕에 늙지 않고 평생 살아가는 512세 에벤에셀의 이야기로 시작한
다. 어느 날 괴물은 에벤에셀에게 살아 있는 아이가 먹고 싶으니 구
해오라고 한다. 살아 있는 아이라니! 한 번도 사람을 먹여본 적 없
어 내키지는 않지만, 모두에게 사랑받지 않고 말썽만 피우는 아이라

면 괜찮지 않을까 싶어 에벤에셀은 고아원에서 말썽꾸러기 베서니를 데려와 괴물의 먹이로 주려 한다. 하지만 베서니는 너무 말라 괴물이 먹기엔 적당하지 않았다. 에벤에셀은 아이의 살을 찌우기 위해 어쩔 수 없이 함께 지내며 그동안 잊고 살던 양심의 목소리를 듣는다. 이 둘은 우정 아닌 우정 비슷한 것들을 쌓아가고, 에벤에셀은 자신이 해왔던 일들에 가책을 느낀다. 1권에서는 에벤에셀과 베서니가 어떻게 괴물을 물리치는지가 중심이라면, 2권에서는 5백 년 전에 에벤에셀과 괴물이 어떻게 만났는지, 돌아온 괴물이 펼치는 복수가 박진감 넘치게 흘러간다. 내내 읽어보라는 엄마 말은 귓등으로도 안 듣는 아들 대신 얼결에 아빠가 먼저 읽었다. 엉겁결에 책을 읽은 아빠가 재밌다고 추천하자 밤늦게까지 책을 읽은 큰아이가 한 줄 평을 남기고 방으로 들어갔다.

"점점 빠져들게 되는 마법의 묘약 같은 이야기. 기묘한 이야기부터 긴장감 넘치는 이야기까지, 또한 소름 끼치는 이야기와 내가 주인공이 된 것 같은 다양한 이야기로 독자를 새로운 세계로 초대하는 책이다."(2021년, 11세 남아) 이렇게 좋아할 거면서.

타인의 자리에 서서
나를 들여다본다

『미지의 파랑 1~2』 차율이 글, 샤토 그림, 고릴라박스
『인어 소녀』 차율이 글, 전명진 그림, 고래가숨쉬는도서관
『괴담특공대 1~2』 차율이 글, 양은봉 그림, 고래가숨쉬는도서관

실패한 적 없는 담임의 치트키, 12세들의 인생 책

이 작가의 작품을 빼놓으면 섭섭하다. 이쯤 되면 섭섭하지 않은 작가가 얼마나 되냐고 묻고 싶겠지만, 어쩌겠는가. 이렇게 재밌고 좋은 책이 많은걸! (우리 반 아이들은 "선생님이 싫어하는 작가가 있긴 해요?"라고 했다.) 고학년 친구들에게 유난히 지지가 높은 차율이 작가의 작품들로는 마시멜로 픽션(초등 고학년 여학생 101명의 심사위원이 뽑는 대회) 대상작인 『미지의 파랑 1~2』와 『인어소녀』, 『괴담특공대 1~2』 등이 있다. 작가의 작품에는 시간 여행, 인어와 인간의 우정,

역사, 한국형 판타지, 로맨스 등을 통해 우정, 사회, 환경 문제들을 녹여낸다. 이렇게 적어놓으니 어떻게 연결 고리가 생기는지 의아하겠지만, 독특한 소재와 당차고 주도적인 인물들이 문제를 마주하며 성장하는 이야기에 어린이를 진지하게 대하는 작가의 시선이 더해져 어린이 독자의 지지와 환호를 받는 작품들이다.

특히 『괴담특공대 1~2』는 중학년과 고학년 모두에게 사랑받았고, 3학년 때 큰아이가 재밌다고 들고 다니며 병원과 은행 등 여러 곳에서 읽은 책 가운데 하나다. 아무리 책을 좋아해도 이 정도는 아니었던 아이의 행동에 의아함을 느껴 "대체 왜 그 책이 그렇게 좋아?"라고 묻자 "괴담은 좋아하지만 너무 무서운 공포는 싫어. 남자들이 주인공으로 나와서 때려 부수는 것보다 여자가 주인공이라 사건을 추리하고 풀어가는 과정이 자세하게 나오는 게 좋아. 남자가 싸우는 책은 과정이 그냥 싸우는 거밖에 없어. 거기다 주인공들이 서로 좋아하는 게 조금 들어가 있으면 더 좋아. 왜냐면 연애하느라 너무 무서운 건 안 나오거든" 하고 답해 엄마를 한참 웃게 만들었다. 작가의 긍정적이고 밝은 에너지는 상투적인 인물의 성별을 뒤바꾸어 보호본능을 일으키는 혼혈 뱀파이어 남자 주인공과 짝사랑하는 남자 주인공에게 목을 물린 특공 무술 소녀 여자 주인공을 등장시킨다. 봉인해야 하는 괴담 속 괴물들까지 흥미로운 요소가 가득하다. 현재 아이들과 같이 두근거리며 다음 권을 기다리고 있다.

작가의 또 다른 책 『미지의 파랑 1~2』를 읽은 여학생들은 인생 책이라며 이 책을 읽지 않은 친구들이 있다면 쫓아다니며 알리겠다는 감상평을 남겼다. 글에서만 그치는 게 아니라 실제 교실에서 아직 안 읽은 아이들 손에 책을 쥐여주며 설득해 그해 대부분 반 아이들이 책을 읽거나 모든 아이들이 책 제목과 내용을 알게 된 어마어마한 매력의 책이다.

이렇게 한번 책 읽기의 씨앗이 심어진 아이들은 자연스레 다음 책을 찾는다. 이제 기민하게 아이들의 반응을 살핀다. 책을 읽다가 덮고 다른 책을 찾으러 가는지, 분명 판타지가 좋다고 했는데 왜 이 책은 흥미가 안 가는지 등. 몇 마디 질문을 주고받으며 비슷한 듯 다른 작품들을 추천한다. 이때 가장 반응이 좋고, 성공 확률이 높은 책이 있으니 바로 어린이들이 심사위원이 되어 가제본으로 만들어진 원고 두 편을 받아 읽은 뒤 치열한 논쟁 끝에 출간되는 스토리킹 시리즈와 마시멜로 픽션 작품들이다.

마시멜로 픽션 공모전은 초등 고학년 여학생 101명이 심사위원으로 참여하는 대회다. 어린이 심사위원 공지가 뜬 출판사 홈페이지를 안내할 때 "왜 여학생만 심사위원 해요!" 볼멘 남학생들의 원성을 듣기도 한다. "그동안 남자 주인공이 중심이고 여자 인물은 들러리로 존재했던 이야기가 많아서 여자 어린이의 목소리를 키우는 시도가 아닐까? 책이 재밌는 건 남녀 차이가 없으니 읽어보자. 남자 어린이도 응모할 수 있는 스토리킹도 있어" 하고 달래가며 책을 소개한다.

왜 나는 어린이가 아닐까. 가끔 심사위원으로 당첨된 아이에게 찾아가 재밌냐고 내용이 뭐냐고 묻는다. 비밀유지 서약서를 써서 안 가르쳐준단다. 그래, 약속은 중요하지.

얽히고설킨 사건들을 해결하는
도깨비와 늑대인간

『환상 해결사 1~3』
강민정 글, 김래현 그림, 고릴라박스

숨 가쁘게 등장하는 사건들에서 마주하는

아이들의 불안과 외로움, 재미까지

마시멜로 픽션 수상작은 현재 책을 읽는 어린이들의 취향과 흐름을
즉각적으로 볼 수 있어 해마다 수상작을 기다린다. 특히 책과 거리
가 있는 친구에게 입문용으로는 딱이라 어떤 주제가 나올지 궁금하
다. 그중 남녀 고루 반응이 좋았던 책은 2018년 수상작인 『환상 해
결사 1~3』다. 도시 괴담을 조사하는 겨울이와 유리는 도깨비와 늑
대인간으로 학교 폭력, 유기견, 인터넷 방송, 학업 스트레스까지 얽
히고설킨 사건들을 해결하는 환상 해결사다. 등장인물들이 도깨비

와 늑대인간이라는 설정과 더불어 손톱 먹은 쥐처럼 옛이야기에서 소재를 빌려와 벌어지는 기이한 사건들은 판타지 동화의 매력을 한껏 뽐낸다. 숨 가쁘게 등장하는 사건들 속에서 미처 몰랐던 아이들의 불안과 외로움을 발견하고, 묻혀둔 목소리를 들려주는 책이다. 아이들이 치열하게 빌려 읽으며 플래그로 가득했던 책에서 많은 사랑을 받은 글귀를 옮겨본다.

"네 잘못이 아닌 일로 너 스스로를 괴롭힐 필요 없어. 그런 애들의 비열한 말에 상처받을 필요도 없고."(1권, 180쪽)

"아영아, '진짜' 친구를 찾지 마. 네가 원하는 '진짜' 같은 건 없어. 모든 친구가 같은 크기만큼 서로를 좋아하고, 같은 방식으로 친하게 지낼 수 있다면 그보다 더 좋을 순 없겠지. 하지만 늘 그럴 순 없어. 중요한 건, 네 맘 같지 않다고 해서 그 사람들과의 우정이 의미 없는 게 아니라는 걸 아는 거야."(2권, 161쪽)

"이제는 완벽하지 않아도 괜찮아. 나 자신을 사랑해 볼래. 내가 최고라고, 잘하고 있다고 나를 응원해 주고 싶어요."(3권, 136쪽)

동화를, 문학을 읽는다는 건 누군가의 자리를 통해 다시 나를 들여다보는 일이다. 아이들의 마음을 흔든 글귀는 결국 뱉지 못한 어린이의 목소리가 문장으로 나타난 자리가 아닐까. 플래그가 붙은 문장에 자꾸만 시선이 머문다. 진짜 아이들이 지금 말하고 싶고 원하는 건 무엇일까. 책에 남겨둔 흔적을 통해 숨어버린 진심을 더듬거려본다.

　가끔 장르 문학을 깊이가 없거나 문학성이 부족하다 평하는 걸 듣을 때가 있다. 하지만 장르 문학만큼 자신의 취향을 알아가고 강렬한 독서의 즐거움을 단기간에 깨우치게 만드는 책들은 드물다. 게다가 판타지는 몽상가들이나 읽는, 현실에서 일어날 수 없는 허황된 이야기라며 아이들에게 권하지 않는다는 이들의 두 손에 꼭 이 책들을 소개하고 싶다. 판타지가 망상과 꾸며낸 이야기에서 그치는 게 아니라 제한 없는 상상을 통해 책 속 인물과 동일시하며 내면의 상흔을 치유하고 현실을 살아가는 용기를 주는 책이라고 말이다. 좋은 판타지 책은 책장을 덮은 뒤에도 마음의 목소리가 쉴 새 없이 흘러나온다. '정말 그런 일이 일어날 수 있을까? 나라면 어떻게 할까? 그런 일이 일어난다면?' 독자를 의심 없이 새로운 세상으로 끌어가는 환상의 힘을 경험하길 바란다.

우리는 단 하나뿐인 '멸종위기종'

『몬스터 차일드』
이재문 글, 김지인 그림, 사계절

새로운 자신을 인정하며 성장하는 이야기

『몬스터 차일드』는 제1회 사계절어린이문학상 대상작으로 '몬스터 차일드 증후군'을 겪는 어린이 하늬와 연우를 중심으로 풀어가는 작품이다. 이 책 역시 5학년 아이들과 온책읽기 수업을 진행하며 작가에게 편지를 보내고, 답장을 받으며 궁금증을 풀어가는 즐거움을 맛봤다. 작가에게 응원받는 특별한 경험을 통해 아이들은 책에 흠뻑 빠져 모든 대화 주제를 몬스터 차일드로 바꿔 나누며 깊은 몰입을 체험했다.

정확히는 뮤턴트 캔서로스 신드롬, 우리말로 '돌연변이종양 증후군'이지만 사람들은 몬스터 차일드 신드롬, 괴물 아이 증후군이라고 부른다. 현상에 어떤 이름을 붙이느냐에 따라 그 사건을 대하는 대중의 가치판단이 드러나는 법인데, 이 병은 괴물이라는 틀에 끼워져 격리당하고 미움을 받는다. 병에 걸린 아이들은 발작을 일으킨 다음, 온몸에 털이 나고 몸집이 커지는 '변이'가 일어난다. 힘 역시 몇 배로 강해진다. 나보다 강하고 익숙하지 않은 모습으로 변하는 어린이, 대중들이 쉽게 받아들일까? 아닌 이들이 더 많기에 병에 걸린 아이들 대부분은 변이를 억제하는 약을 먹는다. 그렇게 자기 몸의 변화와 결과를 제대로 알지 못한 채 숨기기에 급급하다. 남이 말하는 정보로 불완전하게 판단되는 나, 내가 아닌 타인의 시선으로 규정지어지는 나. 아이들은 어른이 정해놓은 치료 일정과 약을 먹으며 자신을 억누른 채 살아간다. 학교에서 몹쓸 병에 걸렸다며 괴롭힘을 당하는 하늬와 동생 산들이는 엄마의 결정으로 MSG치료센터가 있는 시골로 전학을 간다. 그리고 그곳에서 억제제를 먹지 않고 아이들이 보는 앞에서 완전한 변이를 하는 아이, 연우를 만난다. 기존의 통념을 모두 깨버리는 연우를 보며 하늬는 충격을 받는다. 사람들이 보는 시선과 엄마의 염려에 자신의 다른 모습을 제대로 바라볼 줄 몰랐던 하늬는 연우를 만나 처음으로 완전한 변이를 한다.

새로운 자신을 인정하며 성장하는 이야기이기도 하지만, 진실이 무엇이든 사람들은 믿고 싶은 것만 믿는다는 것을, 내가 바뀐다고 세상이 바뀌는 건 아니지만, 내가 바뀌어야 나를 바라보는 시선도 바뀔 수 있다는 것을 전한다. 남과 다른 나를 받아들이는 과정에서 상처받고 주저앉는 우리들에게 긍정의 응원을 보태는 책이다. 5학년 아이들과 같이 읽을 때 아이들은 일단 "연우와 하늬가 사귀나?"(고학년 아이들은 모든 책의 남녀는 사귀어야 속이 시원해진다. 대리만족이랄까. 특히 고백만 하고 끝나는 책, 열린 결말에 분통을 터뜨린다. 꽉 닫힌 결말을 사랑하는 아이들에게 종종 말한다. 얘들아, 삶이 그렇게 늘 정답만 있는 게 아니란다)에 가장 관심이 컸다. "2권은 나와요?" "몬스터 차일드 증후군이 장애로 읽힌다" "사회의 소수자 모두에게 말하는 것 같다"와 같은 질문을 적어 작가에게 편지를 보냈다.

이재문 작가가 아이들에게 보내준 답장의 일부를 옮겨본다.

"각자가 자기 못난 면을 사랑하길 바라는 마음에 썼다고 말씀드리고 싶습니다. 저는 어릴 적, 친구들을 많이 부러워하는 아이였어요. 제가 가진 것보다 친구가 가진 것을 더 원했어요. 운동 잘하는 친구를 보면 그 친구처럼 운동을 잘하고 싶고, 인기 많은 친구를 보면 그 친구처럼 인기가 많고 싶고, 우스갯소리를 잘하는 친구를 보면 그 친구처럼 유머 감각을 갖고 싶어 했어요. 반면, 제가 가진 장점은 하찮게 여기고 저를 아껴주지 않았던 것 같아요. 그러다 깨닫게 되었습니다. 나는 '남'이 될 수 없고, '나'로 살아가야 한다는 것을요. 그러니 나 스스로를 사랑하지 않으면 얼마나 괴로울까요.

하늬가 자신을 온전히 받아들이는 과정을 통해 저도 제 스스로를 사랑할 수 있었어요. 여러분도 아마 그러리라 생각합니다. 자신의 약점,

못난 점까지도 사랑하는 여러분이기를 바랍니다. 그 모든 것들이 합쳐져 여러분이라는, 세상에서 하나뿐인 존재가 완성되는 것이니까요. 여러분 각자는 세상에 단 하나뿐인 '멸종위기종'입니다. 아끼고 잘 보존하여야겠지요?"

작가의 다정한 편지를 읽으며 다시 책을 펼친다. 이번엔 책 내용이 아니라 책표지를 쫙 펼치며 앞 표지와 뒤 표지를 연결해 변이 전과 변이 뒤 하나가 된 하늬의 얼굴을 바라본다. 이 책을 읽는 어른도, 어린이도 자신을 믿고 사랑하는 시간을 갖게 되길. '그러니까 작가님, 우리가 더욱 힘을 얻을 수 있게 2권 꼭 써주세요' 하고 조르고 싶다.

귀신, 괴물, 요괴의 세상

『이상한 과자 가게 전천당』 히로시마 레이코 글, 쟈쟈 그림, 김정화 옮김, 길벗스쿨
『귀신 감독 탁풍운』 최주혜 글, 소윤경 그림, 비룡소
『괴수 학교 MS』 조영아 글, 김미진 그림, 비룡소
『귀신 사냥꾼이 간다 1 : 요괴마을』 천능금 글, 전명진 그림, 비룡소

아이들이 좋아하는 책에는 이유가 반드시 있다

최근 출간된 판타지 동화를 보면 확연히 그전과는 달라진 다른 분위기를 느낄 수 있다. 어린이들에게 인기작인 『이상한 과자 가게 전천당』 시리즈(히로시마 레이코 글, 쟈쟈 그림, 길벗스쿨)를 비롯해 요괴와 귀신들이 나오는 판타지 동화들이 부쩍 눈에 띈다. 어린이 심사위원 100명이 직접 뽑는 문학상인 스토리킹 역시 『귀신 감독 탁풍운』(2019년 수상작)부터 『괴수 학교 MS』(2020년 수상작), 『귀신 사냥꾼이 간다 1 : 요괴마을』(2021년 수상작)까지, 귀신과 괴수가 전면에 등장한

❝ 불확실한 미래와 두려움을 이겨내고 싶어
　보이지 않는 귀신과 괴물, 요괴를 무찌르며
　마음의 걱정을 지우는 일이면 좋겠다.**❞**

다. 지박령, 두억시니, 신선 등 한국형 판타지(『귀신 감독 탁풍운』), 어느 날 갑자기 구미호가 된 미오와 남자 친구가 괴수 학교를 다니며 수상한 학교의 비밀을 밝히는 이야기(『괴수 학교 MS』), 귀신 사냥꾼 해주와 귀신을 보는 아이, 요괴 차사들이 펼치는 귀신 사냥 이야기(『귀신 사냥꾼이 간다』) 등을 보면 판타지 동화도 흐름이 있구나 싶다. 최근 몇 년 사이에, 귀신과 괴물 이야기를 주로 한 판타지 동화가 늘어나는 건 어떤 의미일까? 판타지는 단순히 가상의 시공간에서 벌어지는 모험만 담는 게 아니라 현실에서 해결하지 못한 문제를 제한 없이 상상하고 질문하며 답을 찾아가는 과정이라 앞서 말했다. 책을 읽으며 도저히 손댈 수 없을 정도로 엉킨 문제를 내 맘대로 상상하며 풀며 얻는 희열 또한 있다. 가끔 판타지를 읽을 때 다른 책들보다 더 집중된다는 아이들 말을 들으면, 두렵고 불편한 현실에서 받은 스트레스를 판타지 문학으로 해소하는 작용도 있지 않을까, 싶다. 그렇다면 지금 아이들이 판타지 동화에서 풀어내고 싶은 건 무엇일까? 왜 자꾸 괴물과 요괴가 나오는 걸까? 게임과 유튜브, 각종 릴스와 틱톡으로 소통하는 아이들 삶에서 판타지 동화가 순간의 재미와 일탈로 그치는 게 아니라, 현재 겪는 갈등과 문제들을 문학적 상상력을 통해 풀어가는 책이면 좋겠다. 어찌할 수 없는 괴물과 귀신처럼 두려움이 가득 찬 세상이라 느끼는 걸까. 불확실한 미래와 두려움을 이겨내고 싶어 보이지 않는 귀신과 괴물, 요괴를 무찌르며 마음의 걱정을 지우는 일이면 좋겠다. 그저 잔혹한 이미지로 말초 신경을 자극하며 스트레스를 해소하는 짧은 쉼이 아니길 바란다. 좋은 책들로 자신을 긍정하고 사랑하는 순간을 늘려가면 좋겠다. 그런 판타지 동화를 찾아 아이들에게 건네고, 좋은 동화가 늘어날 수 있게 꾸준히 읽고 옆에 두는 게 어른 독자의 몫이 아닐까. 아이들이 그렇게 지평선이 넓어진 문학 속에서 맘껏 꿈을 키우고 지친 마음을 위로받을 수 있었으면. 그렇게 고민하고 답을 찾아가는 세상이 열리길. 이 바람이 판타지가 되지 않길 바란다.

『환상 정원』

류화선 글, 노준구 그림, 문학동네

이 책을 뒤늦게 읽은 게 후회된다,
어른에게 권하는 영업 동화 가운데 한 권

책일기장에 적어둔 글귀를 옮겨본다. "어째서 나는 이 책을 이제야 본 걸까? 비밀의 화원 + 시간 여행 + 사랑하는 보호자의 부재 + 조부모와 화해 + 탄탄하고 재미난 조연 + 쉴 틈 없는 흡입력 + 과학 정보까지. 모든 것이 잘 어우러진 멋진 책이다. 작가는 왜 글라이더를 소재로 선택했는지, 어째서 아이는 자연스레 과거에 섞이며 부작용은 없는 건지, 그래서 모두 만나는 날은 언제인 건지. 궁금증을 한쪽으로 밀어두고 정신없이 이야기 속에 빠져드는 반짝이고 어여쁜 책이다. 감수성을 흔드는 기교보다 진심을 전하는 담백한 문장도 좋았다." 워낙 맘에 들어 진행하는 동화책 북클럽(동그라미)의 책으로 선정했다.(2019년) 이 책을 읽다 엉엉 울었다는 어른 독자들의 반응에 뿌듯했던 책이기도 하다. 『한밤중 톰의 정원에서』처럼 인물들의 간절한 꿈과 소망을 이루는 장소가 정원이고, 만날 수 없는 두 영혼이 정원에서 서로를 위로하며 치유한다. 접점이 있으니 함께 읽어보시길. 이 책을 재미나게 읽었다면 청소년 도서로 나온 『세계를 건너 너에게 갈게』(이꽃님 지음, 문학동네) 역시 추천한다. 이 책과 연결해 소개했더니 5학년 여자아이들이 양장본을 샀다며 담임에게 한참 자랑했다. 흥.

『도깨비폰을 개통하시겠습니까?』

박하익 글, 손지희 그림, 창비

상투적일 거라 예상한 고정관념이 와장창 깨진 도깨비 세상

이미 많은 독자의 사랑을 듬뿍 받는 책으로 학교 도서관에서 발견한 스마트폰이 우연히 도깨비들의 스마트폰이었다는 설정이 신선하다. 도깨비가 등장하는 여러 책 가운데 현대의 문물을 접목하는 이야기라니. 예측 불가능한 도깨비폰의 기능과 지우의 반응은 상투적일 거라 예상한 도깨비 세상을 색다르게 보여준다. '도깨비폰을 통해 은근슬쩍 스마트폰 사용 방법을 가르치려는 거 아니야?' 예상 역시 와장창 깨지기 마련이니 당장 매력 넘치는 캐릭터들의 신비한 세상 속으로 초대받으시길!

『트리갭의 샘물』

나탈리 배비트 글, 윤미숙 그림, 최순희 옮김, 대교북스주니어

불로불사로 살 수 있다면 과연 좋은 일만 일어날까

판타지 고전에서 빼놓을 수 없는 책이자 아이와 함께 읽으면 끝없이 대화의 가지를 뻗어갈 수 있는 걸작이다. 불로불사라는 흥미로운 소재를 설득력 있게 엮어간다. 게다가 윤리적인 문제와 논의할 거리도 넘쳐나 아이들과 진지한 이야기를 나누고 싶다면 추천한다. 하지만 고전에 손을 잘 뻗지 않는 아이들에겐 읽어줄 수밖에 없다. 엄마가 읽다 지쳐 천천히 읽기 시작하면 뒷이야기가 궁금해 아이들이 빼앗아가는 책이니 너무 걱정 마시길. 한번 읽기 시작하면 고삐를 놓친 말처럼 책장을 넘기게 되니 읽어준다면 각오하라.

『괴물의 숲』
이혜령 글, PJ.KIM 그림, 해와나무

우리 전통 신수와 괴물이 등장하는 성장과 회복제

해와나무 출판사에서 나오는 '환상 책방 시리즈'는 꼬박꼬박 챙겨보는 시리즈 가운데 하나다. 『괴물의 숲』에서는 민화에 등장하는 동물들이 나온다. 학폭 가해자로 할아버지 집으로 쫓겨온 13세 서준이는 길을 잘못들어 국궁선수 아라와 신수가 되지 못한 동물들이 사는 숲에 빠진다. 겁쟁이 호랑이, 기린, 거북이, 비익조 등과 함께 괴물을 무찌르고 원래 세계로 돌아오는 순환구조는 클래식하지만, 우리 전통 신수와 괴물의 등장은 색다른 동화다. 게다가 아이들이 모험을 통해 내면의 상처를 꺼내놓는 계기까지 매끄럽게 이어진다. 아빠와 할아버지, 손자의 관계를 치유하고 회복하는 과정까지 인상 깊다. 마음에 남는 구절을 여기에 옮겨본다. "사실 신수와 괴물의 차이는 종이 한 장보다 얇다. 결국 마음의 문제라고 본다. 신수인지 괴물인지 작품을 보는 사람에 따라 다른 것은 바로 그 이유다."(28쪽) 좀 더 말랑한 판타지를 읽고 싶다면 이혜령 작가의 『브로콜리 도서관의 마녀들』(이혜령 글, 이윤희 그림, 비룡소)도 추천한다. 책 좋아하는 사람이라면 제목부터 호감이 생길 동화다.

66 아빠와 할아버지,
   손자의 관계를 치유하고
   회복하는 과정까지 인상 깊다. 99

5부

시 리 즈 와 그 래 픽 노 블

18장

기다리면서 읽는 재미,
시리즈

지금까지는 최대한 단행본 위주로 언급했지만, 여기에서는 5권 이상 나온 시리즈를 소개해본다. 제목만 적고 싶은 마음이 굴뚝같지만, 그 정도로는 수많은 시리즈 가운데 왜 이 책들인지 설득할 수 없다는 걸 안다. 아이들과 다음 편을 설레며 기다리고, 완결되지 않은 책을 읽기 시작한 자신을 책망하며 기다리는 시리즈가 있다. 엄두도 안 나는 방대한 스케일이기에 간략하게 소개한다. 그렇다고 그 애정마저 간략한 것은 결코 아니다.

시리즈 동화를 아이들에게 추천하는 까닭은 한번 시작하면 완결까지 읽느라 손에서 책을 놓지 않는다는 점도 있지만, 망설임 없이 빠져들 수 있는 게 가장 큰 장점이 아닐까 싶다. 특히 책을 자주 읽지 않는 어린이들은 낯선 설정에 적응하기까지 심리적 장벽이 높다. 하지만 권수를 더할수록 반복되는 설정에 책 읽기의 진입 장벽은 낮아진다. 이미 잘 알고 있는 친숙한 인물에게 초대받아 조금씩 변주되는 읽기의 즐거움에 빠지게 된다. 쉽게 설명하자면, 처음 보는 배우가 등장하는 새 드라마보다 본방사수하며 찐하게 울고 웃었던 익숙한 배우들의 드라마 시즌 2가 더 몰입하기 쉬운 것과 같다. 아이들 역시 마찬가지다. 이미 익숙한 인물, 따로 적응할 필요 없는 배경과 끊기 신공으로 마무리된 전편에 이은 속편에 어른과 어린이할 것 없이 푹 빠진다. 완결이 됐다면 그거야말로 행복하다. 하지만 다음 편을 기다리며 용돈을 모으고, 신간 소식에 설레며 서점을 가는 것 역시 독서의 즐거움을 확장하는 좋은 경험이다. 수많은 시리즈물 가운데 아이들과 도서관 예약 경쟁을 벌이고, 못 참은 교사가 먼저 구입해 아이들 앞에서 자랑했던 책들이다. 유치하게 짝이 없었던 경쟁의 흔적들을 공유한다.

이 책을 아직 읽지 않은 자, 유죄

『헌터걸』 시리즈
김혜정 글, 윤정주 그림, 사계절

중학년부터 고학년까지 아이들의 사랑을 듬뿍 받았던 최고의 시리즈

『헌터걸』을 소개하고 싶어 얼마나 안달 났는지 아는가. 1권이 나온 2018년부터 완결이 난 2020년까지 큰아이와 손꼽아 기다리다 마지막 5권을 구입한 날 함성을 질렀다. 누가 먼저 책을 읽느냐로 가위바위보를 하며 "엄마 돈으로 샀으니까 엄마가 먼저 읽어야지!" "아니, 어린이 책이니까 어린이가 먼저 읽어야지, 엄마는 어른 책 읽어!" "뭔 소리야, 엄마 마음에도 어린이가 있거든!" "아니거든! 나는 몸도 맘도 어린이거든!" 치열하게 싸우며 읽은 책이라 5학년 아이들

에게 1권부터 5권까지 시리즈 전부를 읽어줬다. 담임이 책을 읽는 내내 반 아이들은 의자를 끌고 슬금슬금 앞으로 나오며 소리를 지르기도, 다 같이 "빌 슈츤 운수!(우리가 우리를 지킨다)"를 외치며 헌터걸과 헌터보이의 활약에 빠졌다. 여자 어린이가 주인공이고, 문제를 해결하는 열쇠를 갖고 있는 건 이젠 종종 등장하는 설정이다. 하지만 여러 친구를 만나 함께 성장하며 나쁜 어른을 물리치는 이야기는 새로운 지평을 연다. 단점이라 생각했던 점을 자신의 개성으로 인정하고, 서로를 격려하며 자라는 헌터스의 성장에 아이들의 마음도 뭉클해졌다. 5권까지 다 읽고 자신의 인생 책이라고 말하는 아이부터, 동화책 한 권을 다 읽은 적이 없는데 완결까지 읽다니(!) 이제 책 읽는 자신감이 붙었다는 아이까지. 각자의 감동들이 교실 곳곳에 남았다. "4권이 최고네" "나는 역시 3권이 최애야." "믿었던 사람이 초록 눈인 걸로 밝혀진 걸 빼면 안 되지!" "5권에서 포기하지 않고 다시 일어서는 강지는 역시 주인공!" "주술사로 밝혀진 반전이 최고지!" 각자의 베스트 장면을 뽑는 토론 시간이 떠들썩했고, 미술 시간 무대 만들기까지 헌터걸 장면으로 만들어냈다. 여기저기 내 추천에 반 아이들과 읽은 여러 선생님들 역시 찬사를 보냈다. 책을 읽는 내내 진심으로 이야기가 아이들의 삶에 녹아내린다는 걸 직접 경험하게 해준 소중한 책이다. 어린이들에게 책 속 세상으로 초대장을 꾸준히 보내는 한 사람으로서 이런 동화가 존재한다는 것만으로도 고맙다.

반전에 반전을 더하는 이야기들

『스무고개 탐정』 시리즈
허교범 글, 고상미 그림, 비룡소

진득한 추리의 깊은 맛을 알려주고 싶을 때

『스무고개 탐정과 마술사』는 2013년 1회 스토리킹 수상작 당선작이다. 어린이가 심사위원이 되어 직접 뽑은 동화 수상작 1회라니! 호기심에 1권부터 시작했다가 완결 나지 않은 책을 시작한 어리석음에 얼마나 절망했는지 모른다. 총 12권으로 된 추리 동화로 '조금만 참았어야 했어'라며 2020년 완결을 기다리기까지 흘린 피땀눈물이란…. 특히 마지막에 급박하게 사건이 전개되다 뚝 끊겼을 때의 절망감은 이루 말할 수 없다. 한 번에 1권부터 12권까지 두고 읽을 친구들도 부럽지만, 7년 동안 애태워가며 읽어온 기나긴 시간 또한 무엇과도 바꿀 수 없는 설렘의 시간이다.

5학년 문양이가 곤경에 빠진 뒤 스무 가지 질문으로 사건을 추리하는 스무고개 탐정을 만나 문제를 해결하는 방식이 기본 구조다. 권을 거듭할 때마다 여러 개성 강한 인물들이 등장하고, 사건의 난이도는 점점 올라간다. 동네에서 쉽게 만날 것 같은 평범한 아이들이 시리즈를 거듭할수록 진화하고 우정을 위해 몸을 날리며, 촘촘하게 얽힌 사건을 풀어갈 때마다 독자 역시 성장한다. 위기를 넘기며 반전에 반전을 더하는 이야기들은 책을 읽다 잠시 호흡을 고르게 만들 정도로 진화한다. 코로나로 학교 도서관이 문을 닫아 완결을 공유할 수 없어 속상했던 교사는 다른 학년 복도를 서성이며 지난해 만난 학생들에게 책 소식을 전했다. (코로나 이전 영어 전담일 때는 점심시간에 도서관에서 아이들에게 책을 골라주는 큐레이터를 자처했다. 담임일 때는 교실에 있지만, 전담의 재미는 모든 학년과 갖는 도서관 미팅이었다. 자세한 이야기는 연애 동화편을 참고하길.) "얘들아, 완결 났어! 있잖아, 마지막에 내내 감춰졌던 스무고개 탐정 이름이!" "선생님, 거기까지!" 12권이라는 대장정으로 새로운 기록을 세운 보석 같은 추리 동화 시리즈다.

수상한 사건들을 해결하는 재미

『수상한 아파트』 등
박현숙 글, 장서영 그림, 북멘토

2014년 『수상한 아파트』(박현숙 글, 장서영 그림, 북멘토)를 시작으로 지금까지 12권의 이야기가 이어지며(22년 7월 기준) 아이들의 사랑을 듬뿍 받는 시리즈가 있다. 『수상한 화장실』은 앞서 오해와 소문으로 친구 관계를 풀어가는 책으로 소개했다. 아파트, 우리 반, 학원, 친구 집, 식당, 편의점, 도서관, 화장실, 운동장, 기차역, 방송실, 놀이터 등 익숙한 장소에서 일어나는 수상한 사건들을 어린이가 주도적으로 해결하는 이야기다. 시리즈를 거듭할수록 성장하는 아이들 모습에 절로 응원을 보내게 된다. 수상한 사건을 해결하는 재미뿐 아니라 사건 속에 담긴 메시지 역시 중요하다. 호기심을 불러일으키는 사건들 속에 독거노인 고독사, 아동 학대, 위생 식당 등 강력한 사회 이슈들이 담겨 있으며, 책을 읽다 보면 절로 주위의 사람들에게 관심을 가지게 된다. 작가의 깊은 내공으로 재미뿐만 아니라 한 번쯤 같이 생각해보면 좋을 가치 문제들을 능수능란하게 풀어낸 시리즈다.

이런 시리즈를 같이 읽을 때 얻는 즐거움 가운데 하나는 등장인물과 함께 성장하는 내 아이의 시간이다. 책 속 주인공이 나이를 먹을 때마다 같이 자라는 내 아이의 성장과 변화된 시선으로 책을 이해하는 모습을 볼 수 있는 건 정말 엄청난 축복이다.

단순하지 않은 인간들의 욕망

『이상한 과자 가게 전천당』 시리즈
히로시마 레이코 글, 쟈쟈 그림, 김정화 옮김, 길벗스쿨

누구나 한 번쯤 꿈꿨을 욕망을 실현할 수 있는 달콤한 유혹

『이상한 과자 가게 전천당』 시리즈를 빼고 아이들이 좋아하는 시리즈 동화를 말할 수 있을까. 2019년 7월에 나온 『이상한 과자 가게 전천당』은 이미 시리즈가 15권을 넘겼고, TV 만화까지 방영하는 베스트셀러다. 일본 문화의 특징이 강한 표지와 기담과 공포를 바탕으로 하는 설정에 처음에는 거부감이 들었던 게 사실이다. 하지만 아이들이 책등이 너덜너덜할 정도로 빌려가는 걸 보고 '이렇게 좋아한다면 이유가 있겠지? 읽어보고 말하자' 싶어 읽기 시작했다.

간절한 욕망을 품은 사람들 눈에만 우연히 발견되는 낡은 과자 가게 전천당. 그곳에서는 특정한 연도의 동전을 가지고 있으면 자신이 원하는 신비한 과자를 살 수 있다. 내가 가진 능력에 약간의 도움을 주며 결과는 내 의지에 따라 달라진다는 과자와 간단히 모든 능력을 빼앗아 내 것으로 만들 수 있다는 과자 앞에서 인물들은 고민에 빠진다. 뚜렷한 권선징악의 결말에 비해 단순하지 않은 인간들의 욕망은 나쁜 길로 빠졌다가 선한 의지로 이겨내기도 하지만, 돌이킬 수 없는 잘못을 저지르기도 한다. 시리즈가 진행될수록 강렬한 반대편과 대결 구도가 펼쳐진다. 짧은 단편 안에서 진행되는 확실한 서사구조, 강력하고 명확한 교훈, 지루해질 만하면 등장하는 위기감은 20분 이내의 유튜브 영상과 2배속 보기에 익숙한 아이들의 짧은 호흡과 잘 맞아떨어진다. 현실에서 누구나 한 번쯤 꿈꿨을 욕망을 실현할 수 있다는 달콤한 이야기는 책장을 넘기는 독자의 손에도, 마음에도 끈끈하게 달라붙는다.

학교에서는 『십 년 가게』 시리즈 또한 베스트다. 일 년의 수명만 주면 무엇이든 십 년 동안 맡아주는 신비한 마법 가게는 『이상한 과자 가게 전천당』처럼 간절한 소망을 가진 자에게만 초대장을 보낸다. 십 년 가게는 소망의 선악을 구분하지 않고 무조건 수명만 주면 맡아주는 가게다. 이 가게에서 벌어지는 일들은 진짜 당신이 바라는 게 무엇인지 질문을 던진다. 전천당의 이상한 과자 앞에서는 자신의 욕망을 여과 없이 드러내는 인물들이 등장한다면, 십 년 가게는 달콤한 디저트와 향긋한 차 한 잔을 대접하며 인물들의 절박한 마음에 귀를 기울인다. 아무에게도 말하지 못했던 소원을 들어주는 십 년 가게는 마음의 빗장을 여는 마법 그 자체인 곳이다. "아끼고 또 아끼는 물건이어서 망가졌지만 버릴 수 없다면, 추억이 가득 담긴 물건이어서 소중하게 보관하고 싶다면, 의미 있는 물건, 지키고 싶은 물건, 그리고 멀리 두고 싶은 물건, 그런 물건이 있다면 '십 년 가게'로 오세요. 당신의 마음과 함께 보관해 드리겠습니다."(5쪽) 나이와 성별에 상관없이 무언가를 간절히 바라는 이에게 도착하는 십 년 가게 초대카드. 그 뒷면에 적힌 말은 달콤하면서 오싹하기까지 하다. 십 년 가게의 마법사뿐만 아니라 같은 거리에 사는 다른 마법사의 이야기들까지 담은 『십 년 가게와 마법사들』 시리즈 또한 이어지고 있다. 이쯤 되면 대체 몇 종의 책을 내는가 궁금해 찾아보니 22년 7월 기준 17종의 시리즈가 나오고 있다. 17권이 아닌 17종이다. 이쯤 되면 일본에서 이미 나와 있던 책들을 달마다 번역해 내는 건지? 히로시마 레이코는 개인의 이름이 아닌 팀 이름인 건가. 분신술사인가! 자기복제의 덫에만 빠지지 않길 바란다.

『십 년 가게』 시리즈
히로시마 레이코 글, 사다케 미호 그림,
이소담 옮김, 위즈덤하우스

어린이와 함께 읽는 무협 시리즈

『건방이의 건방진 수련기』 시리즈 천효정 글, 강경수 그림, 비룡소
『건방이의 초강력 수련기』 시리즈 천효정 글, 이정태 그림, 비룡소

남자아이만 좋아한다 생각하면 착각

『건방이의 건방진 수련기』 시리즈(천효정 글, 강경수 그림, 비룡소)와
『건방이의 초강력 수련기』 시리즈(천효정 글, 이정태 그림, 비룡소) 역
시 2014년 2회 스토리킹 수상작인 『건방이의 건방진 수련기』가 시
즌을 거듭해 나오고 있는 시리즈다. 성별 상관없이 어린이들의 열
렬한 지지를 받는 천생 이야기꾼 천효정 작가의 무협 동화다. 본인
이 워낙 무협지를 좋아해 어린이책에도 무술 이야기가 있으면 좋겠
다는 생각으로 쓰기 시작한 이야기다. 동화에 무협이라? 처음엔 낯

설었지만 동료를 모아 문제를 해결하며 무술을 배우는 어린이들 모습에 쭉쭉 재미를 이어가고 있다. 고등학생 때 무협지와 무협만화를 한참 읽었던지라 재밌는 건 같이 읽자고 아이들에게도 추천하고 다닌다. 작가가 현직 초등교사라 책이 천천히 나와도 '어떻게 학교 다니면서 책을 쓰나. 그럴 수도 있지' 하는 마음이 한 가득이었는데, 시즌 1을 마친 뒤 2년 만에 나온 시즌 2가 일 년에 두 권씩 출간 중이다. 이와 별개로 권법이 아니라 속담 고수에 도전하는 『건방이의 속담 수련기』도 나왔다. 혹시 2년 동안 미리 써둔 걸까. 완결을 향해 함께 달리며 행복한 독자다.

진짜보다 더 진짜 같은

『복제인간 윤봉구』 시리즈
임은하 글, 정용환 그림, 비룡소

자신의 정체성을 찾으며 사랑도 우정도 찾는 복제인간 이야기

이 책 역시 2017년 5회 스토리킹 수상작이다. 자신이 복제인간이란 사실을 상상조차 못했던 봉구가 진실을 알아가며 정체성에 대한 고민을 다룬 1권부터 진실을 아는 친구들과 우정을 쌓아가며 스스로 하고 싶은 것들을 알아가는 2권, 첫사랑을 시작하고, 중국집 요리사가 되기 위해 진짜루에서 실력을 쌓으며 맞는 위기, 복제인간으로 자신을 인정하고 '진짜' 나를 찾아가는 여정이 5권까지 이어간다. 기대를 저버리지 않고 이어져온 완간에 박수를 보낸다.

판타지 첩보 액션의 세계

『코드네임』 시리즈

강경수 지음, 시공주니어

신나게 달리다 끊어버리는 신공으로

아이가 다음 책을 애타게 읽고 싶다면

이 시리즈를 도서관에서 찾아본다면 이 책이 얼마나 사랑받는지 바로 알 수 있다. 책등이 너덜너덜해져서 몇 번을 폐기하고 다시 사야 하는, 저학년부터 고학년 아이들에게 두루 사랑받는 시리즈다. 작가가 책 곳곳에 숨겨놓은 그 시절의 음악과 개그 코드 덕에 어린이뿐 아니라 어른 독자의 마음도 사로잡는다. 스케이트보드를 타며 랩을 사랑하던 11세 소년 파랑이가 과거로 돌아가 소녀 시절의 엄마를 만난다는 시작에 잔잔한 가족애를 다룬 책인가 싶다. 하지만 소녀 시절 엄마의 정체는 세계 안보를 좌우하는 전설의 첩보원이다. 얼떨떨한 충격도 잠시 파랑이 역시 비밀 정부 기관 MSG 첩보원으로 발탁되어 엄마와 함께 악당과 싸운다. 2017년 『코드네임X』부터 시작된 『코드네임』 시리즈는 이후 수많은 코드네임 덕후를 양산했고, 『코드네임 매거진』도 출간되었다. 판타지 첩보 액션이란 장르를 개척하며 탄탄하게 쌓아놓은 세계관, 코드네임 속 인물들의 인터뷰, 독자가 몰랐던 뒷이야기, 맛집 멋집 기행, 명대사 다시 보기 등 열혈 독자에게 다양한 이야깃거리를 제공하는 잡지다. 색다른 시도에 박수가 절로 나온다. 시리즈를 거듭할수록 독특한 여러 첩보원의 등장과 중간중간 들어 있는 컷 만화의 깨알 같은 유머, 탄탄하게 사건을 이끌고 가는 작가의 능수능란한 입담에 한번 책을 잡으면 놓기 힘들다. 심지어 마지막에 잔뜩 신나게 만들어놓고선 탄식이 나오게 끊어버리는 신공은 정말! 하, 드라마 제작국에서 모셔 가도 후회가 없을 작가다. 전국의 수많은 어린이 독자가 이 책의 재미를 보장한다. 부디 완간까지 쭉 달려주시길. 물론 중간중간 그림책 출간도 잊지 말아주시길.

몇 층까지 올라갈까?

『나무 집』시리즈
앤디 그리피스 글, 테리 덴톤 글, 신수진 옮김, 시공주니어

실제로 이런 세상이 있을까 싶은 기발한 세상에 초대받고 싶다면

하늘 어디까지 올라갈까 궁금한 『나무 집』(앤디 그리피스 글, 테리 덴톤 글, 시공주니어) 시리즈는 13층씩 올라가더니 2022년 3월, 143층까지 올라갔다. 기발한 상상력과 흥미로운 세계관으로 애독자도 많은데다 글밥도 적당해 저학년부터 중학년 이상까지 두루 읽는 시리즈다. 아이들이 잘 읽고 있나 판단하는 책등의 훼손 정도로 봤을 때 역시나 너덜너덜 상급에 속한다. 담임은 읽다 잠시 멈췄지만, 아이들은 열심히 먼저 올라가고 있다. 나는 이제 늦었어, 먼저들 가.

허브의 마법 같은 힘

『마법의 정원 이야기』 시리즈
안비루 야스코 지음, 이민영 외 옮김, 예림당

스스로 마당을 가꾸고 키운 허브로
타인에게 선의를 베푸는 아기자기 쟈렛의 이야기

『마법의 정원 이야기』 시리즈는 2022년 7월 기준 24권까지 이어진다. 유명한 연주가 부모와 세계 곳곳을 다니며 살던 쟈렛이 유산으로 물려받은 별장을 가꾸며 지내는 이야기다(부러운 설정이다). 자신만의 평온한 안식처를 꿈꾸던 소녀가 마녀의 별장에서 지내며 비밀 레시피북으로 이웃과 소통하고 자연과 공존하는 세상을 어여쁜 일러스트와 함께 그려낸다. 소녀 취향의 예쁜 그림에, 허브를 먹고 생활용품까지 만들 수 있는 레슨북까지 나와 학교 도서관에 수서해 구비했던 책이다. 내가 이 시리즈를 도서관에 들인 까닭은 큰아들이 저학년 시절 워낙에 좋아했던 책인 데다 저학년 여자아이들의 베스트셀러이기 때문이다. 실제로 큰아이가 책에 나오는 레시피를 만들고 싶다고 해서 진짜 허브 밭을 만들었다. 믿기 어렵겠지만, 잠깐 고개를 돌리면 마당을 다 덮어버리는 페퍼민트의 위력을 책 속 문장이 아닌 현실로 실감나게 겪었다. 한숨을 쉬며 온종일 페퍼민트를 뽑던 쟈렛의 마음에 공감하며 '이 작가가 진짜 자기 경험담으로 쓴 책인가' 하는 궁금증이 생겼다.

❝ 비밀 레시피북으로 이웃과 소통하고
  자연과 공존하는 세상을
  어여쁜 일러스트와 함께 그려낸다. **❞**

서로 다른 작가의 이야기가 이어질까?

『귀신 보는 추리 탐정, 콩』 시리즈
임근희, 김해우, 전성현, 전경남, 김태호 글, 한상언 그림,
단비어린이

권마다 글 작가가 다른 릴레이 기획 시리즈의 기발함

『귀신 보는 추리 탐정, 콩』은 총 5권인 시리즈 동화다. 책을 잘 읽는
저학년이어도 가능하지만 추리 단계를 따라 퀴즈를 풀려면 중학년
정도가 좋다. 초반에 이마의 흉터가 있는 아이에 "해리 포터를 따라
한 거 아냐?" 하며 책을 덮던 큰아이는 벼락을 맞고 살아남은 후유
증으로 귀신을 본다는 설정에 깜짝 놀랐다. 귀신들이 이승을 떠도는
사연을 듣고 퀴즈를 통해 문제를 풀고 승천을 돕는 추리물에 빠져
보길.

이 시리즈의 가장 흥미로운 점은 권마다 글 작가가 다른 릴레이 기획이라는 점이다. 시리즈물의 가장 큰 장점이 책 읽기의 진입 장벽이 낮다는 건데, 이런 시리즈물의 장점을 살리면서도 각기 다른 작가의 색을 보여주는 것이 특색이다. 1권에서 임근희 작가가 콩이 귀신을 보며 사건을 해결하는 시작과 더불어 친구 관계를 풀어내고, 2권에선 김해우 작가가 반려동물과 유기견에 관한 이야기를 특유의 색으로 이어간다. 3권에서 전성현 작가는 현대사와 함께 총각 귀신의 사연을 소개한다. 4권 전경남 작가는 생각지도 못한 부모의 아픔을 풀어내 콧잔등을 시큰하게 만들었고, 마지막 5권은 김태호 작가가 모든 떡밥들을 하나로 엮어 마무리했다. 다섯 권 모두 작가의 개성이 묻어나며 일관되게 흐름이 흘러간다. 익숙한 한상언 그림 작가의 그림은 더 쉽게 몰입할 수 있도록 해준다.

19장

만화로 담아낸 묵직한 주제, 그래픽노블

미국에서 출간된 어린이와 청소년 문학 가운데 우수한 작품에게 주는 뉴베리상 목록을 보면 그래픽노블이 종종 등장한다. 2022년 6월, 영국에서 영어로 출간된 영국 우수 아동문학 도서의 그림 작가에게 주는 케이트 그리너웨이 상도 그래픽노블이 받았다. 정체가 궁금해 책장을 넘기면 익숙한 만화가 나온다. '이거 만화책 아냐? 이름만 그럴싸하게 붙인 만화책이잖아?' 생각하며 아이에게 "만화책 말고 다른 책 꺼내와!" 하고 오해할 수도 있다.

일단 나는 무조건 학습만화는 안 된다, 하는 주의는 아니다. 학습만화를 통해 얻을 수 있는 지식과 재미 또한 있다. 하지만 누구나 알다시피 걱정하는 건 단 하나다. 만화만 보면 어쩌지(?!),라는 거다. 학습만화를 적절하게 읽으며 동화도 읽는 어린이도 있지만, 그림책에서 학습만화로 넘어갔다가 다시는 돌아오지 않는 어린이도 있다.

양육자의 마음 한구석에는 '만화라도 읽게 해야 하는 걸까'와 '이러다 동화는 영영 안 읽는 거 아니야' 하는 두려움이 공존한다. 일단 확실하게 말할 수 있는 것은 학습만화와 그래픽노블은 엄연히 다른 장르라는 것이다. 그리고 동화의 재미를 맛본 아이는 결국 동화로 온다. 그러기에 중요한 건 아이가 재미있는 동화를 읽는 경험이다.

만화와 그래픽노블의 차이는 정확한 개념이 제시되지 않았지만, 그래픽노블은 문학적 가치가 높고, 서사의 중심이 뚜렷한 작품을 말한다. 묵직한 주제와 더불어 예술성이 강한 작품들이 많아 그래픽노블은 어린이들의 것이 아닌 인식 또한 있다. 하지만 최근 출간되는 상당수의 그래픽노블은 어린이에게 자리를 내주고 있다. 그래픽노블은 그림책을 읽고 자라 이미지에 익숙한 아이들에게 독서의 즐거움을 일깨워주는 길잡이 역할을 한다. 줄글을 읽으면 쉽게 집중력이 흐트러지는 아이들이 그림의 흐름을 통해 내용을 알아가고(비쥬얼 리터리시라고 한다), 두꺼운 책 한 권을 스스로 읽었다는 만족감을 바탕으로 다른 책으로 넘어갈 수 있다.

일단 그래픽노블은 재밌다. 학교에서 책을 고르는 시간에 모든 책이 다 싫다고 하는 친구들에겐 슬그머니 그래픽노블을 건넨다. "있잖아. 이거 엄청 두꺼워 보이지? 안에 봐봐. 만화책이다?" "엥? 이런 책이 있어요?" 또는 지적 허영심에 가득 차(지적 허영심 사랑한다) 벽돌책만 빌려가는 아이들을 만날 때도 그래픽노블을 건넨다. "이 책 엄청 두꺼워 보이지? 열어볼래?" 단 두 마디면 이미 끝났다. 그렇게 아이들을 감동시킨 목록을 공개한다.

좌충우돌 그래픽노블

『배드 가이즈』 시리즈
애런 블레이비 지음, 신수진 옮김, 비룡소

나쁜 녀석이라고 불리는 것도 억울하다는 인물들의 그래픽노블

뉴욕 타임스 113주 연속 베스트셀러, 2022년 드림웍스에서 애니메이션이 나온다는 홍보 문구에 '뉴욕 아이들과 내 취향이 맞을까 궁금한데?' 하며 완결이 안 났는데도 시작한 시리즈 가운데 하나다. 늑대, 뱀, 피라냐, 상어 등 이야기 속 전형적인 악당들이 나쁜 놈이란 이미지를 고쳐보겠다고 모여 여러 사태를 해결하는 좌충우돌 그래픽노블이다. 시리즈 완결 전, 영화가 나와 『배드 가이즈』(2022년 7월 기준, 10권까지 나왔다)를 읽고 있는 큰아이는 이미 진짜 악당의 배후를 알고 있어 시큰둥했고, 아직 읽지 않은 작은 아이는 영화를 보며 즐거워했다. 다만 책을 읽지 않겠다고 했다. 뭐라고?

이웃집에 공룡이 산다

『이웃집 공룡 볼리바르』
손 루빈 지음, 황세림 옮김, 위즈덤하우스

한 번쯤은 공룡이 살아 있다고 상상해봤다면 추천하는 책

『이웃집 공룡 볼리바르』는 지구에 마지막 남은 공룡 볼리바르가 뉴욕에서 은밀하게 인간들과 섞여 산다는 전제하에 이야기를 시작한다. 이웃에 누가 사는지 살필 시간도 없이 바쁘게 사는 사람들 덕에 볼리바르는 편하게 헌책과 레코드판을 모으며 시간을 보낸다. 그러던 중 볼리바르는 호기심 많은 옆집 소녀 시빌의 눈에 띄어 정체가 드러날 위기에 처한다. 볼리바르와 시빌의 우정부터 어린이의 말은 믿을 게 못 된다는 어른들의 우스꽝스러운 모습까지 단 한 순간도

책에서 눈을 뗄 수 없다. 공룡을 좋아하는 사람이라면 한 번쯤 어디선가 멸종된 공룡들이 몰래 살지 않을까 하고 품었을 가슴 뛰는 상상을 마음껏 펼쳐놓은 책이다. 더군다나 영화 〈박물관은 살아 있다〉의 제작사가 이 책을 영화로 만들고 있다니. 이런 기회를 놓칠 순 없지. 책도 보고 영화도 보고 도랑도 치고 가재도 잡고 아이와 함께 끝없이 새로운 이야기를 만들 수 있는, 설레는 시간을 끌어오는 그래픽노블이다.

차별과 혐오의 시대에서
우리가 지켜야 할 가치

『화이트 버드』
R. J. 팔라시오 지음, 천미나 옮김, 책과콩나무

작은 친절의 의미를 강렬하게 전하는 아름다운 그래픽노블
아름다운 아이 시리즈의 백미

『아름다운 아이 줄리안 이야기』에서 가장 좋아하는 부분은 바로 줄리안 할머니가 들려주는 어린 시절이다. 『화이트 버드』는 이기적인 부모와 함께 살며 자신과 다른 모습은 용납하지 않던 줄리안이 할머니께 자신과 이름은 같은, 또 다른 '줄리안'의 이야기를 듣는 걸로 시작한다. 의사 아빠와 수학자 엄마 밑에서 남부럽지 않게 자란 할머니가 유대인이란 까닭으로 받았던 핍박과 고통이 펼쳐진다. 작가가 아름다운 아이 시리즈 내내 언급한 '친절'의 가치는 잔혹한 홀로

코스트가 나오는 이 작품에서도 빛이 난다. 할머니를 숨겨주셨던 줄리안의 어머니 비비엔느 아주머니의 "이런 어두운 시절에는 작은 친절의 행위들이 우리가 계속 살아갈 수 있는 힘이 되는 법이니. 우리의 인간다움을 일깨워주지"(121쪽)라는 조언은 현시대를 사는 우리에게도 깊은 울림을 건넨다. 여전히 인종, 성별, 나이, 국적, 외모, 빈부, 취향 등에 따라 차별과 혐오가 일어나는 시대에서 우리가 지켜야 할 가치가 무엇인지 강하게 말한다. 나와 다르게 생겼기에 친구를 괴롭혔던 줄리안이 할머니의 이야기를 듣고 지금까지와는 다른 목소리를 내는 마지막 장을 보며 희망을 품어본다. 어른들이 자꾸 질문을 던져야 어린이들이 희망을 품을 수 있다. 그래픽노블 한 권으로 큰 변화는 없더라도 각자의 마음에 품은 질문과 부끄러움은 변치 않을 것이라 믿는다.

세상에, 알레르기라니!

『알레르기』
메건 바그너 로이드 글, 미셸 미 너터 그림,
임윤정 옮김, 밝은미래

끊임없이 나쁜 일만 생기는 것 같을 때 건네주고 싶은 그래픽노블

『알레르기』는 표지에서 많은 정보를 건네는 책이다. 강아지를 안고
행복해하는 소녀의 온몸에는 붉은 두드러기가 올라와 있고, 제목 아
래에는 '함께할 수 없지만 내가 진정 원하는 것'이란 부제가 붙어 있
다. 강아지를 키우고 싶지만 알레르기가 있는 소녀구나, 싶다. 곧 태
어날 넷째에게 모든 신경이 집중된 부모님과 자기끼리만 친한 장난
꾸러기 쌍둥이 남동생 사이에서 매기는 언제나 외롭다. 진정한 내
편을 갖고 싶은데 갑작스러운 학구 변경으로 전학까지 가야 한다.

심지어 친구들 없이 혼자만 학교가 바뀌다니! 나쁜 일이 연달아 일어나자 마음 붙일 곳이 필요하다며 부모님을 졸라 겨우 강아지를 만나지만 심한 알레르기 반응이 나타난다. '털 있는 동물은 모두 피해야 하는 알레르기'란 결과를 받은 매기는 왜 내 몸은 내 맘을 몰라주느냐며 좌절한다. 털 없는 반려동물을 만나면 되지 않을까, 하기엔 세상사 내 맘대로 쉽게 풀리지 않는다. 새로운 학교, 곧 태어날 동생, 내 맘을 몰라주는 새 친구 등 나쁜 일만 생기는 날들에서 끊임없이 내면의 목소리를 만나고 찾아가는 매기의 성장은 눈부시다. 아무도 내 곁에 없을 것이라 생각했을 때 보이지 않는 곳에서 여전히 날 응원하는 누군가를 떠올리게 한다. 게다가 알레르기에 대한 지식까지 높아진다. 달걀 알레르기를 가진 세바스찬을 보고 떠오른 아이가 있어 한 권 더 구매한, 교실 책장에 바로 꽂아두고 싶은 책이다.

서로를 길들이는 아누크와 콜레트

『나의 콜레트』
소피 앙리오네 글, 마투 그림,
이정주 옮김, 시공주니어

슬픔을 딛고 밝은 햇살로 나아가는 두 영혼

아누크는 동생 조에의 죽음으로 출생 소식만 들었던 조카 콜레트의
후견인이 된다. 파리에서 도서관 사서로 지내며 좋아하는 책방에 들
러 책을 고르고 수다 떠는 즐거움으로 살던 아누크는 난데없이 콜레
트를 맡게 된다. 심지어 아누크는 아이를 원치도 않고, 좋아하지도
않고, 고향에서는 더더욱 살기 싫다. 아누크의 말을 들은 콜레트는
상처를 받고, 아누크 역시 콜레트와 어떻게 지내야 하는지 막막하다.
가까운 이를 다시는 만날 수 없는 슬픔을 안고 있는 두 영혼이 서로를 길들이며 행복을 찾아가는 과정은 그림처럼 푹신하면서도 따뜻하다. 물론 늘 맑지만은 않기에 충돌과 시련은 있지만, 결국은 밝은 햇살로 나아가는 두 영혼의 풍경은 보는 이마저 행복하게 만든다.

풋풋하고 아릿한 첫사랑,
그리고 우정

『열세 살의 여름』
이윤희 지음, 창비

잊히지 않을 그 시절의 반짝임이 그리울 때

『열세 살의 여름』은 내내 도서관에서 읽을 차례를 기다리다가 예약한 학생이 찾아오지 않은 1교시 시작 전, 누가 빼앗아갈까 싶어 후루룩 읽어간 책이다. 지금은 잊고 지내지만 내 어린 시절 한 귀퉁이 어딘가에도 이렇게 바다 내음 가득한 추억이 있을 것만 같은 착각을 불러일으킨다. 분명 설레고 그리운 이들이 있는데 기억조차 안 나는 건 나이가 들어서일까, 내가 닳아버린 걸까, 그 시절의 철없는 내가 부끄러워 삭제해버린 걸까. 뜨거운 태양과 바다, 그리고 낯선 만남은 언제나 설레는 조합이다. 무엇보다 평범하다고 생각하는 여자 주인공에게 인기남과 매너남의 동시 구애라니. 상큼하고 풋풋한 첫사랑을 겪으며 자신의 마음을 알아가는 이야기다. 내 소개로 책을 빌려간 고학년 아이가 "열린 결말이라고 엄마가 아쉽대요"라고 말했다. "대신에 앞으로 어떤 일이 일어날지 맘껏 상상할 수 있잖아. 사귀고 끝나도 헤어질 수도 있고. 안 그래?" 몇 반인지도 모르는 아이와 도서관에서 한참이나 이야기를 나누었다.

> 66 뜨거운 태양과 바다, 그리고 낯선 만남은
> 언제나 설레는 조합이다. 99

해가 지고 난 뒤

『밤의 교실』
김규아 지음, 샘터

달이 차오를수록 시각을 잃어가는 아이의 목소리

『밤의 교실』은 워낙 좋아하는 『연필의 고향』(김규아 지음, 샘터)의 작가의 작품인 걸 알고 1차로 놀라고, 전혀 생각지도 못했던 소재라 2차로 놀랐다. 별다른 소개 글 없이 그림이 이쁘다며 뽑은 아이들이 이 책을 보고 난 뒤 멍하니 앉아 있거나, 부모를 졸라 이 책을 사서 책가방에 넣고 다니거나, 다른 친구에게 강제 영업하는 모습을 종종 교실에서 목격했다. 전작 『연필의 고향』에서는 자꾸 사라지는 물건들에 대해서 말하고, 『밤의 교실』에서는 정우가 변화를 겪으며 사라지는 무언가에 대해 말하고 있다. 표지에서 점점 달이 차오를수록 정우의 상실 또한 가까워진다. '밤의 교실'은 해가 지고 난 뒤 열리는 음악 수업을 뜻하기도 하지만, 시각을 잃어가는 정우의 현실을 나타내는 중의적인 제목이다. 따뜻한 어른의 존재와 장애물을 헤치며 성장하는 이야기가 모두의 마음에 새겨지는 그래픽노블이다. 이 책을 구입한 아이는 학급문고에 일 년 동안 빌려주고 싶다고 했다. 이유를 물으니 "한 명이라도 이 책을 읽고 지금 순간을 더 사랑하면 좋겠어요"라고 했다. 네가 내 스승이다.

점액 덩어리에서 다시 사람으로

『투명인간 에미』
테리 리벤슨 지음, 황소연 옮김, 비룡소

마지막 반전에 소름이 돋으며 다음 시리즈가 궁금해지는 책

『투명인간 에미』는 비룡소 그래픽노블로 나오는 책들을 도장 깨듯 1번부터 읽어가다 만난 책이다. 내성적이고 그림 그리기를 좋아하는 에미가 학교에서 겪은 수치스러운 일로 녹아버렸다 다시 회복하는 과정을 그렸다. 특히 '제목에서 말한 투명인간이 그런 뜻이었어?' 하며 끝에서 밝혀지는 반전에 소름이 돋았다. 누구에게나 자신을 지키는 페르소나가 있다지만 이 책에서 등장하는 가면은 너무나도 강한 내 다른 자아로 읽힌다. 그 자아를 깨고 나오려는 사건이 없었다

면 나는 사라지고, 다른 자아에게 잡아먹히는 걸까? 망상과 현실을 구분하지 못하는 사람으로 살게 될까 봐 서늘함에 자꾸만 책을 다시 펼쳐본다. 인상이 깊게 남아 원서를 찾아 후속이 있는 걸 보고 번역되길 기다렸다. 3년 만에 『엉뚱 소녀 이지』와 『그냥 나는 제이미』 (2022년 5월)가 번역되었다. 기다리는 자에게 복이 있나니.

소재나 주제의식이 남다른
그래픽노블

『왕자와 드레스메이커』 젠 왕 지음, 김지은 옮김, 비룡소
『스타게이징』 젠 왕 지음, 심연희 옮김, 보물창고
『게이머 걸』 코리 닥터로 글, 젠 왕 그림, 노은정 옮김, 다산기획

아이들에게 권하기 전에 내가 읽느라 바쁜 책

『왕자와 드레스메이커』, 『스타게이징』, 『게이머 걸』은 젠 왕 작가의 그림으로 출간된 그래픽노블로 남녀노소 가리지 않고 사랑받는 책들이다. 강렬한 흡입력과 멋진 그림에 시선을 빼앗기고, 예상 외의 반전에 놀랐다가 마지막 엔딩에 이를 때까지 한시도 고개를 돌릴 수 없는 책이다. 어른이 아닌 어린이들이 자신의 꿈과 재능을 펼치고, 타인에 대한 다정한 배려를 배우며, 세상에 부딪쳐 깨지더라도 달려가는 용감한 영혼들이 다양하게 드러나는 책이다. 그림의 색감과 고

증이 너무나도 멋져『왕자와 드레스메이커』는 수차례 선물했다. (다행히도 왕자가 드레스를 좋아한다는 설정에 놀라는 이들은 없었다.)『스타게이징』을 보며 이게 정말 작가의 실화를 바탕으로 만들어졌단 말인가 하고 놀라고, 한글 노래가 진짜 작가가 직접 쓴 게 맞느냐는 아이들의 질문에 한바탕 진땀을 흘린다.『게이머 걸』에 이르러서는 게임이란 글자만 보이면 뽑아가던 아이들이 몇 번을 다시 읽으며 충성을 부르짖었다. 단지 게임 이야기만이 아닌, 게임 속 자본을 움직이는 거대 사회와 보호받지 못하는 청소년들의 노동 권리 등 아이들과 풀어낼 거리가 풍성한 책이다. 아마도 아이에게 주기 전에 당신이 먼저 읽느라 바쁠 거라 장담한다.

동화로 읽기 어렵다면
그래픽노블로

『한밤중 톰의 정원에서』 필리파 피어스 글, 에디트 그림, 김경희 옮김, 길벗어린이

『기억 전달자』 로이스 로리 글, P. 크레이그 러셀 그림, 장은수 옮김, 비룡소

『세상에서 가장 힘센 소녀 삐삐』

『우리들의 해결사 삐삐』

『어른이 되고 싶지 않은 아이 삐삐』

아스트리드 린드그렌 글, 잉리드 방 니만 그림, 김영진 옮김, 시공주니어

동화로 들어가기 전 마중물로 권하는 그래픽노블

앞에서도 언급했던 『한밤중 톰의 정원에서』와 『기억 전달자』, 세 권으로 묶어져 나온 삐삐 그래픽노블 시리즈 『세상에서 가장 힘센 소녀 삐삐』, 『우리들의 해결사 삐삐』, 『어른이 되고 싶지 않은 아이 삐삐』 등의 동화는 그래픽노블로도 출간되었다. 삐삐 그래픽노블은 동화로 들어가기 전 즐거움을 알려주는 마중물로 적극 추천한다. "만화니까 무조건 안 돼!"라고 하기보다 먼저 양육자가 읽어보고 공감하며 아이와 함께 좀 더 편하게 대화를 나눌 수 있는 시간이 되길 추천한다.

이밖에도 그래픽노블을 찾기 힘들다면 샘터 출판사의 '이야기파이 시리즈', 비룡소 출판사의 '비룡소 그래픽노블', 보물창고 출판사의 'Wow 그래픽노블', 밝은미래 출판사의 '미래그래픽노블', 주니어RHK의 '팡그래픽노블', 시공주니어 출판사의 '네버랜드 그래픽노블'을 찾아보길 추천한다. 청소년까지 넓히면 에프 그래픽 컬렉션, 여섯번째봄, 길벗어린이의 사탕의 맛 등까지 다양하다.

그래픽노블은 성인용으로 나온 책들이 워낙 많다. '그냥 만화니까 애들이 읽어도 되겠지?' 하고 권하기엔 여러 주의할 점이 있다. '그래픽노블을 읽다 보면 자연스레 동화로 잘 넘어갈 거야'라는 기대감으로 빌려온 책들에는 젠더의 경계가 흐린 성소수자에 대한 이야기나 성정체성의 고민에 빠진 친구를 위로하며 동성 애인을 소개하는 내용 등 다양한 모습이 들어 있다. 이런 책을 몇 살에 읽어야할지, 아이와 이런 주제로 이야기를 나눌지는 각자의 가치관마다 다르기에 "그래픽노블 좋다 해서 빌려왔는데 왜 이런 책을 추천했어요!"라고 한다면 다시 말하고 싶다. 이 책은 동화를, 어린이책을 읽는 어른이 늘어나길 바라는 마음에 쓴 책이다. 부디 이 책을 아이에게 주고서 "이 책 읽고 네가 궁금한 책 있으면 적어봐"라고 하지 말고, 어른이 읽길 부탁한다. 양육자가 검열을 하라는 게 아니라 아이와 함께 고민하고 대화해보자. 그리고 그저 나를 위해서 읽었으면 좋겠다. 동화가 궁극적으로 말하는 건 결국 인간의 삶이다. 동화라고 아이만 읽는 게 아니다.

인어가 살고 있는 '오션 원더스'

『인어 소녀』
도나 조 나폴리 글, 데이비드 위즈너 그림,
심연희 옮김, 보물창고

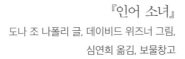

자유를 꿈꾸는 두 소녀의 모험을 그린 거장의 그래픽노블

글 없는 그림책의 거장 데이비드 위즈너의 그래픽노블이라니. 살아 생전 무슨 호사인가 하며 구매한 책이다. 데이비드 위즈너 특유의 현실과 환상의 경계를 무너뜨리는 감각으로 정말 어딘가에서 인어를 만날 수 있을 것 같은 기대감이 부풀어 오른다. 예술성과 대중성 모두를 사로잡은 거장의 그래픽노블로, 바닷가 수족관 오션 원더스에서 갇혀 살던 인어 소녀가 진실을 깨닫고 자유를 찾아 자신의 삶을 찾는 이야기다. 글과 함께 아름다운 그림에 폭 빠져보시길.

책을 읽는 내내
질문이 생겼을 독자를 위한
Q&A

Q. 추천 학년이 없나요?

A. 온라인 서점에서 동화책을 검색하면 출판사에서 정한 권장 학년이 나옵니다. 독서 이력과 호감도는 천차만별이기에 딱 들어맞진 않습니다. 여러 단체나 출판사에서 정한 권장 학년이 기성복이라면, 아이 곁에서 수준과 흥미를 잘 파악하고 있는 어른이 맞춤복처럼 찰떡같이 잘 맞는 책을 아이에게 권할 수 있습니다. 그래서 먼저 읽어보고 판단하시라고 따로 추천 학년을 적진 않았습니다. 실제 교실에서도 어느 학년을 맡든지 해당 학년 아이들이 소화하기 힘든 주제가 아니라면 동화책을 고루 섞어둡니다. 3학년이 1학년 동화를 읽으며 재미를 느껴 책에 대한 호기심이 생기거나, 5학년 아이들이 청소년 문학을 읽으며 감동하거든요. 먼저 읽어보고 판단해보시길 추천합니다.

Q. 어른이 먼저 검사하라는 뜻인가요?

A. '먼저 읽어보자'는 선별하라는 뜻이 아닙니다. 책이 낯선 아이들에게 관심 분야와 취향이 잘 맞는 책을 찾아 즐거움을 알려주자는 취지입니다. 일종의 준비입니다. 실제 이 책에 소개된 동화들이 어떤 아이에게는 대부분 취향에 맞는 동화이겠지만, 다른 누군가에게는 잘 맞지 않을 수도 있습니다. 가장 좋은 건 느낌대로 내 맘대로 책을 골라 읽는 것입니다. 사람들은 실패하는 것을 아까워합니다. 책 읽는 데에도 가성비를 따질 정도로 바쁘다는 게 안타깝습니다. 하지만 실패가 쌓여야 취향도 생깁니다. "먼저 읽어보자, 같이 읽어보자"라고 하는 이 책의 제안이 무엇을 읽어야 할지 막막한 이들에게 입구까지 안내하는 작은 이정표가 되길 바랍니다. 검사가 아니라 유혹의 소나타로 받아들이면 좋겠습니다. 그리고 이미 어른의 제안 없이도 잘 읽는 아이들의 책 읽는 속도는 어른이 따라갈 수 없습니다. 검사는커녕, 아이들에게 추천받기에도 바쁩니다. 만약 내 아이가 어떤 주제의 책을 읽고 무슨 생각을 할지 궁금하다면 같이 읽고 대화를 해보길 바랍니다.

Q. 책 읽고 대화하자면 아이가 도망가요.

A. 멋진 배우와 로맨스를 하는 것처럼 몰입했던 드라마가 막 끝나고 여운에 젖어 있습니다. 그 드라마를 1화도 안 본 가족이 다가와 "그게 무슨 내용이야?" "아니, 저게 현실 가능성이 있어?" "그런데

아까 왜 그 대사를 한 거야?" "그 남자랑 여자랑 무슨 사이야?" 하고 질문을 쏟아낸다고 생각해보세요. 막 책장을 덮고 일어서는 아이 뒤통수에 질문을 쏟아내는 것과 무슨 차이가 있을까요. 아이도 여운을 즐길 시간이, 자기만의 생각을 다듬을 시간이 필요합니다. 천천히, 차분히 대화를 건네보시길 바랍니다. 제대로 책을 읽었는지 확인하는 것이 아니라 "진짜 걔 배신 장난 아니더라. 나는 그런 친구 있으면 용서 못 할 거 같은데. 주인공은 쉽게 용서하더라?" 하며 공감으로 시작하면 어떨까요. 이런 말을 건네기 전에 아주 중요한 전제 조건이 하나 있습니다. 바로 "나도 이 동화책을 읽어야 한다"입니다.

Q. 제대로 책을 읽었는지 궁금해요.

A. 무엇이든지 아이에게 하려는 일을 거꾸로 자신에게 대입해보면 좋겠습니다. 넷플릭스로 몰아보기 한 드라마의 내용을 제대로 이해했는지 주인공과 인물 관계도를 묻고, 사건의 인과관계를 묻는다면 다시 드라마를 가족 앞에서 볼까요? 물론 학교나 기관에서 성취 목표에 도달하기 위해 수업 시간에 책을 읽는 것과 집에서 즐거움을 위해 책을 읽는 것은 엄연히 구분지어야 합니다. 책을 읽은 즐거움과 완독의 행복이 중요한지, 이 책의 내용을 기억하는 게 중요한지. 스스로에게 한번 물어보세요. 그럼에도 궁금하다면 두 가지 방법을 제안합니다. 아이와 같이 책을 읽고 대화나 글쓰기나 그림 등 좋아하는 방법으로 기록하기, 그리고 틀린 내용으로 묻기입니다. 원

래 사람의 본능은 아는 걸 물어보는 것보다 틀린 내용을 물어볼 때 답해주고 싶으니까요. 너무 말도 안 되는 질문으로 아이에게 들통 나지는 마세요. "엄마는 내가 바보인지 알아?" 아주 매몰차게 방문을 닫고 들어갈 수도 있으니까요.

Q. 꾸준히 하기 너무 힘들어요.

A. 설마 이 모든 책을 1~2년 만에 다 읽고 골랐다고 생각하는 건 아니시죠? 저 역시 가족북클럽도 몇 달 열심히 하다가 휴식기를 가지기도, 한참 책일기장을 적다 쉬기도 합니다. 흔들려도 괜찮습니다. 흔들리기에 씨앗도 날아가고, 향기도 멀리 뻗어가는 법이죠. 흔들려도 천천히, 언젠가 이 시간이 삶을 지탱해주는 순간이 되길 바랄 뿐입니다. 내 자녀와 학생을 위해서가 아니라, '나'를 위해서 재밌고 좋은 동화책을 한 권이라도 이 책을 통해 꼭 만났으면 좋겠습니다.

Q. 책 읽기에 관한 보상 꼭 해야 하나요?

A. 보통 저학년까지는 보상제가 좋고, 그다음부터는 자기 주도성을 위해 보상제를 하지 않는 게 좋다고 합니다. 전 당연히 해야 하는 일에는 절대 보상하지 않습니다. 교실에서 자주 하는 말 가운데 하나가 "네가 당연히 해야 하는 일인데 내가 왜 선물을 줘야 하는 거

야?"입니다. 보상제를 잘못 쓰면 보상이 멈춘 순간 다시는 그 일을 하지 않습니다. 심지어 거래를 시도하죠. 이 정도를 보상해야 시작 하겠다고 말입니다. 더 큰 보상을 바라거나, 보상이 없으면 시작조 차 하지 않는 경우를 경계해야 합니다. 이 순간의 어려움을 벗어나 기 위해 아이에게 쉽게 보상을 건네지 않길 바랍니다. 쉽게 얻은 건 쉽게 잃습니다. 아이마다 다르겠지만, 저희 집에서는 문제집을 다 풀 었거나, 목표와 관련된 성과를 냈을 때, 본인이 원하는 책을 사주는 게 보상입니다. 책을 읽고(책과 관련 없는 보상은 하지 않아요) 동네 책 방에서 맘에 드는 책을 발견했을 때는 부모의 돈과 아이의 용돈을 보태 책을 구입합니다. 만화책도 허락합니다. 단지 본인의 용돈으로 만 사야 합니다. "네가 좋아하는 책은 네 돈으로, 같이 읽을 책은 같 이(부모 비율이 높죠), 엄마가 권하는 건 엄마 돈으로." 언젠가부터 만 화책을 사지 않더군요. 학급에서는 독서 관련 보상으로는 아이가 좋 아한 책을 사주거나 책과 관련된 굿즈를 선물했습니다. 수단이 목적 을 넘어서는 과대한 보상이나 관련 없는 선물은 하지 않는 게 좋습 니다.

Q. 재밌는 책이라고 아무리 건네도 안 읽어요.

A. 아이가 책을 잘 읽지 않는 이유는 여러 가지가 있습니다. 책 이 재밌던 경험이 없거나, 의지와 상관없이 뇌의 회로가 작동하지 않는 일도 있죠. 보통 듣기와 읽기의 협응이 같아지는 시기가 중학

교 2학년이라고 합니다. 그래서 할 수 있는 방법은 "안 읽는다면 읽어줘라"입니다. 아이가 책을 읽지 않는 관성에 길들어져 있다면 관성에서 벗어날 만한 일을 만들어야 합니다. 누군가 강요하는 일은 스스로 즐겁기가 어렵습니다. 목마른 자가 우물을 파는 법이죠. 읽어주세요. 또는 책 읽는 시간을 평소와는 다르게 준비해보세요. 가령, 저희집에서는 가족북클럽 시간에는 '독서플리, 책 읽을 때 좋은 음악'을 검색해 틀어놓고 각자 고른 차와 찻잔을 가져오게 합니다. 큰 아이(12세 남)는 음악에 관심이 많고, 작은 아이(8세 남)는 찻잔과 음료에 관심이 많습니다. 책을 읽는 시간과 행위를 특별하게 좋아하는 것들과 연관 지어보세요.

작가의 말

이 책을 쓰는 동안 책일기장에 적어둔 큰아이와의 대화를 다시 아이에게 보여줬다. 혹시 내가 잘못 이해했거나, 하지 않았던 말을 내 욕심에 적었나 싶어 보여주었더니 "엄마, 이건 아니야. 과대포장 같아"라고 한다. 매몰찬 반응에 "잘 읽어봐. 없는 말 적은 것도 없고, 다 네가 한 말인데?" 하면 찬찬히 읽던 아이가 말한다. "엄마, 없는 말은 아니고 다 내가 한 말은 맞는데, 뭐라고 하지? 어, 두부에 간장을 친 거 같아. 내가 한 말은 맞는데 양념이 되었어. 어차피 쓸 거면 멋지게 써줘. 참기름도 뿌리고 깨도 뿌리고. 빈티지하면서 고급스럽게. 더 멋지게 고쳐놔." (이 대화는 양념을 뿌리지 않은 그대로임을 밝힌다.) 내가 쓴 글들이 적당한 양념이 되어 누군가의 손이 동화책을 집어드는 맛있는 유혹이 되길 바란다. 오랫동안 기다려준 다정한 이들과 이심전심 북클럽 멤버인 옆지기와 람이와 온이, 여수와 서울 가족, 애정과 조언을 아끼지 않는 라키비움J 팀에게 고마움을 전한다.

찾아보기

444

초등학생이 좋아하는 동화책 200
© 이시내 2022

1판 1쇄   2022년 8월 8일
1판 6쇄   2024년 6월 7일

지은이   이시내
펴낸이   김정순
편집   허영수
디자인   이강효
마케팅   이보민 양혜림 손아영

펴낸곳   (주)북하우스 퍼블리셔스
출판등록 1997년 9월 23일 (제406-2003-055호)
주소   04043 서울특별시 마포구 양화로 12길 16-9(서교동 북앤빌딩)
전자우편 editor@bookhouse.co.kr
홈페이지 www.bookhouse.co.kr
전화   02-3144-3123
팩스   02-3144-3121

ISBN   979-11-6405-172-4   03590